绕流与低雷诺数涡激振动

朱红钧 著

科 学 出 版 社

北 京

内 容 简 介

本书重点阐述实际工程与生活中存在的钝体绕流及涡激振动响应现象，包括不同截面形状、不同布置形式下柱体的绕流及涡激振动研究现状，不同布置形式的圆柱和方柱的绕流特性，流动控制与涡激振动抑制装置的评价，串列布置形式下不同截面形状柱体的涡激振动响应规律等。

本书可作为海洋油气工程、船舶与海洋工程、水利工程、海洋工程与技术等专业的高年级本科生、研究生课程教材，以及相关应用领域的工程技术人员的参考书，也可供从事海洋工程装备结构设计、流固耦合研究的人员参考。

图书在版编目(CIP)数据

绕流与低雷诺数涡激振动 / 朱红钧著. — 北京：科学出版社，2022.5（2023.3 重印）

ISBN 978-7-03-070943-1

Ⅰ. ①绕… Ⅱ. ①朱… Ⅲ. ①绕流-研究②斯托克斯流动-研究 Ⅳ. ①O357

中国版本图书馆 CIP 数据核字(2022)第 266739 号

责任编辑：罗 莉 / 责任校对：彭 映

责任印制：罗 科 / 封面设计：墨创文化

科学出版社 出版

北京东黄城根北街16号

邮政编码：100717

http://www.sciencep.com

四川煤田地质制图印务有限责任公司印刷

科学出版社发行 各地新华书店经销

*

2022 年 5 月第 一 版 开本：787×1092 1/16

2023 年 3 月第二次印刷 印张：11

字数：264 000

定价：128.00 元

（如有印装质量问题，我社负责调换）

前　言

钝体绕流现象在自然界和工程中广泛存在，微风拂面、落叶飘摇、鱼翔浅底、鹰击长空等都是流体绕过钝体的生动体现，土木、桥梁、环境、海洋、航空与航天、交通、传热、核工程等领域都存在大量的钝体绕流问题。流体绕过钝体会出现边界层的发展与分离、旋涡的产生、脱落与迁移，产生周期性脉动的流体作用力，引发钝体的振动响应，表现出涡激振动、驰振等流固耦合现象，在传热过程中还受到温度分布、热浮力等影响，存在复杂的热流固耦合效应。

1878年，斯特劳哈尔由琴弦振鸣实验定义了斯特劳哈尔数；1911年，冯·卡门提出了钝体绕流尾部交替脱落的卡门涡街，此后的100多年来，大量的学者对钝体绕流和流致振动问题进行了实验和数值模拟研究。明晰钝体绕流、流致振动的机理是更好地解密自然、拓展工程应用的前提。然而，关于这方面的专著较少，斯特兰科维奇(Zdravkovich)曾出版过《圆柱绕流》的专著，分为基础与应用上、下两册，但钝体不局限于圆柱，由绕流引起的流致振动响应更是实际关注的重点问题，只有了解钝体振动响应的触发机制、响应行为，才能更好地控制或利用振动。笔者在该领域研究已累积逾10年，开展了一系列的钝体绕流与涡激振动方面的实验和数值研究，本书对过去的研究工作进行总结归纳，内容皆来自笔者所承担的国家自然科学基金、四川省青年科技基金、西南石油大学深水管柱安全青年科技创新团队等项目的研究成果，这些成果绝大多数已在SCI期刊发表或授权国家发明专利。

全书共5章。第1章阐述钝体绕流及涡激振动研究的现状；第2章介绍串列半圆柱、串列三圆柱等典型群柱布置形式与结构的绕流特性；第3章对比分析平板分离盘、波浪形分离盘等圆被动控制效果；第4章评价喷气射流主动控制、平板分离盘被动控制、波浪形分离盘被动控制、C形整流罩被动控制等涡激振动抑制手段的效果；第5章阐述串列双圆柱、不同形状串列柱体的流致振动响应，分析流场干涉和耦合响应特性。

本书得到国家自然科学基金面上项目“严重段塞内流与非线性剪切外流夹击下的柔性立管多场多相耦合振动机理研究”(51979238)、国家自然科学基金青年科学基金“段塞内流与剪切外流共同作用下柔性立管振动响应实验研究”(11502220)、水利工程仿真与安全国家重点实验室开放基金“浮式平台运动与内外流耦合作用下的柔性立管振动响应实验研究”(HESS-2005)、海岸及近海工程国家重点实验室开放基金“内外流耦合工况下海底柔性悬跨管振动、拍击交互作用机理研究”(LP1930)等的资助，感谢国家自然科学基金委员会、水利工程仿真与安全国家重点实验室、海岸及近海工程国家重点实验室对笔者在涡激振动领域研究的资助与支持。笔者的研究生胡洁、唐涛、高岳、钟家文、刘文丽、赵宏磊、王硕、李国民、王珂楠、褚鑫、张春、谭小年、赵莹等参与了本书图表的整理工作，高岳参与了本书的校稿工作，在此向他们表示感谢。

限于学术水平，书中难免存在不妥之处，敬请读者批评指正。

朱红钧
2021 年 9 月

目　录

第 1 章　绪论……1
1.1　绕流……1
1.1.1　圆柱绕流……1
1.1.2　方柱绕流……2
1.1.3　串列双柱绕流……3
1.1.4　群柱绕流……7
1.2　涡激振动……9
1.2.1　圆柱的涡激振动……9
1.2.2　方柱的涡激振动……10
1.2.3　双柱的振动响应……11
1.2.4　群柱的振动响应……14
1.3　流动控制及振动抑制效果……15
1.3.1　主动控制及其抑制效果……15
1.3.2　被动控制及其抑制效果……16
参考文献……20
第 2 章　群柱绕流……34
2.1　串列半圆柱绕流……34
2.1.1　串列布置双半圆柱的绕流数值模型……35
2.1.2　串列双半圆柱绕流流场结构……36
2.1.3　串列双半圆柱绕流的尾涡演变过程……43
2.1.4　串列双半圆柱绕流的水动力系数……45
2.2　串列三圆柱的尾迹结构特征……49
2.2.1　串列三圆柱的绕流数值模型……49
2.2.2　串列三圆柱绕流的尾流结构……50
2.2.3　串列三圆柱绕流的水动力系数……56
2.2.4　斯特劳哈尔数与相位差……58
2.2.5　串列三圆柱绕流的远场二次涡……61
参考文献……63
第 3 章　流动控制……65
3.1　平板分离盘被动控制……65
3.1.1　附加分离盘的圆柱绕流数值模型……65

3.1.2 结构水动力系数及压力场 ······ 66
3.1.3 尾涡结构 ······ 71
3.2 波浪形分离盘被动控制 ······ 75
3.2.1 附加波浪形分离盘圆柱绕流的数值模型 ······ 76
3.2.2 水动力系数 ······ 77
3.2.3 尾流场 ······ 80
参考文献 ······ 82
第 4 章 涡激振动控制 ······ 85
4.1 喷气射流主动控制涡激振动 ······ 85
4.1.1 喷气射流主动控制的数值模型 ······ 85
4.1.2 喷气射流对结构振动的影响 ······ 87
4.1.3 喷气射流对流动结构的影响 ······ 87
4.1.4 喷射速度的影响 ······ 96
4.2 平板分离盘被动控制涡激振动 ······ 100
4.2.1 分离式分离盘被动控制的数值模型 ······ 101
4.2.2 尾流分离盘长度对结构水动力系数的影响 ······ 103
4.2.3 尾流分离盘长度对结构振动响应的影响 ······ 105
4.2.4 尾流分离盘长度对结构尾流场的影响 ······ 108
4.2.5 分离盘布置位置对结构水动力系数的影响 ······ 110
4.2.6 分离盘布置位置对结构振动响应的影响 ······ 113
4.2.7 分离盘布置位置对结构尾流场的影响 ······ 115
4.3 波浪形分离盘被动控制涡激振动 ······ 116
4.3.1 波浪形分离盘被动控制的数值模型 ······ 116
4.3.2 波浪形分离盘对水动力系数的影响 ······ 117
4.3.3 波浪形分离盘对圆柱振动响应的影响 ······ 120
4.4 C 形整流罩被动控制涡激振动 ······ 124
4.4.1 C 形整流罩被动控制的数值模型 ······ 124
4.4.2 C 形整流罩对水动力系数的影响 ······ 126
4.4.3 C 形整流罩对圆柱振动响应的影响 ······ 127
4.4.4 C 形整流罩对圆柱尾流场的影响 ······ 128
4.4.5 与串列双圆柱的对比 ······ 132
参考文献 ······ 133
第 5 章 串列布置双柱体的振动响应 ······ 138
5.1 串列双圆柱的流致振动响应 ······ 138
5.1.1 串列双圆柱流致振动响应的数值模型 ······ 138
5.1.2 流动模式分区 ······ 140
5.1.3 旋涡演变 ······ 140
5.1.4 斯特劳哈尔数 ······ 144

5.1.5 串列双圆柱的水动力系数 …… 144
5.1.6 串列双圆柱的振幅和频率 …… 146
5.1.7 串列双圆柱的做功和主导情况 …… 146
5.2 不同形状串列柱体的流致振动响应 …… 151
5.2.1 不同形状串列双柱的数值模型 …… 151
5.2.2 尾流模式 …… 154
5.2.3 水动力系数 …… 161
5.2.4 串列双柱的振动响应 …… 164
参考文献 …… 167

第1章 绪　　论

柱体是机械工程、土木工程、航海工程、航空与航天等领域应用最为广泛的基本结构。身处流动环境的柱体表面存在复杂的流动现象，进而对结构产生流体作用力，引发结构运动响应。因此，柱体绕流是工程领域开展结构安全服役评价的关键基础问题之一。

1.1 绕　　流

1.1.1 圆柱绕流

圆柱绕流现象广泛存在于实际工程和生活中，如气流或水流流经换热管、烟囱、输电线、平台脐带缆、锚链、海洋立管等非线性钝体。圆柱绕流动力学包括边界层、自由剪切层、尾流和旋涡动力学等基本问题[1]。当单圆柱添加其他附属结构时，流场会发生显著的变化。多柱结构的流场涉及剪切层、旋涡、尾流和卡门涡街之间的复杂交互作用，其他柱体的存在影响了圆柱表面旋涡的发展及演变过程，对尾涡流场产生了激励或者抑制作用，进而对流动干涉产生增强或者减弱的效果。

随着雷诺数的增大，圆柱尾流结构会呈现三维流动特性。很多学者在低雷诺数条件下对圆柱进行了绕流研究，探究了尾流向三维过渡的特征[2]。研究发现，当雷诺数达到临界值(约为190)时，流动会发生二次失稳。此时尾流演变成三维结构，需要开展三维模拟才能捕捉到其细节特征。这时，需要选择合适的跨长和两端面的边界条件[3]。

Williamson[4]指出，圆柱绕流尾迹中的流动结构随 Re 增大经历了一个演变过程：①初级不稳定流出现在 Re=47 时；②当 Re=190 时，模态开始失稳，出现大规模的涡错位；③当 Re=230～250 时，尾流结构从模式 A 转变为模式 B；④在 Re=260 时，尾流结构发展为混乱无序的模式 B。Jiang 等[3]通过直接数值模拟再现了模式 A(具有大尺度的涡错位)、模式 A^* 和模式 B(不包含大规模错位情况，只包含纯模式 B)的高分辨率涡旋结构。结果表明，主涡核的周期性撕裂与流场中鞍点位置的展向周期性有关。在尾涡转变过程中，模式 B 的涡结构是基于模式 A 或模式 A^* 的流向涡发展起来的，这种流向涡破坏了辫状剪切层区域的稳定性。在过渡区内，瞬时模态在位错和非位错之间来回切换。随着雷诺数的增大，更难以形成纯模式 A 和位错周期，导致模式 A^* 发生的概率连续减小，模式 B 发生的概率增大。在 Re=265～270 附近存在一个临界条件，在该临界条件下可以观察到最弱的三维流动，这标志着从模式 A^* 的消失到混乱无序的模式 B 的出现。此外，对于鞍点位置变化范围，模式 B 远小于模式 A，模式 B 的展向波长相对于模式 A 显著减小。随着 Re

的增大，模式 A*和模式 B 出现的概率分别呈现单调减小和单调增大的趋势。模式 B 在 $Re \approx 253$ 之后成为主导模式。

在大多数工程应用中，圆柱绕流流动是三维的。但在早期研究中，由于计算机能力的限制，通常使用二维数值模型来模拟圆柱绕流。因此，许多读者开展了有限长圆柱绕流的实验研究，通过将圆柱体垂直安装在平板上开展实验研究，发现从有限柱体自由端分离出的剪切层对尾迹有显著影响，自由端附近涡街的形成受到了抑制。一定长度的弯曲圆柱绕流、沿轴向变径圆柱绕流的三维尾涡结构沿展向存在更加复杂的流动竞争现象。

1.1.2 方柱绕流

除圆柱外，方形截面钝体也广泛存在于实际工程中，如高层建筑、桥墩、海上平台等[5]。Sumner 等[6]和 Alam 等[7-9]研究发现，由于圆柱横截面的曲率连续且有限，它的流动分离点是振荡的，边界层分离可能发生在柱体表面的某一范围内，但由于方柱横截面存在直角拐点且其曲率无限，从而使得流动分离点固定在拐角处，因此圆柱和方柱之间的流动结构和流体力的特征明显不同。Kalita 和 Gupta[10]模拟研究了 Re=60、Re=100 时按 45° 攻角布置的方柱尾流特性，并将结果与圆柱结果对比，发现随着雷诺数的增大，圆柱的旋涡脱落频率也增大，并且大于方柱的旋涡脱落频率。Sohankar 等[11]发现，当 $Re>50$ 时，方柱周围的流动为非定常流，其尾迹呈现交替脱落的旋涡和卡门涡街。Robichaux 等[12]和 Yoon 等[13]在其基础上进一步发现，当 $Re<120$ 时，非定常流在方柱后缘发生分离，当 $Re>120$ 时，非定常流在方柱前缘发生分离。Robichaux 等[12]、Saha 等[14]、Luo 等[15, 16]发现，当 Re 低于第一临界雷诺数 Re_{c_1}=150～200 时，流动保持层流状态，而第一临界雷诺数的具体值取决于自由流湍动强度、阻塞率、柱体长宽比等。Luo 等[16]指出，在该临界雷诺数前后发生了不稳定的模式 A 和二维流动向三维流动的过渡，其中模式 A 是指旋涡在轴向上存在错位，流向上产生旋涡圈，并且流向的旋涡在轴向上存在一个较大的波长（约 5.2D）。当 Re 进一步增大到第二临界雷诺数 Re_{c_2}=190～250 时则出现了不稳定的模式 B，而模式 B 下的流向旋涡在轴向上的最大波长（1.2D）远小于模式 A 下的最大波长。Robichaux 等[12]基于弗洛凯（Floquet）不稳定性分析发现，在 $Re \approx 200$ 时出现了模式 S，该模式的轴向波长大概为 2.8D，且其涡脱周期大概为一般流动的 2 倍。Sohankar 等[17, 18]、Okajima[19]在此基础上发现当雷诺数小于第一临界雷诺数时，斯特劳哈尔数随着雷诺数的增大而增大，而当雷诺数处于第一临界和第二临界雷诺数之间时，斯特劳哈尔数则随着雷诺数的增大而减小。当雷诺数大于第二临界雷诺数时，流动变为湍流，该结论在大量学者的实验和模拟研究中得到论证，如 Lyn 和 Rodi[20]、Brun 等[21]、Minguez 等[22]、Cao 和 Tamura[23]以及 Trias 等[24]。在这些研究中都很好地捕捉到了近尾流场中大尺度的卡门涡街和分离剪切层中小尺度的开尔文-亥姆霍兹涡结构。

当雷诺数改变时，作用在方柱上的流体力变化也很大。Yoon 等[13]和 Sohankar 等[17, 18]发现，在层流区（$Re< Re_{c_1}$），平均阻力系数随着雷诺数的增大而呈指数下降，Sohankar 等[18, 25]发现，在湍流区（$Re> Re_{c_2}$），当雷诺数小于 2×10^4 时，平均阻力系数随着雷诺数的增大而增大，而当雷诺数大于 2×10^4 时，平均阻力系数趋于平稳。与此同时，当 $Re>50$ 时，均方根升力系数随雷诺数的增大而增大，当 $Re>2\times10^4$ 时，均方根升力系数逐渐趋于平稳。

Jiang 等[26]模拟研究了单方柱二维涡向三维涡的转变过程。他们得出当雷诺数大于 165.7 时，旋涡发生不稳定现象，进入模式 A，紧接着在 Re 为 185～210 时发生了模式 A 向模式 B 的转变。模式 A 和模式 B 的尾流均出现了滞后现象。与此同时，Jiang 和 Cheng[27]还在同年通过直接数值模拟研究了 Re 在 10～400 范围内单方柱的二维和三维绕流特性，研究发现了 3 个特殊的临界雷诺数，分别为 165.7、210 和 330。当 Re=165.7 时，开始出现二次不稳定尾流，并且观察到三维流动特性的突然增加，这是由于在模式 A 下流动三维特性突显。当 $Re>210$ 时，模式 B 的流动结构变得很杂乱，尾流也变得越来越湍急。当 $Re\approx330$ 时，管柱上下两侧回流区一会儿消失一会儿再现。前两个临界雷诺数下的特性在圆柱绕流中也存在，而第三个临界雷诺数时的特性则未在圆柱绕流中发现。

1.1.3　串列双柱绕流

两个柱体紧凑布置是群柱布置的最基本单元。认识双柱绕流特性是分析群柱绕流特性的基础。双柱最简单的布置形式是串列布置，如图 1.1 所示，学者关注较多的变量一般是双柱圆心的间距 L、雷诺数 Re、双柱直径比 D_{UC}/D_{DC} 等。在很多情况下，探究双柱间距的影响时会定义一个无量纲间距比 L/D，有时也用双柱临近壁面的间隙 G 作为研究参数。通过研究获得不同工况下的柱体升力系数、阻力系数、斯特劳哈尔数等，结合捕捉的流场信息，分析对比改变不同参数对双柱流体力系数和流场特性的影响。

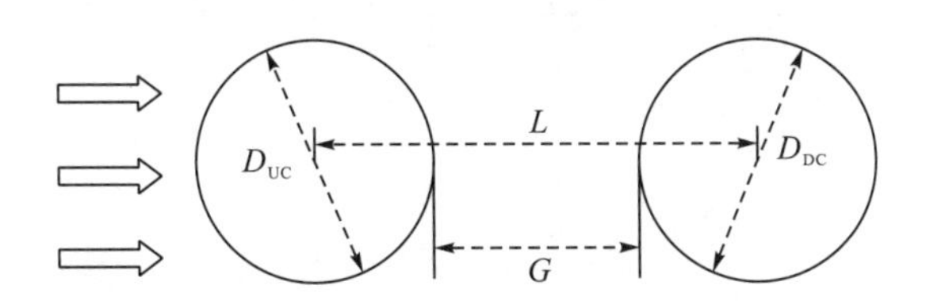

图 1.1　双柱布置示意图

最早关于串列双柱的实验研究出现在 Biermann 和 Herrnstein[28]的文章中，他们通过实验发现两个柱体的间距变化会使柱体表面阻力系数发生明显的变化。由于流体冲击在上游圆柱，下游圆柱因为上游圆柱的“遮蔽”作用，避免了来流的直接冲击，同时上游圆柱产生的尾涡交替撞击在下游圆柱表面，对下游圆柱表面剪切层产生了干扰，使得两个圆柱的表面流体力系数存在明显差异。

间距比是影响串列双柱绕流特性的关键参数。不同间距比带来的最直观的差异就是流动模式的不同。Igarashi[29]在 1981 年根据不同间距比，将串联的两个圆柱进行了模式分区，划分了 6 种流动模式：①上游剪切层越过了下游圆柱，如图 1.2(a)所示；②两个圆柱之间剪切层卷起，一侧再附着于下游圆柱表面，一侧越过下游圆柱向下游发展，并且下游圆柱的近尾迹处有旋涡脱落，如图 1.2(b)所示；③双柱之间出现准稳态涡，如图 1.2(c)所示；

④准稳态涡逐渐不平稳，旋涡脱落间歇性发生，如图 1.2(d)所示；⑤圆柱之间的剪切层间歇性卷起，如图 1.2(e)所示；⑥柱间距离足够长，上游圆柱的剪切层不会附着在下游圆柱上，如图 1.2(f)所示。

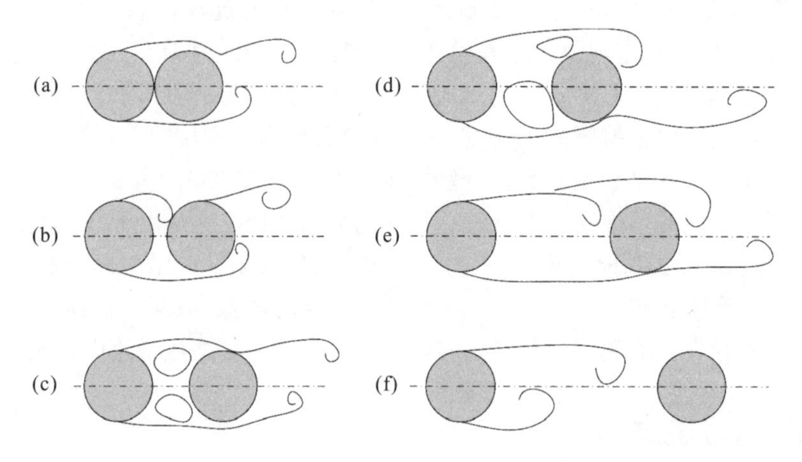

图 1.2 不同流动模式分区

当两个圆柱的直径比不为 1 时，其流动模式与同直径圆柱相比，表现出了不一样的特征。变直径的串联圆柱可以分为直径比大于 1(上游圆柱直径大于下游圆柱)和直径比小于 1(上游圆柱直径小于下游圆柱)两大类。简单的变直径双圆柱布置形式如图 1.3 所示。直径比改变时，双柱之间的流动干涉也发生相应的变化。

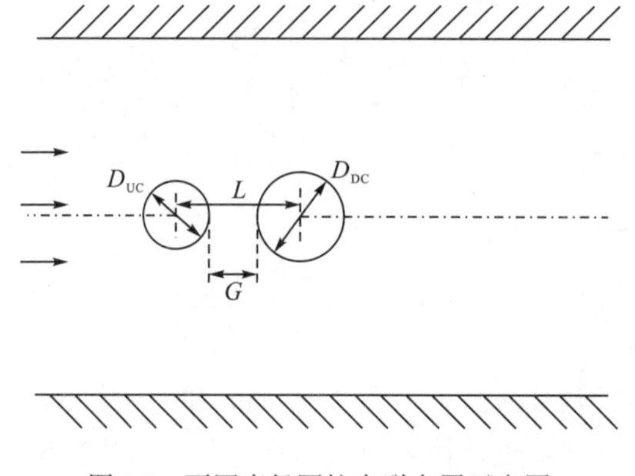

图 1.3 不同直径圆柱串联布置示意图

Igarashi[30]研究了直径比大于 1 的串联双柱，观察到 4 种流动模式：完全分离(complete separation)、再附着流(reattachment flow)、双稳态流(bistable flow)和跳跃流(jumped flow)，如图 1.4 所示。发生完全分离模式时[图 1.4(a)]，上游圆柱的剪切层不会触碰到下游圆柱，而是越过下游圆柱，在下游圆柱的前侧形成流动停滞区，因为流体被上游圆柱遮挡而改变了流动方向；上游圆柱剪切层再附着于下游圆柱表面[图 1.4(b)]时，旋涡变得更加规律；双稳态流[图 1.4(c)]的双柱间隙中可以观察到一对准稳态涡；跳跃流[图 1.4(d)]

意味着流场中出现了剪切层的交替附着和模式之间的转换。Alam 等[31]提出两个直径相同的串联圆柱的流动可分为 3 种主要模式：①延伸体模式（L/D<0.7），圆柱间距比较小，间隙内流动停滞；②再附着模式（L/D=0.7～3.5），从上游圆柱分离出来的剪切层再附着在下游圆柱表面，间隙内流动仍不明显；③共同脱落模式（L/D>3.5），剪切层在圆柱间隙中交替卷曲，因此间隙内流动显著。而在串联圆柱直径比小于 1 的情况下，一定间距下的串联大小圆柱间还存在稳定再附着和交替再附着模式，这些附着情况的出现与尾流模式的转换、雷诺数和圆柱间距密切相关。

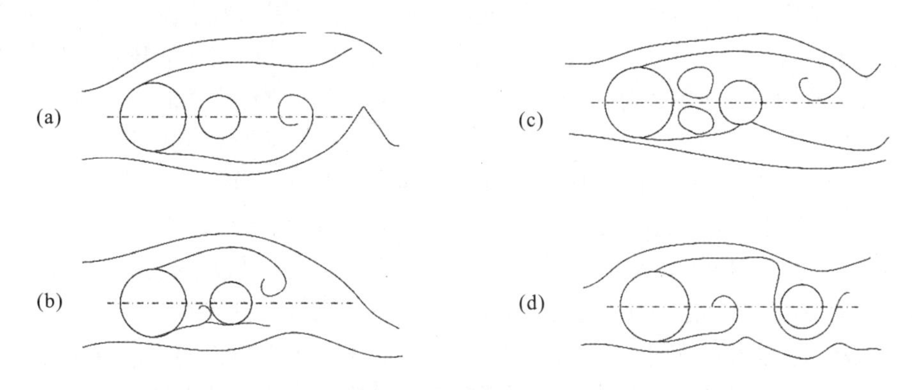

图 1.4　4 种流动模式

针对不同的布置，双圆柱之间表现出复杂的相互作用。对于稳定流中的一对圆柱，上游圆柱的尾部旋涡改变了下游圆柱的流动条件，而下游圆柱干扰了上游圆柱的尾迹动力状态和涡流形成区域。这种相互作用表明，双柱的存在可能起到激发旋涡脱落的作用，也可能降低了流场中的湍流强度，起到了稳定流动结构的作用。因而很多学者对大小圆柱的流场结构和升阻力等系数进行了研究。

Dalton 和 Xu[32]发现在主圆柱附近添加附属圆柱，可以消除一定雷诺数下主圆柱的旋涡脱落，显著降低涡激振动发生的可能性。这种抑制效果对来流攻角和双柱中心间距比都很敏感。Lee 等[33]通过流动可视化结果发现，根据纵向间距比的不同，可以将流动分为两种不同的流动模式，即空腔模式和尾迹冲击模式。当上游放置一个小圆柱时，对下游圆柱起到减阻作用，并找到对主圆柱具有最大减阻效果时的临界间距。Wang 等[34]对圆柱的升阻力变化做出了一些解释，提出上游圆柱分离点的迁移是下游圆柱平均阻力系数大幅度减小的主要原因；下游圆柱升力的波动值取决于上游圆柱旋涡脱落强度和旋涡形成长度。随后 Wang 等[35]发现串联布置不同直径双柱的旋涡脱落方式不同。当双柱间距比较大时，旋涡脱落过程中的相互作用较弱。当间距比足够小时，双柱表现为单一钝体的涡脱模式。他们根据粒子成像测速、压力和流动可视化测量，提出将流动分为再附着和共同脱落两种。研究发现，两种状态的临界间距由上游圆柱旋涡形成长度决定，并随直径比的减小而增大，给出了每个区域典型的流动特性，包括流动结构、斯特劳哈尔数（Sr）、尾迹宽度、涡形成长度和间隙中两侧剪切层之间的横向宽度等。

与双圆柱绕流相比，关于串列双方柱绕流的研究较少。Inoue 等[37]、Sakamoto 等[38]

实验研究了均匀流作用下串联双方柱的受力情况，他们的实验雷诺数分别为 2.76×10^4 和 5.52×10^4，观察到当间距比为临界间距比（L/D=4）时，出现了两种不同的流动结构，进而导致在该间距比下存在两个阻力系数和斯特劳哈尔数。紧接着，Sakamoto 和 Haniu[39]进一步开展了 $Re=3.32\times10^4$ 的实验研究，探究了湍流强度对串列双方柱双稳态流动特性的影响，研究结果表明，随着湍流强度的增大，双稳态区转至更小的间距比处，并且由于自由来流湍流强度的存在，使得前柱尾迹更窄。Luo 和 Teng[40]在 $Re=5.67\times10^4$ 时得出了相似的结论。Liu 和 Chen[41]在 $Re=2\times10^3\sim1.6\times10^4$ 时对不同间距比（$1.5\leqslant L/D\leqslant9$）双方柱进行了实验研究，将流动模式划分为两个不同的区域，发现在所有的雷诺数下流动均存在两次不连续的滞后现象，滞后现象与流动形态的不同有关。Inoue 等[37]研究了低马赫数下串列双方柱在 Re=150 的均匀流中的流动特性，当 $L/D<3$ 时，上游方柱产生的剪切层并未卷曲形成旋涡，而是附着在下游方柱表面，此时仅在下游方柱后方发生旋涡脱落，当 $L/D>4$ 时，上游方柱的剪切层开始卷曲并形成旋涡。Sohankar[42]选取了几个典型雷诺数（130、150、200）模拟了不同间距（$L=0.3D\sim12D$）对串列双方柱流动特性的影响。此外，他还研究了不同雷诺数下（$Re=40\sim100$）串列双方柱（$L=4D$）的流场特性。通过以上研究，他将串列双方柱绕流划分为 3 个不同的区域，分别为拓展体区（$L<0.5D$）、再附着区（$L<4D$）和共同泄涡区（$L\geqslant4D$）。紧接着，他使用大涡模拟研究了 $Re=10^3\sim10^5$ 范围内串列双方柱（$L=4D$）的流场特性，同时选取几个典型雷诺数来研究间距比对流场特性的影响（$L=1D\sim12D$），根据瞬时涡结构，将不同雷诺数下串列方柱的流动分为再附着区、过渡区和共同泄涡区。Choi 等[43]利用弗洛凯稳定性研究了 $Re=100\sim486$ 时串列双方柱在 $L/D=0.8\sim6$ 下的绕流特性。根据间距的不同将基本流动分为 3 种不同的区域，并在基本流动的基础上发现了不同的二次失稳模式，分别为奇数反射平移对称模式和偶数反射平移对称模式。当 $0.8\leqslant L/D\leqslant1.1$ 时，间隙中出现一对旋转方向相反的旋涡对，并且旋涡的大小随着下游柱体旋涡的脱落而发生周期性变化。当 $1.2\leqslant L/D\leqslant3.5$ 时，有两个旋涡在间隙中交替出现。当 $3.6\leqslant L/D\leqslant6$ 时，上游方柱的旋涡可以在间隙中脱落。Bhatt 和 Alam[44]模拟研究了 Re=150 时不同间距比（$1\leqslant L/D\leqslant13$）下串列双方柱的流动特性，并依据间距比的不同将流动划分为两个区域，分别为再附着区（$1\leqslant L/D\leqslant5$）和共同泄涡区（$5<L/D\leqslant13$）。Mithun 和 Tiwari[45]模拟研究了串列双方柱在 Re=100 时的绕流特性，得出如下结论：当 L/D=2 时，双方柱的周围流动形态为拓展体流；当 L/D=3 和 4 时，流动形态为再附着流（旋涡抑制流）；当 L/D=5 时，流动形态为共同泄涡流。More 等[46]实验研究了 Re=295 时静止串列双方柱的流场特性，其中前后两柱的间距比 L/D=1.5、3 和 5。研究发现，当 L/D=1.5 时，流动剪切层在上游方柱前缘发生分离，在双方柱之间产生了一对上下对称的小旋涡，并在下游方柱后方形成了一对旋涡，此时的流动形态为拓展体流；当 L/D=3 时，上游方柱分离的流体在双柱之间形成了一对再附着涡，并附着于下游方柱表面，此时在双方柱之间存在准稳态平衡，流动形态为再附着流；当 L/D=5 时，两个方柱均产生了周期性脱落的旋涡，并且后柱的涡脱受前柱尾迹的控制，流动形态为共同泄涡流。Kim 等[47]对 Re=5300、16000 时串列双方柱在 $L/D=0.5\sim10$ 范围内的绕流特性进行了实验研究。他们将流动划分为两个区域，区域 1（$0.5\leqslant L/D<2.5$）上游方柱产生的剪切层再附着在下游方柱表面，区域 2（$2.5\leqslant L/D\leqslant10$）上游方柱和下游方柱均发生旋涡脱落。Yen 等[48]通过实验探究了雷诺数、间距比和后柱攻

角对旋涡脱落和阻力系数等的影响。根据雷诺数和间距比的不同将流动分为 3 种模式，分别为拓展体模式、再附着模式和双柱体涡脱模式。此外，根据间距比和后柱旋转角的不同将流动分为 6 种不同的区域。随着雷诺数的增大，斯特劳哈尔数逐渐减小，最后趋于稳定。

1.1.4 群柱绕流

早期 Auger 和 Coutanceau[49]以并列静止圆柱个数(3、4、5、6)为变量开展了实验研究。而随着圆柱个数的增多，柱间耦合干涉更为复杂，大量学者开展了三柱、四柱的研究，以为更多个数的柱群绕流提供参考。

Igarashi 和 Suzuki[50]在亚临界雷诺数下，进行了串列三圆柱的实验，根据上游与下游圆柱剪切层分离的动态效应，划分了 6 种尾迹模式和 2 种双稳态模式。Akilli 等[51]对雷诺数为 5000、间距比为 1～3 的并列三圆柱进行了 PIV 实验测试，发现在 L/D=1.25 的小间距比下，尾流呈现非对称流动结构(双稳态)，并且在小间距比下，喷射状流动容易改变方向，从一侧切换到另一侧；在 1.5≤L/D≤2 的中等间距比下，尾流呈现对称流动结构。Liu 等[52]开展了不同直径串列静止三圆柱的风洞实验，以 Re、湍动强度、表面粗糙度为变量，分析了圆柱的流体力系数。Pouryoussefi 等[53]以雷诺数和圆柱间距为变量，进行了三角形阵列三圆柱的实验，分析了圆柱表面的流体力系数及涡脱频率。Islam 等[54]以雷诺数和方柱间距为变量进行了串列三方柱的绕流模拟，根据间距的大小，提出了 7 种流动模式：拓展体结构、准非定常流、剪切层再附着流、弱耦合旋涡脱落流、强耦合旋涡脱落流、二次涡流、临界流动。Zheng 和 Alam[55]在雷诺数 150 下以间距比为变量，进行了串列三方柱的二维静止绕流，确定了不同流动模式及范围：当 L/D≤3 时，为拓展体结构；当 3＜L/D≤4.3 时，为交替再附着流；当 4.3＜L/D＜7.3 时，为同步共同涡脱区，其中还细分为单 Sr 流和双 Sr 流；当 7.3≤L/D≤10 时，为去同步共同涡脱区。Zheng 和 Alam[55]首次提出动态模态分解分析方法(dynamic mode decomposition，DMD)，作为识别和量化二次涡街及起始位置的一种有效的定量方法。随后 Alam 等[56]在雷诺数 200 时以间距比为变量进行了不均匀间距比串列三圆柱的二维绕流模拟，分析了升阻力的相位差和尾流场结构。

Kang[57]在雷诺数 100 时以间距比为变量进行了并列三圆柱的二维绕流模拟，根据间距比，划分了 5 种尾流模式：当 L/D≥2 时，为调制同步模式；当 L/D=1.5 时，为同相同步模式；当 0.3＜L/D≤1.2 时，为交替不稳定模式；当 L/D=0.3 时，为偏斜模式；当 L/D＜0.3 时，为拓展体模式。Harichandan 和 Roy[58]在 Re=100、200 时以圆柱间距比为变量进行了三圆柱的串列和并列模拟，指出串列圆柱涡脱频率低于并列圆柱。相比并列圆柱，串列的下游圆柱会受到更大的作用，如果圆柱自由振动，则会产生尾流引起的颤振。Yan 等[59]基于多重松弛时间的玻尔兹曼方法开展了二维交错三圆柱的模拟，根据间距比，模拟得出稳定流动区为 1≤L/D≤1.2、2.5≤L/D≤3.1；而在 2.5≤L/D≤3.1 区域，下游圆柱极大地抑制了上游圆柱的旋涡脱落；不稳定流动区为 1.3≤L/D≤2.4、3.2≤L/D≤10。

Lam 和 Lo[60]在雷诺数 2100 下进行了正方形阵列四柱变来流攻角的实验，发现在 0°时，下游圆柱出现双稳态宽窄交替的尾迹，交错布置时，旋涡脱落频率变化大。Lam 和 Fang[61]进一步进行了变圆柱间距和来流攻角的实验，分析了升阻力系数及静压的变化。

Sayers[62]、Lam 等[63, 64]在亚临界雷诺数条件下，进行了正方形布置四柱的变间距比和变迎流攻角的风洞实验，确定了两种不同的流动模式；一种是直接撞击在圆柱迎流面的旋涡；另一种是上游圆柱和下游圆柱间形成的射流，且这种射流在来流攻角为 15° 时最为明显。Wang 等[65]指出自由剪切层的发展和干涉，以及圆柱尾流旋涡的分布对流体作用力的变化和脱落频率影响很大。因此，下游圆柱在不稳定尾流的影响下承受更大的流体波动作用力，而上游圆柱通常比下游圆柱承受更大的平均阻力。在相同迎流攻角 α、不同间距 L 下，出现了 3 个不同的阶段：剪切层包裹区、剪切层再附着区、旋涡碰撞区。

Alam 等[66]在 Re=100 时对 4 个并列圆柱变间距尾流进行了对比分析，研究发现，伴随着较小长度的窄尾迹，内侧圆柱阻力系数比外侧圆柱大；从自由侧脱落的旋涡相对较强，外侧圆柱的升力系数均方根值大于内侧圆柱，且内外圆柱的脱落频率不同。

Lam 等[67]在 Re=100、200 时对正方形阵列四柱进行了变间距比 L/D=1.6、2.5、3.5、4 的模拟，结果呈现 3 种流动模式：①稳定脱落；②摆动脱落；③旋涡脱落。当 Re=100 时，由①→②模式转换时，下游圆柱压力波动幅度增加 4～12 倍，由②→③模式转变时，下游圆柱表面压力波动幅度增加 2～3 倍。随着间距比的增大，下游圆柱阻力均方根增大，雷诺数越大，增大的倍数越大；上游圆柱升力系数逐渐接近零。随后，Lam 和 Zou[68]进行了 Re=200 的三维数值模拟，指出模式转换的长细比为 16、间距比为 3.5，并且在长细比为 16、间距比为 1.6 时，出现双稳态尾迹模式。Han 等[69]对 Re=200 时正方形阵列四柱进行了变间距比 L/D=1.5～4，来流攻角为 0°、45° 的二维数值模拟，发现 L/D=1.6 时圆柱后方尾流与拓展体模式相似，L/D=2.5 时圆柱的自由剪切层相互作用，观察到摆动的遮蔽尾流模式，L/D=3.5～4 时尾流出现 4 个涡街。

Abbasi 等[70]利用格子玻尔兹曼法模拟研究了 Re=150 时不等间距比串列三方柱的尾流特性。Chatterjee 等[71,72]较为系统地研究了低雷诺数下并列多方柱的尾流特性，他们于 2009 年首先开展了 Re=150 时并列四柱的绕流特性研究，发现当间距比较小（$0.8 \leqslant L/D < 1.2$）时，柱体后方旋涡与射流之间相互影响，导致后方涡流不明显，而当间隙比较大（$2 \leqslant L/D \leqslant 4$）时，流动主要由斯特劳哈尔频率主导。同年，Chatterjee 等[71]在 Re=150 时，对 5 个并列方柱进行了二维绕流的数值模拟（间距比 L/D=0.2～10），发现间距比大于 4 时，尾流无明显相互作用，间距比在 2 和 4 之间时，流场和温度分布主要由涡脱频率决定。随后，Chatterjee 等[72]进一步选取间距比 L/D=1.2、2、3、4 进行模拟，发现了 4 种不同的流动模式：翻转模式、同相模式、非同相模式、非同步模式。小间距比下，流动的主要特征在于并列方柱之间的间隙射流，随着间距比的增大，各方柱的流动逐渐同步。他们在 2015 年继续开展了 Re=100 时两列交错方柱的二维数值模拟研究，其横向间距比 S/D=1、2、3、5，流向间距比 L/D=1。他们对尾流结构和混沌特性进行了分析，研究发现，较大间距比时，流动是周期性的，流动干扰效应较小。然而，随着间距比的减小，流动干扰变大，流动状态从周期性变为准周期性，并逐渐变为过渡性和完全混乱流动。Manzoor 等[73]研究了 Re=100 和 Re=200 时串列四方柱的水动力特性，随着间距从 $0.25D$ 增大到 $7D$，出现了 6 种不同的尾涡模式，分别为单柱体涡、交替再附着涡、准稳态再附着、间歇脱落涡、混沌流和周期流。Bao 等[74]模拟研究了 Re=100 时间距比 L/D=1.5～15 的串列六方柱的尾流特性，发现随着间距比的增大，分别出现了定常流、不充分发展的单排涡和双排涡、充分发展的双排涡、

部分发展的单排涡和充分发展的多排涡。

关于群柱绕流的研究还在持续，尾流干扰模式、流体作用力的大小与脉动特性、尾涡结构与演变过程等均与柱体个数、间距比、布置形式、迎流攻角、*Re* 等有关，对于超过 6 个柱体的群柱绕流方面的研究还相对较少，有待进一步探究。

1.2 涡激振动

如前节所述，在较大的 *Re* 范围内，流体绕过钝体会在钝体尾部形成交替脱落的旋涡，产生随时间脉动的流体作用力，在这样的流体作用力下，结构会发生振动响应。当振动频率与结构固有频率相近时，会引发共振，造成钝体疲劳损伤甚至断裂失效。因此，开展钝体涡激振动研究具有重要的理论意义和工程应用价值。

1.2.1 圆柱的涡激振动

国内外学者对单一圆柱涡激振动问题开展了大量的研究，归纳总结了不同时期圆柱涡激振动的发展，典型的代表有 Roger[75]、Sarpkaya[76]、Bearman[77]、Naudascher 和 Rockwell[78]、Sumer 和 Fredsoe[79]、Gabbai 和 Benaroya[80]、Williamson 和 Govardhan 等[81]。

为了真实捕捉绕流圆柱自激振动的特性，大量学者开展了自激振荡实验，代表性的有 Feng[82]、Silvio[83]、Griffin[84]、Griffin 和 Koopman[85]、Dean 等[86]、Anagnostoplulos 和 Bearman[87]、Zdravkovich[88-90]、Moe 等[91]、Zhou 等[92]、Khalak 和 Williamson[93]、Govardhan 和 Williamson[94]、Pesce 和 Fujarra[95]、Triantafyllou 等[96]、Jauvtis 和 Williamson[97]、Stappenbelt 等[98]。Feng[82]是圆柱自激振荡实验的开创者，他在风洞中开展了质量比为 248、直径为 7.62cm 的圆柱体涡激振动实验，发现圆柱的振幅变化随约化速度的增大呈先增大后减小的趋势，提出了圆柱振动的初始分支和下分支。然而，结构在水中的质量比通常低于 10，因此，Williamson 研究团队[93, 94, 99-101]在水槽中开展了低质量比、直径为 3.8cm 和 5.1cm 的圆柱涡激振动响应实验研究。发现与高质量比圆柱的涡激振动相比，低质量比圆柱的振动出现了一个新的分支——上分支。此外，他们将圆柱后方的旋涡脱落模式划分为 2S、2P、2T、2C 和 P+S 等，从多个角度对比分析了阻尼比 ζ、质量比 m^*、约化速度 U_r 及固有频率 f_n 对低质量比圆柱振幅响应的影响规律，解释了锁振(lock-in)现象，即当旋涡脱落频率接近圆柱振动的固有频率时，结构振动会迫使旋涡脱落频率锁定在圆柱固有频率处。一旦这种现象出现并持续较长时间，就容易造成圆柱的疲劳损伤。

利用实验测得的数据，建立合适的水动力学模型并进行求解分析，是开展圆柱涡激振动研究的另一种方法。根据实验数据和流体力表达式，涡激振动经验模型主要分为 3 类：尾流振子模型、响应幅值模型和基于离散频率的半经验模型，其中尾流振子模型是目前发展较成熟且应用最广泛的模型。Bishop 和 Hassan[102]最早提出使用非线性振子来模拟旋涡脱落的周期性过程，在此基础上，大量学者对该尾流振子进行了改进并应用。Hartlen 和 Currie[103]给出了尾流振子模型的数学表达式，并将非线性振子模拟出的升力与柱体结构的运动进行了耦合。Skop 和 Griffin[104]对 Hartlen 和 Currie[103]给出的尾流振子模型进一步改进，使得模型参数独立于系统中的物理参数。Facchinetti 等[105]基于实验数据，对尾流振子模型中的经验参数进行优化，并提出加速度耦合项是尾流振子模型与振动方程耦合的最佳选择，其能定量预测柱体涡激振动的基本特性。

此外，大量学者利用求解 N-S 方程的计算流体力学(computational fluid dynamics，CFD)方法研究了圆柱涡激振动响应，常见的数值模拟方法包括直接数值模拟(direct numerical simulation，DNS)、大涡模拟(large eddy simulation，LES)和雷诺时均法(Reynolds average navier-stokes，RANS)。Evangelinos 和 Karniadakis[106]、Lucor 和 Karniadakis[107]、Gsell 等[108]均采用直接数值模拟对圆柱涡激振动的流固耦合特性进行了研究。其中，Gsell 等[108]模拟研究了 Re=3900 时圆柱双自由度振动的响应特性，得出的振幅随约化速度的变化与 Williamson 研究团队得出的基本一致，但直接数值模拟对于空间和时间分辨率的要求很高，因而计算量大、耗时多、对于计算机内存依赖性强。Zhang 和 Dalton[109]将其通过大涡模拟得出的振动响应结果与 Feng[82]的实验结果对比，验证了该方法的准确性。Kravchenko 和 Moin[110]通过大涡模拟得到了比涡激振动实验更细致的涡量场分布。Guilmineau 和 Queute[111]通过雷诺时均法模拟了圆柱的涡激振动响应，其结果与 Williamson 等的结果吻合较好，且初始分支的尾涡脱落模式为 2S、下分支的尾涡脱落模式为 2P。Nikoo 等[112]则将雷诺时均法得到的结果与 Assi 和 Bearman[113]得出的实验结果进行对比，发现雷诺时均法得出的结果与实验结果也能较好吻合，同时捕捉到了尾涡模式的过渡过程。

1.2.2 方柱的涡激振动

Bearman 等[114, 115]是最早一批通过实验研究方柱振动响应的学者，他们对比了 U_r=4～13 范围内固定方柱和强迫横向振动方柱的受力情况，发现在锁定区域内方柱受到的升力要小于相同情况下圆柱受到的升力，且升力和振幅的相位角也与圆柱不同。当方柱做横向强迫振动时，其后方旋涡脱落被有效地抑制，强迫振动振幅为 0.1D 时，升力比静止方柱减小了 60%。Luo[116]使用烟丝法研究了约化速度为 7.65～97.38 时横向单自由度振动方柱的旋涡脱落特性，并确定了 4 种不同的流动结构，分别为 A 型锁定、B 型锁定、三重锁定和准稳态。其中，A 型锁定和 B 型锁定是指旋涡脱落频率与振动频率同步，但 B 型锁定的旋涡脱落周期相较于 A 型锁定更长。三重锁定是指旋涡脱落频率锁定于方柱振动频率的 3 倍，准稳态是指此时的柱体振动频率很大，导致尾涡结构与静止方柱的尾涡结构基本相同。

Barrero-Gil 等[117]研究了低雷诺数(Re≤200)条件方柱的振动响应，发现当雷诺数小于 159 时，方柱不会出现驰振，当雷诺数为 159～200 时，驰振未出现迟滞现象，即在某一确定来流速度下，振动未出现多个不同振幅值。Joly 等[118]进一步研究了低雷诺数下不同质量比方柱的驰振现象，研究发现只有当雷诺数大于 140 时，才出现驰振现象，且随着质量比的减小振幅呈增大趋势。Su 等[119]通过改变方柱的固有频率模拟研究了双自由度的单方柱在 Re=100 时的涡激振动响应，发现了锁定区域、“拍”现象以及驰振现象，并捕捉到了 5 种不同的振动模式。Sen 和 Mittal[120]进一步研究了低雷诺数（$50 \leqslant Re \leqslant 250$）不同质量比方柱的双自由度振动响应。研究发现当质量比较小（$m^*=1$）时，未发生驰振现象，此时仅捕捉到了振幅随约化速度变化的初始分支和下分支，但当 $m^* \geqslant 5$ 时，振动出现了较强的驰振，并且随着质量比的增大，锁定区后移至更大的雷诺数和约化速度，但激发驰振的初始约化速度逐渐减小。而当质量比 $m^*=10$ 时，方柱振动响应随着雷诺数的增大逐渐出现了一次锁定区、去同步化区和二次锁定区，同时对于横向振动而言，初始分支往下分支的过渡出现了迟滞现象。

Obasaju 等[121]在风洞中研究了 Re=3200～14000 时不同迎流攻角（0°～45°）下方柱的流向单自由度振动特性，发现振幅与迎流攻角、约化速度及斯特劳哈尔数有密切的关系。Zhao 等[122，123]在此基础上模拟研究了低雷诺数（Re=100）下迎流攻角对方柱振动的影响，研究发现，迎流攻角不仅会影响柱体振幅，还会改变锁定区，当迎流攻角为 0° 时，柱体振幅最小，同时锁定区最窄。还有部分学者对变形的方柱开展了对比研究，如 Jaiman 等[124]、Maruai 等[125]、Wu 等[126]，他们通过改变方柱棱角角度、在后方增设分离盘、沿轴向扭曲柱体截面等方式拓展了对单方柱涡激振动的研究。Maruai 等[125]模拟研究了方柱与分离盘在不同间距比（$0.1 \leqslant G/D \leqslant 3$）下的振动响应及能量收集效率，并依据振幅、频率及相位差将响应划分为 4 个不同的区域：第一个区域仅在间距比为 0.1 时出现，此时方柱振幅较大；区域二和区域三则分别只出现了初始分支和下分支；对于区域四而言，其振动响应与单方柱振动相似。Wu 等[126]模拟研究了不同扭曲程度方柱的涡激振动响应特性，并发现当迎流攻角为 0° 和 45° 时，扭曲形布置对柱体涡激振动有较好的控制效果。

1.2.3　双柱的振动响应

双柱的布置形式主要有串列、并列、交错 3 种形式。此外，约束形式还包括单柱振动、双柱共同振动、双柱各自振动。

1984 年，Bokaian 和 Geoola[127]开展了上游圆柱固定、下游圆柱振动的风洞实验，受上游圆柱旋涡脱落的影响，下游圆柱的振幅随间距比的增大而增大。Zdravkovich[128]对串列、并列、交错布置的双柱进行了风洞实验，分析了双柱间的振动干涉，发现不同布置形式的双柱之间表现出不同的尾流干涉效应，下游圆柱的振动响应也存在较大差异。

海洋结构物多浸没于水中，质量比较小。学者们在水中也开展了大量的柱体涡激振动实验。King 和 Johns[129]对串列双圆柱各自振动问题进行了研究，发现当 $1.5 < L/D < 7.0$ 时，下游圆柱的振幅大于上游圆柱的振幅。Bokaian 和 Geoola[130]实验研究了双柱间距比和结构阻尼对圆柱振动响应的影响，总结了 4 种不同的结构振动响应：涡激振动、尾流驰振、涡振与驰振耦合、涡振与驰振同时存在却相对独立。当 $L/D > 3.0$ 时，涡激振动的作用逐渐表现出来，随着间距的增大，尾流驰振作用逐渐减弱而涡激振动逐渐占据主导地位，此时圆柱的振幅会明显减小。Sun 等[131]开展了单自由度串列双柱各自振动的实验研究，发现小间距时，柱体发生涡激振动和驰振耦合响应；中等间距时，随着约化速度的增大，柱体先发生涡激振动，后产生驰振，即涡激振动和驰振相互独立；大间距时，上游圆柱仅发生涡激振动，下游圆柱有涡激振动和驰振共存的现象，这与 Bokaian 和 Geoola[130]观察到的双柱振动现象相似。Assi 等[132]开展了串列双柱的水槽实验，其中上游圆柱固定、下游圆柱做横向单自由度振动，他们利用粒子图像测速(particle image velocity measurement，PIV)技术对尾流场进行了捕捉，发现在上游圆柱尾流的影响下，下游圆柱的最大振幅比单圆柱的最大振幅大了 50%。为探究下游圆柱振动增强的原因，Assi 等[133]进一步对串列双柱尾流场进行了详细的分析，提出了双柱间非定常涡-结构耦合作用激发的尾流诱导振动(wake-induced vibration，WIV)。与单个圆柱涡激振动(vortex-induced vibration，VIV)响应中柱体仅在锁定区出现较大振幅不同，尾流诱导振动中响应幅值随约化速度的增大而持续增大，柱体间旋涡合并导致的圆柱位移和流体力之间发生相位滞后是产生这种振动响应的原因。为探究尾流诱导振动的机制，Assi 等[134]引入了尾流刚度的概念，它是决定尾流诱导振动响应特征的重要因素。Qin 等[135]也研究了间距比对串列双柱振动响应的影响，与 Assi 等[133]发现的结果相似，间距比引起的上下游圆柱间的剪切层再附着、分离、卷曲和旋涡脱落及交替变化会导致圆柱产生不同的振动响应。此外，Qin 等[136]发现在不同约化速度下，改变圆柱的自振频率可以抑制圆柱的涡激振动和驰振。Kim 等[137]对单个圆柱振动条件的串列双柱开展了实验研究，发现小间距时，固定的下游圆柱抑制了上游圆柱的旋涡脱落，从而使上游圆柱的振动减小。随着间距的增大，双柱干涉作用减小，圆柱的振动响应逐渐趋向单圆柱振动。

除了实验研究，大量学者还开展了串列双柱的数值模拟分析。Prasanth 和 Mittal[138]采用有限元方法对 Re=100、L/D=5.5 的串列双柱流致振动进行了数值模拟，发现上游圆柱的振动与单圆柱的振动非常相似，但下游圆柱受上游圆柱的影响，振幅明显增大。Mittal 和 Kumar[139]的研究中得出了与 Prasanth 和 Mittal[138]一致的结论。陈文曲[140]采用任意拉格朗日-欧拉(Arbitrary Lagrangian-Eulerian，ALE)方法模拟研究了双柱中尾流诱导振动响应特性，结果表明，圆柱的动力学特性在不同频率比和间距比下存在明显差异，其中旋涡脱落模式呈现出 2P、P+S、2S 及 2P+S，各种模式之间的竞争导致涡间距和涡街宽度的变化。陈威霖等[141]开展了小间距比下串列双圆柱涡激振动的数值模拟研究，根据不同间距比双柱的振动响应特性，将振动分为 3 种类型，研究发现下游圆柱在上游圆柱的遮蔽作用下，阻力均值明显小于上游圆柱，但研究中未考虑流向振动对圆柱间耦合作用的影响。Lin 等[142]采用格子玻尔兹曼(Boltzmann)方法模拟研究了串列双柱的振动响应，发现在尾流干涉较强的状态下，两个圆柱振幅较大，振动频率较高，与单个圆柱振动响应相比，双柱间的间隙流在这种动力系统中起着重要的作用，研究中也只考虑了圆柱的横向振动。Bao 等[143]利用有限元方法开展了不同流向-横向频率比下串列双柱各自振动的数值研究，其中 Re=150、L/D=5.0 时，结果表明，上游圆柱受下游圆柱的影响较小，而下游圆柱受上游圆柱的影响较大，频率比对流向振动响应的影响更明显。此外，研究发现当双共振被激发时，上游圆柱旋涡脱落模式呈现 P+S，且抑制了下游圆柱的旋涡脱落。Mysa 等[144]研究了影响串列双圆柱涡激振动响应的关键因素，发现下游圆柱产生较大位移的原因是横向载荷中出现了接近下游圆柱固有频率的低频分量，下游圆柱的边界层运动对此低频分量起主要作用。Li 等[145]在低雷诺数下对串列双柱尾流干涉的临界雷诺数进行了探究，揭示了尾流干涉的本质是流体的弹性不稳定性引起的，发现尾流干涉出现的最低雷诺数为 34。也有学者利用双柱间的干涉促进圆柱的振动以进行能量收集，如 Ding 等[146]采用二维非稳态

RANS 方法结合 Spalart-Allmaras 湍流模型，开展了高雷诺数下串列双圆柱流致振动的数值计算，分析了带有粗糙肋条的串列双柱流致振动响应及能量转换特性，发现 $Re=1\times10^5$ 时，流致振动能量转换的最大功率可达 41.16W。

并列双圆柱流致振动现象在海洋工程中也广泛存在，两个圆柱的间距比是影响振动响应的一个重要参数。Mahir 和 Rockwell[147]对并列双柱流致振动进行了实验研究，发现在锁频区内，不同相位角引起不同的旋涡脱落模式。在锁频区外，升力周期与圆柱的振动周期呈倍数关系。Liu 等[148]采用有限元法对并列弹性连接双圆柱的涡激振动进行了数值模拟分析，其中 $Re=200$，发现圆柱振动与流动之间存在复杂的耦合作用，高次谐频的出现会大大增强旋涡脱落的非线性特性。Zhao[149]对 $Re=150$ 时不同间距比对并列双圆柱横向振动的影响进行了数值模拟研究，间距比最小为 0.5，由于两圆柱刚性连接，所以圆柱间没有发生碰撞。陈威霖等[150]也对低雷诺数下横向振动的并列双圆柱进行了数值模拟研究，其中 $Re=100$，间距比为 1.5 和 4.0，发现两圆柱流致振动响应存在不对称和对称性迟滞现象。Pang 等[151]发现并列双圆柱在小间距比下，振动与单柱振动相似，在中等间距比下，间隙流从一个圆柱随机偏向另一个圆柱，在大间距比下，圆柱尾迹恢复对称性，出现了同相、反相和混合 3 种主要流动模式。Chen 等[152]在并列双柱的振动尾迹中观察到了不规则模式、同相触发模式、异相触发模式、同相同步模式、反相同步模式和偏置反相同步模式 6 种尾迹模式。Kim 和 Alam[153]在并列双圆柱各自振动实验中发现了 4 种振动模式：①双柱同相振动，最大振幅为单柱的 2 倍；②双柱均不产生振动；③一圆柱在较小约化速度时出现最大振幅，另一圆柱在较大约化速度时出现最大振幅；④双柱振动与单柱相似。Bao 等[154]在低雷诺数条件下模拟了不同间距比对并列双柱振动响应的影响，发现圆柱体同相振动，且振动被限制在相对较小的振幅和较宽的频率范围内。Zhang 等[155]探究了来流攻角对并列双柱振动响应的影响，结果表明，在小迎流攻角范围内，圆柱振动响应较强，旋涡同步脱落，尾流区的旋涡呈现清晰可见的平行涡街，且并列双圆柱间的能量转换性能更好。

相比串列、并列布置的双柱流致振动响应，交错布置双柱的研究相对较少，其中 Hover 和 Triantafyllou[156]开展了上游圆柱固定、下游圆柱振动的交错双圆柱实验，发现交错角为 12° 时，圆柱振动频率锁定范围向更大的约化速度延伸。Alam 和 Kim[157]以交错双柱的交错角和中心间距为变量，进行了交错双柱各自振动的实验研究，研究发现了 7 种不同的振动模式：①两个圆柱都不发生涡激振动或驰振；②上游圆柱不发生涡激振动或驰振，下游圆柱存在驰振；③上游圆柱发生驰振，下游圆柱出现涡激振动和驰振现象；④双柱同步产生涡激振动；⑤下游圆柱出现涡激振动而上游圆柱未出现；⑥下游圆柱在两个不同的约化速度范围内出现涡激振动，而上游圆柱仅在一个约化速度范围内出现；⑦上、下游圆柱发生涡激振动响应的约化速度区间不同。Huang 和 Herfjord[158]通过对交错布置的双圆柱振动响应的研究，发现在间距比大于 3 时，上游圆柱几乎不受下游圆柱的影响，但下游圆柱的振动响应受上游圆柱的影响较大。Chung[159]模拟研究了 $Re=100$ 时交错角和间距比对双柱流致振动的影响，发现圆柱流向和横向的振幅相当，同时形成复杂不规则的振动轨迹。此外，下游圆柱在上游圆柱尾迹附近时双柱容易发生碰撞。

1.2.4 群柱的振动响应

海洋与水利工程中，刚性柱群广泛存在，如海上平台立管和张力腿、港口防浪桩群及桥墩桩基等。与双柱相比，群柱振动响应的研究相对较少。Yu 等[160]固定间距比 L/D=4，模拟研究了低雷诺数下串列三圆柱各自振动的响应特性，结果表明，随着约化速度的增大，流体-结构系统的振动逐渐由稳定趋于不稳定。Chen 等[161]研究了 Re=100 时圆柱间距对串联三圆柱振动响应的影响，得出在小间距时，圆柱振幅较大，随着间距的增大，圆柱的振动逐渐与单圆柱振动相似。此外，他们还研究总结了引发尾流诱导驰振的 3 个关键因素。陈威霖等[162]固定圆柱的间距比为 1.2，改变雷诺数和质量比，开展了串列三圆柱的振动模拟研究，指出串列三圆柱驰振现象仅出现在 $m^*\leqslant 2.0$、$Re\leqslant 100$ 的工况下。随后，Shaaban 和 Mohany[163]进行了不等间距的串列三圆柱振动响应的模拟研究，与等间距三圆柱的振幅相比，不等间距的串列三圆柱的振幅显著增大。

Sayers[62]实验研究了间距和迎流攻角对交错三柱和正方形阵列四柱整体振动的影响，但因圆柱个数变化及阵列形式变化较多，柱间干涉机理尚不明晰。Zhao 和 Cheng[164]对不同迎流攻角下阵列四柱的振动响应进行了数值模拟研究，发现不同迎流攻角下，圆柱振动响应及锁定区范围存在差异，当 α=45° 时，锁定区最窄，为 U_r=2～4；当 α=0° 时，锁定区内下游两个圆柱的振动不稳定。随后，Han 等[165]在低雷诺数（80 和 160）下进行了等间距和来流攻角的数值模拟，发现了圆柱的“双共振”现象，即在流向和横向两个方向上发生了同步振动。Zhao 等[166]对 Re=150 时不同间距比下正方形阵列四柱的同步振动和各自振动响应进行了数值模拟研究。通过对四柱同步振动结果的分析，发现 L/D=1.5 时，圆柱振幅较大，锁频区较宽；L/D=2、2.5、3 时，出现了涡街偏向一侧的现象，并指出四柱各自振动时尾流存在 4 种模式：同相模式、反相模式、反相相关和无关模式。

由于多柱干扰可以增强涡激振动响应和转换功率，部分学者研究了群柱布置形式对振动能量转换效率的影响。Zhang 等[167]对矩形布置的 4 个圆柱的振动能量收集能力进行了数值模拟，发现圆柱振动能量的最大转换功率可达 3.9W，通过紧密布置可以实现更高的功率密度，而串列圆柱之间的干扰强于并列布置圆柱之间的干扰。Kim 和 Bernitsas[168]发现串列布置的多个圆柱的间距对能量收集影响较大，其中间距为 2.5D～5D 时，产生的功率密度更高，在约化速度 U_r=8.2～11.6 时，下游圆柱的能量转换比最大，达到 2。Gao 等[169]对不同来流攻角下正方形阵列四柱的振动响应进行了研究，其中 Re=150、U_r=3～14，研究表明，当 $U_r\geqslant 8$ 时，圆柱旋涡脱落模式多样，出现多频振动，振动轨迹极其复杂。当来流攻角相同时，下游圆柱的锁定区比上游圆柱的更宽。Kahil 等[170]采用大涡模拟（LES）对 Re=3000 下正方形阵列四柱进行了变间距比 L/D=1.25、1.4、1.5、1.75、2 的三维数值模拟，在 L/D=1.25、1.4、1.5 时发现了偏向流动。

1.3　流动控制及振动抑制效果

涡激振动会引发海洋工程结构物的疲劳损伤，带来巨大的经济损失以及海洋环境的破坏。近几十年来，人们提出并评价了多种流动控制与涡激振动抑制方法。根据是否提供外部能量，控制方法分为主动和被动两大类[171]。主动控制技术通常需要外部输入能量和完善的监测系统，如转捩控制、圆柱表面的吹气[172-174]或抽吸[175-177]、增加热浮力等方式，相比之下，无须能量输入的被动控制技术[178]则通过改变结构形状或附加装置实现旋涡脱落的抑制与干扰，结构简单、成本较低，已部分应用于实际工程中，如“深海一号”通过附加螺旋列板抑制隔水管的涡激振动，在南海陵水海域正式投产。这标志着我国海洋油气开发已迈向“超深水”，对隔水管及立管的涡激振动抑制保障了油气安全、稳定、高效地开采，对保障国家能源安全、优化能源结构和海洋环境保护具有重要意义。

1.3.1　主动控制及其抑制效果

主动控制技术需要外部输入能量，而被动控制不需要。因此，被动控制相对而言易于实现，受到了较广泛的研究。然而，被动控制技术的效果往往受环境工况的影响，适用的范围相对较窄。相比之下，主动控制可以自适应调整，通过注入能量及时有效地调整控制效果，以达到最优化。

喷气或射流是典型的主动控制手段。Williams 等[179]在实验中观察到，从圆柱表面的小孔喷射出的流体显著地改变了流动尾迹，从而有效地抑制了柱体振动。Feng 和 Wang[180]通过实验研究了在 Re=950 时，当合成射流位于圆柱后方驻点处时对圆柱的影响。发现边界层分离由原来的非对称卷曲形成旋涡的模式转变为对称模式，导致圆柱受到的升力大幅度减小，从而抑制柱体的涡激振动。在随后的研究中，他们指出提高射流动量可以增强抑制效果。此外，当射流位于柱体前驻点时[181]，合成射流在柱体上游形成了一个伞形防护区，从而改变了流动尾迹。Dong 等[182]提出了综合迎风抽吸和背风喷气的控制新方法，并通过数值模拟证实了同时迎风抽吸和背风喷气比单独作用更有效。Chen 等[183，184]在实验和数值研究的基础上指出，建立迎风驻点和背风驻点之间的连通通道后，圆柱上的升阻力被显著地削弱了。除位于前驻点或后驻点的单个射流外，Wang 等[185-187]采用对称布置的形式，研究了圆柱两侧的合成射流对圆柱的流动控制作用。结果表明，当注入量足够大时，在边界层分离点附近布置的合成射流可以有效地抑制旋涡的脱落，流向和横向振动均得到抑制。

此外，常规注入的流体介质和周围流体介质相同，射流采用不同流体介质(如空气或其他气体注入水中)的研究较少，此时流动为气液两相流，流场更为复杂。Zhu 等[177]在低雷诺数(Re=100)时，将空气喷射出口对称布置于圆柱横向两侧，详细讨论了流体动力和振动响应的变化及喷气速度对尾迹的影响。与同相射流控制技术不同，空气喷射导致圆柱尾迹处出现气液两相流动。喷出的空气被剪切层包裹，卷曲的射流达到一定长度后产生空气涡流，与喷出能量的耗散有关。空气涡流和气泡阻碍了边界层的发展，有效延缓了旋涡的形成，从而达到抑制涡激振动的效果。尾流中气泡的迁移分为两种模式：一种是气泡与旋涡融合，并与之顺流而下，另一种是气泡偏离旋涡中心，与旋涡周边流体剪切，不断地破坏旋涡结构。随着气体动量系数的增大，涡激振动抑制效果提高。

转捩控制是涡激振动主动控制的另一种重要方式。其中，圆柱的尾流中放置旋转控制杆可以看作是被动和主动控制技术的结合。若在圆柱尾流中放置的控制杆是静止的，即属于被动控制，由于静止控制杆的存在会干扰旋涡脱落并改变流场。而当控制杆旋转时，Mittal[188, 189]指出控制杆的转动向边界层注入了更多的动量，从而延缓了边界层分离点，起到振动抑制作用。在过去的 20 多年中，针对圆柱尾流中带有两个反向旋转控制杆的流动控制问题受到了广泛的关注，如 Korkischko 和 Meneghini[190]的实验测试和一些数值研究[188-191]，涉及的控制参数包括控制杆的位置、圆柱与控制杆之间的间距、控制杆旋转的切向速度与流体流速之比等。后来，Zhu 等[172]研究了旋转方向对涡激振动抑制的影响，进一步识别了旋转控制杆的流动控制机制。他们指出控制杆的存在改变了尾流旋涡动量和动能的分布，当控制杆向内反向旋转时涡激振动抑制效果更强，向内反向旋转的控制杆有利于向边界层注入动量，导致边界层分离的延迟，尾流变得更窄。然而，控制杆向外旋转对流动控制则起反作用，振动反而增强。

此外，在换热器的优化设计和核反应堆的冷却塔安全评估方面，还要考虑热浮力对流场的干涉作用，进而分析温度场对柱体振动响应的影响。R_i(理查森数)为热浮力与黏性力的比值。当 $R_i<0.1$ 时，发生强制对流，传热为与 Re 和 Pr(普朗特数)有关的函数。$R_i>10$ 时发生自然对流，传热为 Gr(格拉晓夫数)与 Pr 的函数。对于 $0.1<R_i<10$ 的混合对流，传热是 Re、Gr、Pr 和流体与浮力的夹角(α)的函数。因此，在混合对流中，热浮力的方向是影响流场分布的重要参数之一，横向热浮力会给柱体提供一个横向的升力，容易引发热浮力诱导的驰振现象。Garg 等[192]用数值方法研究了热浮力对结构和尾流稳定性的影响，观察到存在热浮力时，旋涡和等温线被拉长和拉宽。最近，Garg 等[193]又研究了横向热浮力对近尾流稳定性和圆柱体横向振动的影响，发现在 R_i=3.0～4.0 和 Re=50～150 内，柱体出现了强烈的驰振现象(结构振动随约化速度 U_r 成比例增加)，流向热浮力会加快边界层的分离，而逆流向的热浮力则可以抑制旋涡的脱落，进而达到抑制涡激振动的目的。Chatterjee 和 Mondal[194]通过数值模拟分析了逆流向热浮力抑制钝体流动分离的现象。当浮力增加时，流动分离逐渐减小，在浮力参数达到某个临界值时，流动分离完全消失，形成对称流动现象。此外，与相同线性尺寸的柱体相比，方形柱体需要更多的热量以完全抑制流动分离，他们还精确量化了各种钝体周围的流动分离完全消失的浮力参数，并确定了在低雷诺数层流中完全抑制圆柱和方柱流动分离的临界理查森数。此外，还提出了高普朗特数的流体只需更少的热量来抑制流动分离。

1.3.2 被动控制及其抑制效果

与主动控制相比，被动控制无须外部能量输入，在实际工程中更易实现，成本更低[177, 195]。Zdravkovich[196]将被动控制方法分为 3 类：表面突起、裙带和尾流稳定器，如分离盘、控制杆、螺旋列板、轴向板条、整流罩等，如图 1.5 所示。

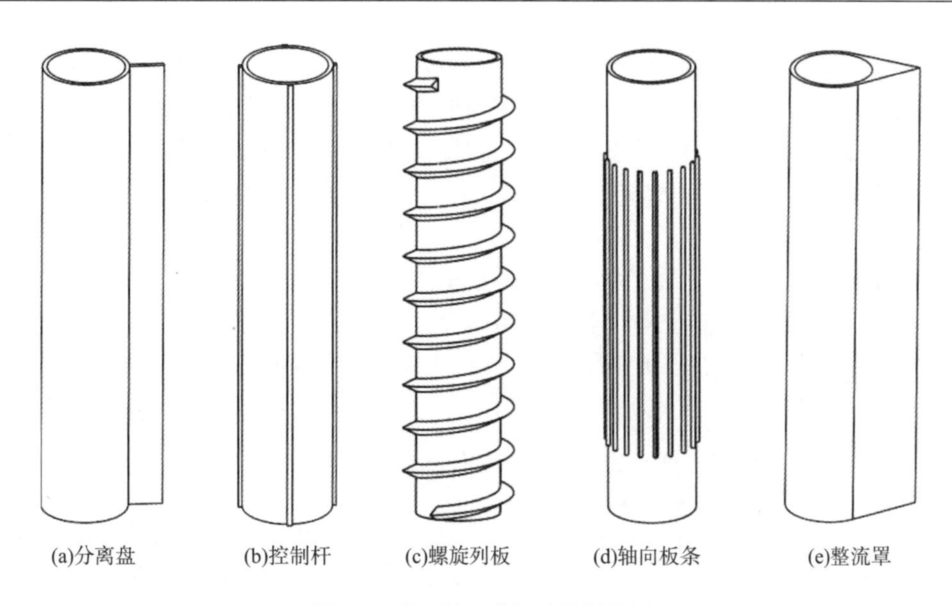

(a)分离盘　(b)控制杆　(c)螺旋列板　(d)轴向板条　(e)整流罩

图 1.5　常见的涡激振动抑制装置

圆柱表面的粗糙度可以一定程度干扰边界层的分离[197, 198]，其对边界层的影响还取决于雷诺数的值[199]。相比之下，尾流稳定器可以抑制剪切层的相互作用(如整流罩[200]和分离盘[201])，且没有增加迎流面积，所以不仅能有效地抑制涡激振动响应，还降低了绕流阻力。与整流罩相比，分离盘在加工和连接圆柱结构时更容易实现，成本也更低，是研究较多的涡激振动装置之一。

近几十年来，学者们开展了大量的实验和数值模拟研究，其中代表性的有 Shukla 等[202]、Gu 等[203]、Huera-Huarte[204]以及 Apelt 等[205]。对带有尾流分离盘的研究可以追溯到 1954 年，当时 Roshko[206]观察到后分离盘稳定了尾流，并在亚临界雷诺数为 1.45×10^4 时旋涡脱落发生了延迟。Apelt 等[207]通过实验研究了雷诺数在 1×10^4～5×10^4 范围内盘长的影响，并发现后分离盘长度在 $2D$～$3D$ 范围内(D 为圆柱直径)，可以有效减小阻力和抑制旋涡的脱落。Adachi 等[208]进一步研究了短尾分离盘($L_d/D\leqslant3$，L_d 为盘长)在 5×10^4～5×10^7 的高雷诺数范围内的效果，发现在超临界雷诺数范围内有明显的旋涡抑制作用。在用分离盘抑制柔性圆柱振动的实验研究中，Huera-Huarte[209]发现，柱体响应振幅降低了 90%、阻力降低了 50%。Lou 等[210]进行了类似的实验研究，观察到盘长在 $1.0D$ 和 $1.5D$ 之间具有更好的抑制效果。然而，在长度为 $0.25D$～$2D$ 的后分离盘实验中，Assi 等[211]发现振动反而增强了。在最近的研究中，Assi 和 Bearman[212]指出，在较高的约化速度 U_r 下，振动位移的急剧增长是由于后分离盘顶部自由剪切层的重新附着引起的，他们将这种水动力不稳定性归为驰振，其特征是振幅大、频率低[213]。Stappenbelt[214]在实验中也观察到了驰振现象，并发现了分离盘越短，驰振的起始约化速度越小。

此外，柱体与后分离盘不直接相连，两者间的间距也会影响涡激振动的抑制效果。Hwang 等[215]的数值研究结果表明，在 $G/D\leqslant2.6$ 时，长度为 $1D$ 的分离式分离盘能显著减小阻力和升力的波动，其中 G 是圆柱后驻点与分离盘前缘之间的流向距离。相反，当分离盘被放置在更下游的位置时，流体力急剧增加。根据相同长度(L_d/D=1)分离盘的圆柱实验结果，Liang 和 Wang[216]、Serson 等[217]也发现了类似的现象。因此，尾流分离盘的性能和分离盘与圆柱间隙、分离盘长度及迎流速度均密切相关。对于这种分离式的分离盘，尾迹调整的机制、水动力的相关变化及驰振触发条件，还有待深入研究。

与布置尾流分离盘的大量研究相比，很少有文献对上游分离盘或同时在圆柱两侧布置分离盘的被动控制效果进行评估。Chutkey 等[218]实验观察到，与裸柱相比，长度为 1D 的上游分离盘可以将边界层分离点从 82° 延迟到 122°。Hwang 和 Yang[219]对带有前后双分离盘的圆柱体间距比的影响进行了数值模拟研究。结果表明，上游分离盘降低了前驻点附近的压力，下游分离盘增加了圆柱后方的压力，并延迟了旋涡的脱落，有明显的减阻效果，Qiu 等[220]在风洞实验中也观察到了类似的结果。

随着分离盘研究的不断深入，不少学者提出了趋向于流线型结构的整流罩，其也可以起到阻隔剪切层的作用，且流线型结构可以更好地对柱体后方尾流进行控制。Grant 和 Patterson[221]研究了横截面为流线型的整流罩对圆柱涡激振动的抑制效果，结果表明，其能在一定程度上抑制旋涡的脱落并有效地减小振幅。Wang 和 Zheng[222]将常见的整流罩进一步改进为液滴状，利用数值模拟进行了不同尾部夹角的整流罩涡激振动响应研究，结果表明，尾部夹角为 30°～45° 时抑制效果最佳。Zhu 等[200]对后三角整流罩绕圆柱自由旋转的控制效果进行了数值模拟研究。三角整流罩的尖角为 90°～110° 时，在抑制涡激振动和减少阻力方面取得了良好的效果。然而，70° 三角形整流罩会导致更剧烈的振动。Assi 等[223]在带有自由旋转短尾翼整流罩的圆柱振动响应实验中也观察到了类似的流体动力不稳定现象。他们把这种不稳定性归为驰振，这种不稳定性通常发生在非旋转轴对称的钝体上。

随后，Law 和 Jaiman[224]对 U 形整流罩、附属 C 形板和分离 C 形板的涡激振动抑制性能进行了评估，并与传统分离盘进行了比较，发现 C 形板可以有效防止圆柱发生驰振，但只比较了间距比(L/D)为 1.5 的情况(L 是圆柱体和板之间的中心距，D 是圆柱体直径)，还需要对比更多的间距来确定间隙流对振动响应的影响。由于 C 形板的开口面向下游，因此圆柱与 C 形板之间的间隙流与串列双柱之间的间隙流相似。Zdravkovich[225]和 Sumner[1]将串列双柱的流动模式分为 3 种：拓展体模式($1<L/D<1.2\sim1.8$)、再附着模式($1.2\sim1.8<L/D<3.4\sim3.8$)和共同脱落模式($L/D>3.4\sim3.8$)，Zhu 等[226]将再附着模式进一步分为连续再附着模式和交替再附着模式，这些模式同样在分离 C 形板的研究中被发现。

由于海流流向是时常变化的，因此研制适应流向变化的抑制装置才更有价值。Shukla 和 Govardhan[202]将分离盘铰接于圆柱背流侧，使分离盘在一定角度内可以摆动，阻力系数得到了明显减小。Gu 等[203]通过风洞实验对比了固定分离盘和可旋分离盘的抑制效果，结果显示固定分离盘边界层分离点主要在圆柱体尾部两侧，而可旋分离盘的分离点前置，两者都降低了圆柱的升阻力。Cimbala 和 Grag[227]、Cimbala 和 Chen[228]研究了可自由旋转的分离盘对涡激振动抑制效果的影响，结果表明分离盘会旋转至一个新的平衡位置。Assi 等[229]通过实验对固定分离盘、可自由旋转的分离盘和短尾整流罩 3 种结构的涡激振动抑制效果进行了对比分析，发现在特定工况下，固定的分离盘反而增强了柱体的振动，可自由旋转的分离盘和短尾整流罩均表现出较好的抑制效果。此外，抑制装置与柱体之间的摩擦系数是影响柱体振幅响应的一个关键因素，若摩擦系数过大，则抑制装置无法旋转，其抑制效果与固定情况下一样；若摩擦系数过小，则会导致旋转装置的不稳定旋转，起到反作用。

学者们结合分离盘和粗糙度的设计理念，设计出了环绕柱体螺旋上升的螺旋列板，其对来流方向不敏感且实现了柱体表面粗糙化，能在一定程度上调整柱体表面的流动。Korkischko 和 Meneghini[230]对均匀流下装有不同长度和高度的螺旋列板圆柱体进行了实验研究，发现随着螺旋列板高度的增加，圆柱振动响应明显减弱。Brankovic 和 Bearman[231]通过实验发现约化速度 U_r 为3～5时，安装有螺旋列板的柱体振幅比普通圆柱低60%左右。Gao 等[232]开展了线性剪切流和均匀流条件下螺旋列板的柱体振动实验研究，结果表明，均匀流条件下柱体的振幅要略小于线性剪切流作用下的柱体振幅。Baarholm 等[233]则用经验模型对均匀流和剪切流条件下的螺旋列板涡激振动抑制效果进行了数值研究，发现在共振区螺旋列板的抑制效果较为明显，但螺旋列板的存在会一定程度上增加流动阻力，因此在特定流速下会激发更高阶的振动模态。Allen 等[234]对比了螺旋列板和整流罩的涡激振动抑制效果，结果表明，整流罩的涡激振动抑制效果及可靠性要高于螺旋列板。

Kiu 等[235]通过实验研究了表面粗糙度对立管涡激振动抑制效果的影响，结果表明，在一定粗糙度条件下，柱体的最大振幅和阻力系数均会明显减小且锁定现象延迟。Huang[236]通过实验分析了表面开设螺旋槽对涡激振动的影响，结果表明，螺旋槽对振动有较好的抑制效果。在 20 世纪早期，大多数学者利用风洞实验对不同表面凸起形状、高度和个数的圆柱进行实验研究，Nebres 等[237]利用螺旋线构造圆柱表面凸起，发现旋涡形成长度的增加与边界层分离、剪切层转捩、卷曲、扩散的展向变化有关，Lee 和 Kim[238]发现表面凸起使旋涡形成区域伸长，降低了旋涡脱落频率，缩小了尾迹宽度，使大尺度旋涡变为细长椭圆形状。Nigim 和 Batill[239]在柱体表面添加不同高度和个数的弧形凸起，发现阻力减小，并提出了尾流形成长度、斯特劳哈尔数、阻力系数的关系式。Matsumura 等[240]在圆柱表面增加三角形凸起，发现随着凸起个数增加，阻力系数逐渐减小。Skeide 等[241]发现半圆形凸起的间距和凸起高度越高，阻力系数越大。Zhang 等[242]对圆柱表面凸起进行三维模拟研究发现圆柱表面压力系数出现 Z 字形振荡，边界层间歇不稳定性增强。Kimura 和 Tsutahara[243]对单个凹槽进行了水槽实验和模拟，发现凹槽的存在使得分离点向后移动，减小了圆柱的阻力，凹槽最佳减阻位置为 80°，凹槽处形成了空腔流动。Canpolat[244]、Canpolat 和 Sahin[245]对单个矩形槽不同槽深、槽宽、槽位分布进行了粒子图像测速实验，发现在凹槽处剪切失稳会产生附加频率，无量纲旋涡脱落频率随槽宽增加而减小。Caliskan 等[246]对单个 V 形槽进行了实验，发现存在强烈的三维效应，不同深度开槽的圆柱尾流宽度、阻力系数及湍动能不同。Yamagishi 和 Oki[247，248]、Fujisawa 等[249]对圆柱表面存在的几十个三角槽、弧形槽、V 形槽进行了实验研究，发现因凹槽的存在湍动能变大，随着凹槽个数的增加，边界层分离点位置后移，尾流宽度减小，阻力系数减小。Zhou 等[250]在不同雷诺数下对矩形凹槽圆柱进行了实验研究，发现在相同雷诺数下，开槽圆柱体的尾流比裸柱尾流更窄，随着回流区长度的减小，阻力减小了 18%～28%。Zhou 等[251]发现同时存在凹槽和凸起时，尾部湍动能降低，纵向凹槽减阻效果好，Du 等[252]发现凹槽深度对马蹄涡、回流区、冲击区和再附着有显著影响。随着凹陷深度的增加，高压区减小，再附着现象逐渐消失，而低速回流区增加。

在不消耗额外能量的情况下，利用迎面而来的气流能量，可以实现类似于吸力和射流的功能。Igarashi[253]提出了一种通过迎风抽吸和背风射流相结合的圆柱体狭缝进行自吸自排的方法，实验观察到旋涡形成区域向下游移动。根据 Fu 和 Rockwell[254]的研究，边界层的分离被圆柱缝隙出流所抑制，旋涡脱落延迟。Gao 等[255]证实了平行于迎流方向的狭缝有助于减小作用在圆柱上的气动升力。他们通过实验研究了在不同迎流攻角下带有狭缝的圆柱体周围的流动，发现低迎流攻角狭缝是一种有效的流动控制方案。不同的是，Shi 和 Feng[256]提出将前驻点与上下表面边界层分离点相连通，发现柱体尾迹被加宽加长。

开有狭缝的圆柱流动控制的相关研究多集中在高雷诺数下的气流控制方面。在水流中，雷诺数相对较小。Zhu 等[257]引入了不同的狭缝，包括 T 形狭缝和 Y 形狭缝，并在低雷诺数下进行了开槽圆柱的绕流数值分析，研究的目的是比较开槽圆柱对旋涡脱落和水动力的控制效果，并扩展对开槽圆柱流动控制机理的认识，详细分析和讨论了水动力、边界层分离、涡量和压力分布特征。

此外，利用附属控制杆是控制涡激振动的一种值得推广的方法，其基本思想是在圆柱周围布置一定数量的控制杆来改变柱体尾流旋涡脱落模式。实际海洋立管周边的注剂管、注水管、电缆等可以被充分利用。Strykowski 和 Sreenivasan[258]研究发现在主圆柱的尾流区放置一个细小的控制圆柱可以在一定的雷诺数范围内完全抑制旋涡的形成和发展。Quadrante 和 Nishi[259]通过实验研究了立管周围缆线对其绕流及涡激振动的影响，缆线的布置角度有 60°、75°、105°和 120°，结果表明，当布置角度为 60°、75°时，线缆使得立管涡激振动响应增大，振幅随约化速度的增大而增大且锁定区域也随之变宽，当布置角度为 105°和 120°时，抑制效果较好，最佳抑制效果出现在 120°时。

综上所述，前人已经开展了大量涡激振动抑制装置的设计和性能评价工作，但不同的抑制装置有各自的优缺点，难以兼顾良好的抑制效果、简易的结构以及低成本的要求。例如，整流罩、分离盘等抑制装置对来流方向敏感；主动控制的旋转控制杆需要消耗额外的能量，并且在立管上安装此类装置存在一定的风险且维护成本高。此外，一些涡激振动抑制装置结构复杂，加工难度大，成本高。因此，涡激振动抑制装置的研究还需进一步深入，以切合现场工况的需求。

参考文献

[1] Sumner D. Two circular cylinders in cross-flow: A review. Journal of Fluids and Structures, 2010, 26: 849-899.

[2] Posdzicch O, Grundmann R. Numerical simulation of the flow around an infinitely long circular cylinder in the transition regime. Theoretical and Computational Fluid Dynamics, 2001, 15: 121-141.

[3] Jiang H Y, Cheng L, An H W. On numerical aspects of simulating flow past a circular cylinder. International Journal for Numerical Methods in Fluids, 2017, 85: 113-132.

[4] Williamson C H K. Vortex dynamics in the cylinder wake. International Journal for Numerical Methods in Fluids, 1996, 28: 477-539.

[5] Jiang H Y, Cheng L, Draper S, et al. Three-dimensional direct numerical simulation of wake transitions of a circular cylinder. Journal of Fluid Mechanics, 2016, 801: 353-391.

[6] Sumner D, Price S J, Paidoussis M P. Flow-pattern identification for two staggered circular cylinders in cross-flow. Journal of Fluid Mechanics, 2000, 411: 263.

[7] Alam M M, Sakamoto H, Zhou Y. Determination of flow configurations and fluid forces acting on two staggered circular cylinders of equal diameter in cross-flow. Journal of Fluids and Structures, 2005, 21: 363-394.

[8] Alam M M, Zhou Y, Wang X W. The wake of two side-by-side square cylinders. Journal of Fluid Mechanics, 2011, 669: 432-471.

[9] Alam M M, Bai H L, Zhou Y. The wake of two staggered square cylinders. Journal of Fluid Mechanics, 2016, 801: 475-507.

[10] Kalita J C, Gupta M M. Oscillatory flow pastvan inclined square cylinder at low Reynolds numbers. AIP Conference Proceedings, 2012, 1479: 1105-1108.

[11] Sohankar A, Norberg C, Davidson L. Low-reynolds-number flow around a square cylinder at incidence: Study of blockage, onset of vortex shedding and outlet boundary condition. International Journal of Numerical Methods Fluids, 1998, 26: 39.

[12] Robichaux J, Balachandar S, Vanka S P. Three-dimensional floquet instability of the wake of square cylinder. Physics of Fluids, 1999, 11(3): 560-578.

[13] Yoon D, Yang K, Choi C. Flow past a square cylinder with an angle of incidence. Physics of Fluids, 2010, 22: 43603.

[14] Saha A K, Biswas G, Muralidhar K. Three-dimensional study of flow past a square cylinder at low Reynolds numbers. Heat Fluid Flow, 2003, 24(1): 54-66.

[15] Luo S C, Chew Y T, Ng Y T. Characteristics of square cylinder wake transition flows. Physics of Fluids, 2003, 15(9): 2549.

[16] Luo S C, Tong X H, Khoo B C. Transition phenomena in the wake of a square cylinder. Journal of Fluids and Structures, 2007, 23(2): 227-248.

[17] Sohankar A, Davidson L, Norberg C. Numerical simulation of unsteady flow around a square two-dimensional cylinder. Fluid Mechanics Conference, 1995: 517.

[18] Sohankar A, Norberg C, Davidson L. Simulation of three dimensional flow around a square cylinder at moderate Reynolds numbers. Physics of Fluids, 1999, 11(2): 288.

[19] Okajima A. Strouhal numbers of rectangular cylinders. Journal of Fluid Mechanics, 1982, 123: 379-398.

[20] Lyn D A, Rodi W. The flapping shear layer formed by flow separation from the forward corner of a square cylinder. Fluid Mech, 1994, 267: 353-376.

[21] Brun C, Aubrum S, Goossens T, et al. Coherent structures and their frequency signature in the separated shear layer on the sides of a square cylinder. Flow Turbul Combust, 2008, 81: 97-114.

[22] Minguez M, Brun C, Pasquetti R, et al. Experimental and highorder LES analysis of the flow in near-wall region of a square cylinder International Journal of Heat and Fluid Flow, 2011, 32: 559-566.

[23] Cao Y, Tamura T. Large-eddy simulations of flow past a square cylinder using structural and unstructured grids. Computer and Fluids, 2016, 137: 36-54.

[24] Trias F X, Gorobets A, Oliva A. Turbulent flow around a square cylinder at Reynolds number 22, 000: A DNS study. Computer and Fluids, 2015, 123: 87-98.

[25] Sohankar A. Flow over a bluff body from moderate to high reynolds numbers using large eddy simulation. Computer and Fluids, 2006, 35(10): 1154-1168.

[26] Jiang H Y, Cheng L, An H W. Three-dimensional wake transition of a square cylinder. Journal of fluid and structures, 2018, 842: 102-127.

[27] Jiang H Y, Cheng L. Hydrodynamic characteristics of flow past a square cylinder at moderate Reynolds numbers. Physics of Fluids, 2018, 30(10): 104107.

[28] Biermann D, Herrnstein W H. The interference between struts in various combinations. Technical Report Arohive and Image Librany, 1933: 468.

[29] Igarashi T. Characteristics of the flow around two circular cylinders arranged in tandem: 1st Report. Bulletin of the Japan Society of Mechanical Engineering, 1981, 24(188): 323-331.

[30] Igarashi T. Characteristics of a flow around two circular cylinders of different diameters arranged in tandem: Bulletin of the Japan Society of Mechanical Engineering, 1982, 25(201): 349-357.

[31] Alam M M, Zhou Y. Dependence of strouhal number, Drag and Lift on the Ratio of Cylinder Diameters in a Two-Tandem Cylinder Wake. Fluid Mechanics Conference, 2007, 16AFMC: 2-7.

[32] Daltond C, Xu Y. The suppression of lift on a circular cylinder due to vortex shedding at moderate reynolds numbers. Journal of Fluids and Structures, 2001, 15: 617-628.

[33] Lee S J, Lee S I, Park C W. Reducing the drag on a circular cylinder by upstream installation of a small control rod. Fluid Dynamics Research, 2004, 34: 233-250.

[34] Wang Y T, Yan Z M, Wang H M. Numerical simulation of low-reynolds number flows past two tandem cylinders of different diameters. Water Science and Engineering, 2013, 6(4): 433-445.

[35] Wang Y T, Yan Z M, Wang H M. Vortex shedding with fluid mechanics from two cylinders of different diameters in a tandem arrangement. Advanced Materials Research, 2014, 886: 436-439.

[36] Wang L G, Alam M M, Zhou Y. Two tandem cylinders of different diameters in cross-flow: effect of an upstream cylinder on wake dynamics. Journal of Fluid Mechanics, 2018, 836: 5-42.

[37] Inoue, Mori M, Hatakeyama N. Aeolian tones radiated from flow past two square cylinders in tandem. Physics of Fluid, 2006, 18(4):379.

[38] Sakamoto H, Haniu H, Obata Y. Fluctuating forces acting on two square prisms in a tandem arrangement. Journal of Wind Engineering and Industrial Aerodynamics, 1987, 26: 85-103.

[39] Sakamoto H, Haniu H. Effect of free-stream turbulence on characteristics of fluctuating forces acting on two square prisms in tandem arrangement. Journal of Fluids Engineering, 1988, 110: 140-146.

[40] Luo S C, Teng T C. Aerodynamic forces on a square section cylinder that is downstream to an identical cylinder. Aeronautical Journal, 1990, 94: 203-212.

[41] Liu C H, Chen J M. Observations of hysteresis in flow around two square cylinders in a tandem arrangement. Journal of Wind Engineering, 2002, 90: 1019-1050.

[42] Sohankar A. A numerical investigation of the flow over a pair of identical square cylinders in a tandem arrangement. International Journal for Numerical Methods in Fluids, 2012, 70: 1244-1257.

[43] Choi C B, Jiang Y J, Yang K S. Secondary instability in the near-wake past two tandem square cylinders. Physics of Fluids, 2012, 24(2): 3165.

[44] Bhatt R, Alam M M. Vibrations of a square cylinder submerged in a wake. Journal of Fluid Mechanics, 2018, 853: 301-332.

[45] Mithun M G, Tiwari S. Flow past two tandem square cylinders vibrating transversely in phase. Fluid Dynamics Research, 2014, 46(5): 055509.

[46] More B S, Dutta S, Chauhan M K, et al. Experimental investigation of flow field behind two tandem square cylinders with

oscillating upstream cylinder. Experimental Thermal and Fluid Science, 2015, 68: 339-358.

[47] Kim M K, Kim D K, Yoon S H, et al. Measurements of the flow fields around two square cylinders in a tandem arrangement. Journal of Mechanical Science and Technology, 2008, 22: 397-407.

[48] Yen S C, San K C, Chuang T H. Interactions of tandem square cylinders at low Reynolds numbers. Experiment of Thermodynamics and Fluid Science, 2008, 32: 927-938.

[49] Auger, J L, Coutanceau J. On the compliex structure of the downstream flow of cylindrical tube rows at various spacings, Mechanics Reasearch Communications, 1978, 5 (5) : 297-302.

[50] Igarashi T, Suzuki K. Characteristics of the Flow around Three Circular Cylinder Arranged in Line. Bulletin of JSME, 1984, 27 (233) : 2397-2404.

[51] Akilli H, Akar A, Karakus C. Flow characteristics of circular cylinders arranged side-by-side in shallow water. Flow Measurement and Instrumentation, 2004, 15 (4) : 187-197.

[52] Liu X, Levitan M, Nikitopoulos D. Wind tunnel tests for mean drag and lift coefficients on multiple circular cylinders arranged in-line. Journal of Wind Engineering and Industrial Aerodynamics, 2008, 96 (6-7) : 831-839.

[53] Pouryoussefi S G, Mirzaei M, Pouryoussefi S M. Force coefficients and Strouhal numbers of three circular cylinders subjected to a cross-flow. Archive of Applied Mechanics, 2011, 81 (11) : 1725-1741.

[54] Islam S U, Abbasi W S, Ying Z C. Transition in the unsteady wakes and aerodynamic characteristics of the flow past three square cylinders aligned inline. Aerospace Science and Technology, 2016, 50: 96-111.

[55] Zheng Q M, Alam M M. Fluid dynamics around three inline square prisms. Journal of Fluid Mechanics, 2017, 17: 1304.

[56] Alam M M, Zheng Q, Derakhshandeh J F, et al. On forces and phase lags between vortex sheddings from three tandem cylinders. International Journal of Heat and Fluid Flow, 2018. 69: 117-135.

[57] Kang S. Numerical study on laminar flow over three side-by-side cylinders. Journal of Mechanical Science and Technology, 2004, 18 (10) : 1869-1879.

[58] Harichandan A B, Roy A. Numerical investigation of low Reynolds number flow past two and three circular cylinders using unstructured grid CFR scheme. International Journal of Heat and Fluid Flow, 2010, 31 (2) : 154-171.

[59] Yan W, Wu J, Yang S C, et al. Numerical investigation on characteristic flow regions for three staggered stationary circular cylinders. European Journal of Mechanics-B-Fluids, 2016, 60: 48-61.

[60] Lam K, Lo S C. A visualization study of cross-flow around four cylinders in a square configuration. Journal of Fluids and Structures, 1992, 6 (1) : 109-131.

[61] Lam K, Fang X. The effect of interference on four equispaced cylinders in cross flow on pressure and force coefficients. Journal of Fluids and Structures, 1995, 9: 195-214.

[62] Sayers A T. Vortex shedding from groups of three and four equispaced cylinders situated in a cross flow. Journal of Wind Engineering and Industrial Aerodynamics, 1990, 34: 213-221.

[63] Lam K, Li J Y, Chan K T, et al. Flow pattern and velocity field distribution of cross-flow around four cylinders in a square configuration at a low Reynolds number. Journal of Fluids and Structures, 2003, 17 (5) : 665-679.

[64] Lam K, Li J Y, So R M C. Force coefficients and Strouhal numbers of four cylinders in cross flow. Journal of Fluids and Structures, 2003, 18 (3-4) : 305-324.

[65] Wang X K, Gong K, Liu H, et al. Flow around four cylinders arranged in a square configuration. Journal of Fluids and Structures, 2013, 43: 179-199.

[66] Alam M M, Zheng Q M, Hourigan K. The wake and thrust by four side-by-side cylinders at a low *Re*. Journal of Fluids and Structures, 2017, 70: 131-144.

[67] Lam K, Gong W Q, So R M C. Numerical simulation of cross-flow around four cylinders in an in-line square configuration. Journal of Fluids and Structures, 2008, 24(1): 34-57.

[68] Lam K, Zou L. Three-dimensional numerical simulations of cross-flow around four cylinders in an in-line square configuration. Journal of Fluids and Structures, 2010, 26(3): 482-502.

[69] Han Z L, Zhou D, Gui X L, et al. Numerical study of flow past four square-arranged cylinders using spectral element method. Computers and Fluids, 2013, 84: 100-112.

[70] Abbasi W S, Islam S U, Rahman H, et al. Numerical investigation of fluid-solid interaction for flow around three square cylinders. AIP Advances, 2018, 8(2): 5221.

[71] Chatterjee D, Biswas G, Amiroudine S. Numerical investigation of forced convection heat transfer in unsteady flow past a row of square cylinders. International Journal of Heat and Fluid Flow, 2009, 30(6): 1114-1128.

[72] Chatterjee D, Biswas G, Amiroudine S. Numerical simulation of flow past row of square cylinders for various separation ratios. Computers and Fluids, 2010, 39(1): 49-59.

[73] Manzoor R, Islam S U, Abbasi W S, et al. Variation of wake patterns and force coefficients of the flow past square bodies aligned inline. Journal of Mechanism Science Technology, 2016, 30(4): 1691-1704.

[74] Bao Y, Wu Q E, Zhou D. Numerical investigation of flow around an inline square cylinder array with different spacing ratios. Computer and Fluids, 2012, 55: 118-131.

[75] Roger K. A review of vortex shedding research and its application. Ocean Engineering, 1977, 4(3): 141-171.

[76] Sarpkaya T. A critical review of the intrinsic nature of vortex-induced vibrations. Journal of Fluids and Structures, 2004, 19(4): 389-447.

[77] Bearman P W. Vortex shedding from oscillating bluff bodies. Annual Review of Fluid Mechanics, 1984, 16(1): 195-222.

[78] Naudascher E, Rockwell D. Flow-Induced vibrations: an engineering guide. Dover Publications, 2012.

[79] Sumer B M, Fredsoe J. Hydrodynamics around cylindrical structures. World Scientific, 1997.

[80] Gabbai R D, Benaroya H. An overview of modeling and experiments of vortex-induced vibration of circular cylinders. Journal of Sound and Vibration, 2005, 282(3-5): 575-616.

[81] Williamson C H K, Govardhan R. A brief review of recent results in vortex-induced vibrations. Journal of Wind Engineering, 2008, 96(6): 713-735.

[82] Feng C C. The measurement of vortex induced effects in flow past stationary and oscillating circular and D-section cylinders. Mechanical Engineering, 1968.

[83] Silvio G D. Self-controlled vibration of cylinder in fluid stream. Journal of the Engineering Mechanics Division, 1969, 95(2): 347-361.

[84] Griffin O M. Flow near self-exited and forced vibrating circular cylinders. ASME Journal of Engineering for Industry, 1972, 94(2): 539-547.

[85] Griffin O M, Koopman G H. The vortex-exited lift and reaction forces on resonantly vibrating cylinders. Journal of Sound and Vibration, 1977, 54(3): 435-448.

[86] Dean R B, Milligan R W, Wooton L R. An experimental study of flow-induced vibration. E. E. C. Report 4, Atkins Research and Development, Epsom, UK, 1977.

[87] Anagnostoplulos P, Bearman P W. Response characteristics of a vortex-excited cylinder at low reynolds numbers. Journal of Fluids and Structures, 1992, 6(1): 39-50.

[88] Zdravkovich M M. Modification of vortex shedding in the synchronization range. ASME Journal of Fluids Engineering, 1982, 104: 513-517.

[89] Zdravkovich M M. On origins of hysteretic responses of a circular cylinder induced by vortex shedding. Zeitschrift fuer Flugwissenschaften und Weltraumforschung, 1990, 14: 47-58.

[90] Zdravkovich M M. Different modes of vortex shedding: an overview. Journal of Fluids and Structures, 1996, 10: 427-437.

[91] Moe G, Holden K, Yttervoll P O. Motion of spring supported cylinders in subcritical and critical water flows. The Fourth International Offshore and Polar Engineering Conference, 1994: 468-475.

[92] Zhou C Y, So R M, Lam K. Vortex-induced vibrations of elastic circular cylinders. Journal of Fluids and Structures, 1999, 13: 165-189.

[93] Khalak A, Williamson C H K. Motions, forces and mode transitions in vortex-induced vibrations at low mass-damping. Journal of Fluids and Structures, 1999, 13: 813-851.

[94] Govardhan R, Williamson C H K. Modes of vortex formation and frequency response of a freely vibrating cylinder. Journal of Fluid Mechanics, 2000, 420: 85-130.

[95] Pesce C P, Fujarra A L C. Vortex-induced vibrations and jump phenomenon: experiments with a clamped flexible cylinder in water. International Journal of Offshore and Polar Engineering, 2000, 10: 26-33.

[96] Triantafyllou M S, Hover F S, Techet A H, et al. Vortex-induced vibration of slender structures in shear flow. IUTAM Symposium on Integrated Modelling of Coupled Flow Structure Interactions Using Analysis, Springer, Dordrecht, 2003: 313-327.

[97] Jauvtis N, Williamson C H K. Vortex-induced vibration of a cylinder with two degrees of freedom. Journal of Fluids and Structures, 2003, 17(7): 1035-1042.

[98] Stappenbelt B, Lalji F, Tan G. Low mass ratio Vortex-induced motion. 16th Australasian Fluid Mechanics Conference Crown Plaza, Gold Coast, 2007: 1491-1497.

[99] Khalak A, Williamson C H K. Dynamics of a hydroelastic cylinder with very low mass and damping. Journal of Fluids and Structures, 1996, 10(5): 455-472.

[100] Jauvtis N, Williamson C H K. Vortex-induced vibration of a cylinder with a two degrees of freedom. Journal of Fluids and Structures, 2003, 17(7): 1035-1042.

[101] Morse T L, Williamson C H K. Steady, unsteady and transient vortex-induced vibration predicted using controlled motion date. Journal of Fluids and Structures, 2010, 649: 429-451.

[102] Bishop R E D, Hassan A Y. The lift and drag forces on a circular cylinder oscillating in a flowing fluid. Proceedings of the Reyal Society of London. Series A, Mathematical and Physic Sciena, 1964, 277: 51-75.

[103] Hartlen R T, Currie I G. Lift-Oscillator Model of Vortex Induced Vibration. Journal of the Engineering Mechanics Division, 1970, 96(5): 577-591.

[104] Skop R A, Griffin O M. A model for the vortex-excited resonant response of bluff cylinders. Journal of Sound and Vibration, 1973, 27(2): 225-233.

[105] Facchinetti M L, Langre E D, Biolley F. Coupling of structure and wake oscillators in vortex-induced vibrations. Journal of Fluids and Structures, 2004, 19(2): 123-140.

[106] Evangelinos C, Karniadakis G E. Dynamics and flow structures in the turbulent wake of rigid and flexible cylinders subject to vortex-induced vibrations. Journal of Fluid Mechanics, 1999, 400: 91-124.

[107] Lucor D, Karniadakis G E. Predictability and uncertainty in flow-structure interactions. European Journal of Mechanics, 2004, 23(1): 41-49.

[108] Gsell S, Bourguet R, Braza M. Two-degree-of-freedom vortex-induced vibrations of a circular cylinder at *Re*=3900. Journal of Fluids and Structures, 2016, 67: 156-172.

[109] Zhang J, Dalton C. Interactions of vortex-induced vibrations of a circular cylinder and a steady approach flow at a Reynolds number of 13, 000. Computers and Fluids, 1996, 25(3): 283-294.

[110] Kravchenko A G, Moin P. Numerical studies of flow over a circular cylinder at Re_D =3900. Physics of Fluids, 2000, 12(2): 403-417.

[111] Guilmineau E, Queutey P. Numerical simulation of vortex-induced vibration of a circular cylinder with low mass-damping in a turbulent flow. Journal of Fluids and Structures, 2004, 19(4): 449-466.

[112] Nikoo H M, Bi K, Hao H. Three-dimensional vortex-induced vibration of a circular cylinder at subcritical Reynolds numbers with low-*Re* correction. Marine Structures, 2019, 66: 288-306.

[113] Assi G R S, Bearman P W, Meneghini J R. On the wake-induced vibration of tandem circular cylinders: the vortex interaction excitation mechanism. Journal of Fluid Mechanics, 2010, 661: 365-401.

[114] Bearman P W, Obasaju E D. An experimental study of pressure fluctuations on fixed and oscillating square-section cylinders. Journal of Fluid Mechanics, 1982, 119: 297-321.

[115] Bearman P W, Gartshore I S, Maull D J, et al. Experiments on flow-induced vibration of a square-section cylinder. Journal of Fluids and Structures, 2018, 1: 19-34.

[116] Luo S C. Vortex wake of a transversely oscillating square cylinder: A flow visualization analysis. Journal of Wind Engineering and Industrial Aerodynamics, 1992, 45: 97-119.

[117] Barrero-Gil A, Sanz-Andre’s A, Roura M. Transverse galloping at low Reynolds numbers. Journal of Fluids and Structures, 2009, 25: 1236-1242.

[118] Joly A, Etienne S, Pelletier D. Galloping of square cylinders in cross-flow at low Reynolds numbers. Journal of Fluids and Structures, 2012, 28: 232-243.

[119] Su Z D, Liu Y, Zhang H J, et al. Numerical simulation of vortex-induced vibration of a square cylinder. Journal of Mechanical Science and Technology, 2007, 21: 1415-1424.

[120] Sen S, Mittal S. Effect of mass ratio on free vibrations of a square cylinder at low Reynolds numbers. Journal of Fluids and Structures, 2015, 54: 661-678.

[121] Obasaju E D, Ermshaus R, Naudascher E. Vortex-induced streamwise oscillations of a square section cylinder in a uniform stream. Journal of Fluid Mechanics, 1990, 213: 171-189.

[122] Zhao M, Cheng L, Zhou T M. Numerical simulation of vortex-induced vibration of a square cylinder at a low Reynolds number. Physics of Fluids, 2013, 25(2): 023603.

[123] Zhao J S, Leontini J S, Jacono D L, et al. Fluid-structure interaction of a square cylinder at different angles of attack. Journal of Fluid Mechanics, 2014, 747: 688-721.

[124] Jaiman R K, Sen S, Gurugubelli P S. A fully implicit combined field scheme for freely vibrating square cylinders with sharp and rounded corners. Computer and Fluids, 2015, 112: 1-18.

[125] Maruai N M, Ali M S M, Ismail M H, et al. Flow-induced vibration of a square cylinder and downstream flat plate associated with micro-scale energy harvester. Journal of Wind Engineering and Industrial Aerodynamics, 2018, 175: 264-282.

[126] Wu C H, Ma S W, Kang C W, et al. Suppression of vortex-induced vibration of a square cylinder via continuous twisting at moderate Reynolds numbers. Journal of Wind Engineering and Industrial Aerodynamics, 2018, 177: 136-154.

[127] Bokaian A, Geoola F. Wake-induced galloping of two interfering circular cylinders. Journal of Fluid Mechanics, 1984, 146, 383-415.

[128] Zdravkovich M M. Flow induced oscillations of two interfering circular cylinders. Journal of Sound and Vibration, 1985, 101(4): 511-521.

[129] King R, Johns D J. Wake interaction experiments with two flexible circular cylinders in flowing water. Journal of Sound and Vibration, 1976, 45: 259-283.

[130] Bokaian A, Geoola F. Proximity-induced galloping of two interfering circular cylinders. Journal of Fluid Mechanics, 1984, 146(146): 417-449.

[131] Sun Q, Alam M M, Zhou Y. Fluid-Structure coupling between two tandem elastic cylinders. Procedia Engineering, 2015, 126: 564-568.

[132] Assi G R S, Meneghini J R, Aranha J A P, et al. Experimental investigation of flow-induced vibration interference between two circular cylinders. Journal of Fluids and Structures, 2006, 22: 819-827.

[133] Assi G R S, Bearman P W, Meneghini J R. On the wake-induced vibration of tandem circular cylinders: the vortex interaction excitation mechanism. Journal of Fluid Mechanics, 2010, 661: 365-401.

[134] Assi G R S, Bearman P W, Carmo B S, et al. The role of wake stiffness on the wake-induced vibration of the downstream cylinder of a tandem pair. Journal of Fluid Mechanics, 2013, 718: 210-245.

[135] Qin B, Alam M M, Ji C N, et al. Flow-induced vibrations of two cylinders of different natural frequencies. Ocean Engineering, 2018, 155: 189-200.

[136] Qin B, Alam M M, Zhou Y. Free vibrations of two tandem elastically mounted cylinders in crossflow. Journal of Fluid Mechanics, 2019, 861: 349-381.

[137] Kim S, Alam M M, Sakamoto H, et al. Flow-induced vibrations of two circular cylinders in tandem arrangement. Part 1: Characteristics of vibration. Journal of Wind Engineering and Industrial Aerodynamics, 2009, 97: 304-311.

[138] Prasanth T K, Mittal S. Flow-induced oscillation of two circular cylinders in tandem arrangement at low *Re*. Journal of Fluids and Structures, 2009, 25: 1029-1048.

[139] Mittal S, Kumar V. Flow-induced oscillations of two cylinders in tandem and staggered arrangements. Journal of Fluids and Structures, 2001, 15: 717-736.

[140] 陈文曲. 二维串并列圆柱绕流与涡致振动研究. 杭州: 浙江大学, 2005.

[141] 陈威霖, 及春宁, 许栋. 小间距比下串列双圆柱涡激振动数值模拟研究: 振动响应和流体力. 振动与冲击, 2018, 37(23): 261-269.

[142] Lin J H, Jiang R J, Chen Z L, et al. Poiseuille flow-induced vibrations of two cylinders in tandem. Journal of Fluids and Structures, 2013, 40: 70-85.

[143] Bao Y, Huang C, Zhou D, et al. Two-degree-of-freedom flow-induced vibrations on isolated and tandem cylinders with varying natural frequency ratios. Journal of Fluids and Structures, 2012, 35: 50-75.

[144] Mysa R C, Law Y Z, Jaiman R K. Interaction dynamics of upstream vortex with vibrating tandem circular cylinder at

subcritical Reynolds number. Journal of Fluids and Structures, 2017, 75: 27-44.

[145] Li X T, Zhang W W, Gao C Q. Proximity-interference wake-induced vibration at subcritical *Re*: Mechanism analysis using a linear dynamic model. Physics of Fluids, 2018, 30(3): 033606.

[146] Ding L, Bernitsas M M, Kim E S. 2-D URANS vs. experiments offlow induced motions of two circular cylinders in tandem with passive turbulence control for 30, 000<*Re*<105, 000. Ocean Engineering, 2013, 72: 429-440.

[147] Mahir N, Rockwell D. Vortex formation from a forced system of two cylinders. Part Ⅱ: Side-by-side arrangement. Journal of Fluids and Structures, 1996, 10: 491-500.

[148] Liu Y, So R M C, Lau Y L, et al. Numerical studies of two side-by-side elastic cylinders in a cross-flow. Journal of Fluids and Structures, 2001, 15: 1009-1030.

[149] Zhao M. Flow induced vibration of two rigidly coupled circular cylinders in tandem and side-by-side arrangements at a low Reynolds number of 150. Physics of Fluids, 2013, 25(12): 355-381.

[150] 陈威霖, 及春宁, 徐万海. 并列双圆柱流致振动的不对称振动和对称性迟滞研究. 力学学报, 2015, 47(5): 731-739.

[151] Pang J H, Zong Z, Zhou L. A method for distinguishing WW and NW in the flow around two side by side circular cylinders. Chinese Journal of Ship Research, 2016, 11(3): 37-42.

[152] Chen W L, Ji C N, Wang R, et al. Flow-induced vibrations of two side-by-side circular cylinders: Asymmetric vibration, symmetry hysteresis and near-wake patterns. Ocean Engineering, 2015, 110: 244-257.

[153] Kim S L, Alam M M. Characteristics and suppression of flow-induced vibrations of two side-by-side circular cylinders. Journal of Fluids and Structures, 2015, 54: 629-642.

[154] Bao Y, Zhou D, Tu J H. Flow characteristics of two in-phase oscillating cylinders in side-by-side arrangemen. Computers and Fluids, 2013, 71: 124-145.

[155] Zhang L, Mao X R, Ding L. Influence of attack angle on vortex-induced vibration and energy harvesting of two cylinders in side-by-side arrangement. Advances in Mechanical Engineering, 2019, 11(1): 1-13.

[156] Hover F S, Triantafyllou M S. Galloping response of a cylinder with upstream wake interference. Journal of Fluids and Structures, 2001, 15: 503-512.

[157] Alam M M, Kim S L. Free vibration of two identical circular cylinders in staggered arrangement. Fluid Dynamics Research, 2009, 41: 035507.

[158] Huang S, Herfjord K. Experimental investigation of the forces and motion responses of two interfering VIV circular cylinders at various tandem and staggered positions. Applied Ocean Research, 2013, 43: 264-273.

[159] Chung M H. On characteristics of two-degree-of-freedom vortex induced vibration of two low-mass circular cylinders in proximity at low Reynolds. International Journal of Heat and Fluid Flow, 2017, 65: 220-245.

[160] Yu K R, Etienne S, Scolan Y M, et al. Flow-induced vibrations of in-line cylinder arrangements at low Reynolds numbers. Journal of Fluids and Structures, 2016, 60: 37-61.

[161] Chen W L, Ji C N, Williams J, et al. Vortex-induced vibrations of three tandem cylinders in laminar cross-flow: Vibration response and galloping mechanism. Journal of Fluids and Structures, 2018, 78: 215-238.

[162] 陈威霖, 及春宁, 许栋. 低雷诺数下串列三圆柱涡激振动中的驰振现象及其影响因素. 力学学报, 2018, 50(4): 766-775.

[163] Shaaban M, Mohany A. Flow-induced vibration of three unevenly spaced in-line cylinders in cross-flow. Journal of Fluids and Structures, 2018, 76: 367-383.

[164] Zhao M, Cheng L. Numerical simulation of vortex-induced vibration of four circular cylinders in a square configuration.

Journal of Fluids and Structures, 2012, 31: 125-140.

[165] Han Z, Zhou D, He T, et al. Flow-induced vibrations of four circular cylinders with square arrangement at low Reynolds numbers. Ocean Engineering, 2015, 96: 21-33.

[166] Zhao M, Kaja K, Xiang Y, et al. Vortex-induced vibration of four cylinders in an in-line square configuration. Physics of Fluids, 2016, 28(2): 023602.

[167] Zhang B S, Mao Z Y, Song B W, et al. Numerical investigation on VIV energy harvesting of four cylinders in close staggered formation. Ocean Engineering, 2018, 165: 55-68.

[168] Kim E S, Bernitsas M M. Performance prediction of horizontal hydrokinetic energy converter using multiole-cylinder synergy in flow induced motion. Applied Energy, 2016, 170: 92-100.

[169] Gao Y Y, Yang K, Zhang B F, et al. Numerical investigation on vortex-induced vibrations of four circular cylinders in a square configuration. Ocean Engineering, 2019, 175: 223-240.

[170] Kahil Y, Benhamadouche S, Berrouk A S, et al. Simulation of subcritical-Reynolds-number flow around four cylinders in square arrangement configuration using LES. European Journal of Mechanics-B/Fluids, 2019, 74: 111-122.

[171] Choi H, Jeon W P, Kim J S. Control of flow over a bluff body. Annual Review of Fluid Mechanics, 2008, 40(1): 113-139.

[172] Zhu H J, Gao Y. Vortex-induced vibration suppression of a main circular cylinder with two rotating control rods in its near wake: Effect of the rotation direction. Journal of Fluids and Structures, 2017, 74: 469-491.

[173] Zhu H J, Gao Y. Effect of gap on the vortex-induced vibration suppression of a circular cylinder using two rotating rods. Ships and Offshore Structures, 2018, 13(2): 119-131.

[174] Zhu H J, Yao J, Ma Y, et al. Simultaneous CFD evaluation of VIV suppression using smaller control cylinders. Journal of Fluids and Structures, 2015, 57: 66-80.

[175] Chen W L, Xin D B, Xu F, et al. Suppression of vortexinduced vibration of a circular cylinder using suction-based flow control. Journal of Fluids and Structures, 2013, 42: 25-39.

[176] Chen W L, Li H, Hu H. An experimental study on a suction flow control method to reduce the unsteadiness of the wind loads acting on a circular cylinder. Experiment of Fluids, 2014, 55(4): 1-20.

[177] Zhu H J, Tang T, Zhao H L, et al. Control of vortex-induced vibration of a circular cylinder using a pair of air jets at low Reynolds number. Physics of Fluids, 2019, 31(4): 043603.

[178] Kim S, Lee C M. Investigation of the flow around a circular cylinder under the influence of an electromagnetic force. Experiment in Fluids, 2000, 28(3): 252-260.

[179] Williams D R, Mansy H, Amato C. The response and symmetry properties of a cylinder wake subjected to localized surface excitation. Journal of Fluid Mechanics, 1992, 234: 71-96.

[180] Feng L H, Wang J J. Circular cylinder vortex-synchronization control with a synthetic jet positioned at the rear stagnation point. Journal of Fluid Mechanics, 2010, 662: 232-259.

[181] Feng L H, Wang J J. Modification of a circular cylinder wake with synthetic jet: Vortex shedding modes and mechanism. European Journal of Mechanics-B/Fluids, 2014, 43: 14-32.

[182] Dong S, Triantafyllou G S, Karniadakis G E. Elimination of vortex streets in bluff-body flows. Physical Review Letters, 2008, 100(20): 204501.

[183] Chen W L, Wang X J, Feng X, et al. Passive jet flow control method for suppressing unsteady vortex shedding from a circular cylinder. Journal of Aerospace Engineering, 2017, 30(1): 04016063.

[184] Chen W L, Gao D L, Yuan W Y, et al. Passive jet control of flow around a circular cylinder. Experiment in Fluids, 2015, 56(11): 201.

[185] Wang C L, Tang H, Duan F, et al. Control of wakes and vortex-induced vibrations of a single circular cylinder using synthetic jets. Journal of Fluids and Structures, 2016, 60: 160-179.

[186] Wang C L, Tang H, Duan F, et al. Control of vortex-induced vibration using a pair of synthetic jets: Influence of active lock-on. Physics of Fluids, 2017, 29(8): 083602.

[187] Wang C L, Tang H, Yu S C M, et al. Active control of vortex-induced vibrations of a circular cylinder using windward-suction-leeward blowing actuation. Physics of Fluids, 2016, 28(5): 053601.

[188] Mittal S. Control of flow past bluff bodies using rotating control cylinders. Journal of Fluids and Structures, 2001, 15(2): 291-326.

[189] Mittal S. Flow control using rotating cylinders: effect of gap. Journal of Applied Mechanism, 2003, 70(5): 762-770.

[190] Korkischko I, Meneghini J R. Suppression of vortex-induced vibration using moving surface boundary-layer control. Journal of Fluids and Structures, 2012, 34: 259-270.

[191] Zhu H, Yao J. Numerical evaluation of passive control of VIV by small control rods. Applied Ocean Research, 2015, 51: 93-116.

[192] Garg H, Soti A K, Bhardwaj R. Vortex-induced vibration of a cooled circular cylinder. Physics of Fluids, 2019, 31(8): 083608.

[193] Garg H, Soti A K, Bhardwaj R. Vortex-induced vibration and galloping of a circular cylinder in presence of cross-flow thermal buoyancy. Physics of Fluids, 2019, 31(11): 113603.

[194] Chatterjee D, Mondal B. Control of flow separation around bluff obstacles by superimposed thermal buoyancy. International Journal of Heat and Mass Transfer, 2014, 72: 128-138.

[195] Wang J L, Tang L H, Zhao L Y, et al. Equivalent circuit representation of a vortex induced vibration-based energy harvester using a semi-empirical lumped parameter approach. International Journal of Energy Research, 2020, 44(6): 4516-4528.

[196] Zdravkovich M M. Review and classification of various aerodynamic and hydrodynamic means for suppression of vortex shedding. Journal of Wind Engineering and Industrial Aerodynamics, 1981, 7(2): 145-189.

[197] Ding L, Yang L, Yang Z, et al. Performance improvement of aeroelastic energy harvesters with two symmetrical fin-shaped rods. Journal of Wind Engineering and Industrial Aerodynamics, 2020, 196(109): 104051.

[198] Zhu H J, Liu W L, Zhou T M. Direct numerical simulation of the wake adjustment and hydrodynamic characteristics of a circular cylinder symmetrically attached with fin-shaped strips. Ocean Engineering, 2020, 195: 106756.

[199] Zhu H J, Zhou T M. Flow around a circular cylinder attached with a pair of fin-shaped strips. Ocean Engineering, 2019, 190: 106484.

[200] Zhu H J, Liao Z H, Gao Y, et al. Numerical evaluation of the suppression effect of a free-to-rotate triangular fairing on the vortex-induced vibration of a circular cylinder. Applied Mathematics Model, 2017, 52(1): 709-730.

[201] Sudhakar Y, Vengadesan S. Vortex shedding characteristics of a circular cylinder with an oscillating wake splitter plate. Computer and Fluids, 2012, 53: 40-52.

[202] Shukla S, Govardhan R N, Arakeri J H. Flow over a cylinder with a hinged-splitter plate. Journal of Fluids and Structures, 2009, 25(4): 713-720.

[203] Gu F, Wang J S, Qiao X Q, et al. Pressure distribution, fluctuating forces and vortex shedding behavior of circular cylinder with rotatable splitter plates. Journal of Fluids and Structures, 2012, 28(1): 263-278.

[204] Huera-Huarte F J. On splitter plate coverage for suppression of vortex-induced vibrations of flexible cylinders. Applied Ocean Research, 2014, 48: 244-249.

[205] Apelt C J, West G S, Szewczyk A A. The effects of wake splitter plates on the flow past a circular cylinder in the range $10^4 < Re < 5\times10^4$. Journal of Fluid Mechanics, 1973, 61 (10): 187-198.

[206] Roshko A. On the development of turbulent wakes from vortex sheets. National Advisory Committee for Aeronautics Technic Report, 1954: 1-28.

[207] Apelt C J, West G S, Szewczyk A A. Effects of wake splitter plates on flow past a circular cylinder in range $10^4 < Re < 5\times10^4$. Journal of Fluid Mechnaics, 1973, 61 (10): 187-198.

[208] Adachi T, Cho T, Matsuuchi K, et al. The effect of a wake splitter plate on the flow around a circular cylinder. Trans. JSME, 1990, 56 (528): 2225-2232.

[209] Huera-Huarte F J. On splitter plate coverage for suppression of vortex-induced vibrations of flexible cylinders. Applied Ocean Research, 2014, 48: 244-249.

[210] Lou M, Chen Z, Chen P. Experimental investigation of the suppression of vortex induced vibration of two interfering risers with splitter plates. Journal of Nastural Gas Science and Engineering, 2016, 35: 736-752.

[211] Assi G R S, Bearman P W, Kitney N. Low drag solutions for suppressing vortex induced vibration of circular cylinders. Journal of Fluids and Structures, 2009, 25: 666-675.

[212] Assi G R S, Bearman P W. Transverse galloping of circular cylinders fitted with solid and slotted splitter plates. Journal of Fluids and Structures, 2015, 54: 263-280.

[213] Yang K, Wang J, Yurchenko D. A double-beam piezo-magneto-elastic wind energy harvester for improving the galloping-based energy harvesting. Applied Physics Letter, 2019, 115 (19): 193901.

[214] Stappenbelt B. Splitter-plate wake stabilisation and low aspect ratio cylinder flowinduced vibration mitigation. International Journal of Offshore and Polar Engineering, 2010: 1053-5381.

[215] Hwang J Y, Yang K S, Sun S. Reduction of flow-induced forces on a circular cylinder using a detached splitter plate. Physics of Fluids, 2003, 15 (8): 2433-2436.

[216] Liang S, Wang J. VIV and galloping response of a circular cylinder with rigid detached splitter plates. Ocean Engineering, 2018, 162: 176-186.

[217] Serson D, Meneghini J R, Carmo B S, et al. Wake transition in the flow around a circular cylinder with a splitter plate. Journal of Fluid Mechanics, 2014, 755: 582-602.

[218] Chutkey K, Suriyanarayanan P, Venkatakrishnan L. Near wake field of circular cylinder with a forward splitter plate. Journal of Wind Engineering and Industrial Aerodynamics, 2018, 173: 28-38.

[219] Hwang J Y, Yang K S. Drag reduction on a circular cylinder using dual detached splitter plates. Journal of Wind Engineering and Industrial Aerodynamics, 2007, 95 (7): 551-564.

[220] Qiu Y, Sun Y, Wu Y, et al. Effects of splitter plates and Reynolds number on the aerodynamic loads acting on a circular cylinder. Journal of Wind Engineering and Industrial Aerodynamics, 2014, 127: 40-50.

[221] Grant R, Patterson D. Riser fairing for reduced drag and vortex suppression. Offshare Technology Conference, 1977.

[222] Wang J S, Zheng H X. Numerical simulation with a TVD-FVM method for circular cylinder wake control by a fairing. Journal of Fluids and Structures, 2015, 57: 15-31.

[223] Assi G R S, Bearman P W, Tognarelli M A. On the stability of a freeto-rotate short-tail fairing and a splitter plate as

suppressors of vortex-induced vibration. Ocean Engineering, 2014, 92: 234-244.

[224] Law Y Z, Jaiman R K. Wake stabilization mechanism of low-drag suppression devices for vortex-induced vibration. Journal of Fluids and Structures, 2017, 70: 428-449.

[225] Zdravkovich M M. The effects of interference between circular cylinders in cross flow. Journal of Fluids and Structures, 1987, 1: 239-261.

[226] Zhu H J, Zhang C, Liu W L. Wake-induced vibration of a circular cylinder at a low Reynolds number of 100. Physics of Fluids, 2019, 31: 073606.

[227] Cimbala J M, Garg S. Flow in the wake of a freely rotatable cylinder with splitter plate. American Institute of Aeronautics and Astronatics, 1991, 29(6): 1001-1003.

[228] Cimbala J M, Chen K T. Supercritical reynolds number experiments on a freely rotatable cylinder splitter plate body. Physics of Fluids, 1994, 6(7): 2440.

[229] Assi G R S, Bearman P W, Tognarelli M A. On the stability of a free-to-rotate short-tail fairing and a splitter plate as suppressors of vortex-induced vibration. Ocean Engineering, 2014, 92: 234-244.

[230] Korkischko I, Meneghini J R. Experimental investigation of flow-induced vibration on isolated and tandem circular cylinders fitted with strakes. Journal of Fluids and Structures, 2010, 26(4): 611-625.

[231] Brankovic M, Bearman P W. Measurements of transverse forces on circular cylinders undergoing vortex-induced vibration. Journal of Fluids and Structures, 2006, 22(6): 829-836.

[232] Gao Y, Fu S X, Ren T, et al. VIV response of a long flexible riser fitted with strakes in uniform and linearly sheared currents. Applied Ocean Research, 2015, 52: 102-114.

[233] Baarholm G S, Larsen C M, Lie H. Reduction of VIV using suppression devices—An empirical approach. Marine Structures, 2005, 18(7-8): 489-510.

[234] Allen D W, Lee L, Henning D L. Fairings versus helical strakes for suppression of vortex-induced vibration: Technical comparisons. Offshare Technology Conference, Houston, Texas, USA, 2008.

[235] Kiu K Y, Stappenbelt B, Thiagarajan K P. Effects of uniform surface roughness on vortex-induced vibration of towed vertical cylinders. Journal of Sound and Vibration, 2011, 330(20): 4753-4763.

[236] Huang S. VIV suppression of a two-degree-of-freedom circular cylinder and drag reduction of a fixed circular cylinder by the use of helical grooves. Journal of Fluids and Structures, 2011, 27(7): 1124-1133.

[237] Nebres J V, Nigim H H, Batill S M. Flow Around a Cylinder with Helical Surface Perturbations. Flow Visualization VI, 1992.

[238] Lee S J, Kim H B. The effect of surface protrusions on the near wake of a circular cylinder. Journal of Wind Engineering and Industrial Aerodynamics, 1997, 69-71: 351-361.

[239] Nigim H H, Batill S M. Flow About cylinders with surface perturbations. Journal of Fluids and Structures, 1997, 11(8): 893-907.

[240] Matsumura T, Yura T, Kikuchi N, et al. Development of Low Wind-Pressure Insulated Wires. Furukawa Review, 2002, 21: 38-43.

[241] Skeide A K, Bardal L M, Oggiano L, et al. The significant impact of ribs and small-scale roughness on cylinder drag crisis. Journal of Wind Engineering and Industrial Aerodynamics, 2020, 202: 104192.

[242] Zhang K, Katsuchi H, Zhou D, et al. Numerical study on the effect of shape modification to the flow around circular cylinders. Journal of Wind Engineering and Industrial Aerodynamics, 2016, 152: 23-40.

[243] Kimura T, Tsutahara M. Fluid Dynamic Effects of Grooves on Circular Cylinder Surface. American Institute of Aeronautics and Astronautics, 1991, 29(12): 2062-2068.

[244] Canpolat C. Characteristics of flow past a circular cylinder with a rectangular groove. Flow Measurement and Instrumentation, 45: 233-246.

[245] Canpolat C, Sahin B. Influence of single rectangular groove on the flow past a circular cylinder. International Journal of Heat Fluid Flow, 2017, 64: 79-88.

[246] Caliskan M, Tantekin A, Ozdil N F T, et al. Investigation of flow characteristics for triangular grooved shape cylinder at different heights in shallow water. Ocean Engineering, 2021, 225: 108788.

[247] Yamagishi Y, Oki M. Effect of groove shape on flow characteristics around a circular cylinder with grooves. Journal of Visualization, 2004, 7(3): 209-216.

[248] Yamagishi Y, Oki M. Effect of the Number of Grooves on Flow Characteristics around a Circular Cylinder with Triangular Grooves. Journal of Visualization, 2005, 8(1): 57-64.

[249] Fujisawa N, Hirabayashi K, Yamagat T. Aerodynamic noise reduction of circular cylinder by longitudinal grooves. Journal of Wind Engineering and Industrial Aerodynamics, 2020, 199: 104129.

[250] Zhou B, Wang X K, Guo W, et al. Experimental study on flow past a circular cylinder with rough surface. Ocean Engineering, 2015, 109: 7-13.

[251] Zhou B, Wang X K, Guo W, et al, Tan S K. Experimental measurements of the drag force and the near-wake flow patterns of a longitudinally grooved cylinder. Journal of Wind Engineering and Industrial Aerodynamics, 2015, 145: 30-41.

[252] Du W, Luo L, Wang S T, et al. Flow structure and heat transfer characteristics in a 90-deg turned pin fined duct with different dimple/protrusion depths. Bulletin of the JSME-Japan Society of Mechanical Engineers, 2019, 146: 826-842.

[253] Igarashi T. Flow characteristics around a circular cylinder with a slit. Bulletin of the JSME-Japan Society of Mechanical Engineers, 1978, 21: 656-664.

[254] Fu H, Rockwell D. Shallow flow past a cylinder: control of the near wake. Journal of Fluid Mechanics, 2005, 539: 1-24.

[255] Gao D L, Chen W L, Li H, et al. Flow around a slotted circular cylinder at various angles of attack. Experiment In Fluids, 2017, 58(10): 1-15.

[256] Shi X D, Feng L H. Control of flow around a circular cylinder by bleed near the separation points. Experiment In Fluids, 2015, 56(12): 1-17.

[257] Zhu H J, Zhao H L, Zhou T M. Direct numerical simulation of flow over a slotted cylinder at low Reynolds number. Applied Ocean Research, 2019, 87: 9-25.

[258] Strykowski P J, Sreenivasan K R. On the formation and suppression of vortex ‘shedding’ at low reynolds numbers. Journal of Fluid Mechanics, 1990, 218: 71-107.

[259] Quadrante L A R, Nishi Y. Amplification suppression of flow-induced motions of an elastically mounted circular cylinder by attaching tripping wires. Journal of Fluids and Structures, 2014, 48: 93-102.

第2章 群柱绕流

流体掠过柱体的流动是流体力学的经典问题之一，多个柱体布置时的尾流场涉及剪切层、旋涡、结构之间复杂的相互作用，存在复杂的尾流干涉与流固耦合效应。串列柱体是多柱布置的基本形式之一。因此，本章针对串列柱体的绕流流场特性进行分析，为多柱尾流干涉的研究提供基础。

2.1 串列半圆柱绕流

在过去的几十年里，众多学者对圆柱的水动力特性及尾迹变化进行了大量的实验和数值探究。Roshko[1]实验探究了 *Re* 对圆柱的尾迹变化影响，发现 *Re*=40～150 时涡街呈交替泄放的稳定状态，而在 *Re*=150～300 时，伴随着旋涡的形成，出现了湍动速度的波动现象。而 Nishioka 和 Sato[2]对比得到了 *Re*=10～80 范围内圆柱的驻涡变化规律(standing eddies)，结果表明，驻涡长度随柱体直径增大而逐渐加长，当 *Re*=65～80 时，驻涡内的速度分布与流线分布大致相似。Green 和 Gerrard[3]实验探究了圆柱在 *Re*=75～226 时的旋涡演变过程，发现在低雷诺数下尾迹内旋涡会出现分裂现象，而在高雷诺数下该现象并不明显。Wen 和 Lin[4]实验研究了 *Re*=45～560 范围内圆柱的绕流特性，发现 *Sr* 随 *Re* 的增大而增大且无限接近于 0.2417。Jiang 和 Cheng[5]通过数值模拟对圆柱进行探究发现：圆柱尾涡模式发生了两次转换，其中二次涡的形成位置随雷诺数的增大而前移。

不同截面形状柱体的水动力特性与尾涡形态各异。Alam 等[6]将柱体类型归纳总结为 3 类：①表面连续和有限曲率的结构(如表面为圆形或椭圆形柱体等)；②无限大曲率的尖边结构(如平板、正方形和三角形表面柱体等)；③前两者的组合结构(如半圆柱和圆角方圆柱等)。

半圆柱同时具有曲面和平面特征，介于圆柱和棱柱之间，其水动力特性和流场分布更为复杂。Isaev 等[7]在 *Re*=50000 时针对平面与迎流方向平行的半圆柱开展了二维数值模拟，阐明了半圆柱前端受到周期性变化的多频阻力的原因。Boisaubert 等[8]则实验研究了 *Re*=60～600 范围内，半圆柱在不同迎流方式时雷诺数与尾涡结构的变化关系，发现曲面迎流下的半圆柱在雷诺数大于 190 后，尾涡模式几乎不发生改变，而平面迎流时该雷诺数为 140，此后尾涡模式主要受曲面曲率的影响。Mhalungekar 等[9]探究了不同雷诺数下半圆-矩形截面柱体的尾迹发展，发现其边界层分离点位置不随雷诺数的变化而变化，但 *Sr* 随雷诺数的增大而增大。Chandra 和 Chhabra[10]发现在较高雷诺数时，幂律型非牛顿流体绕过半圆柱时，剪切层变薄，推迟了旋涡脱落的发生。Bostock 和 Mair[11]通过实验发现，曲面曲率对半圆柱的边界层分离、曲面上的压力分布以及结构所受的阻力都有重要影响。

Bhinder 等[12]通过数值模拟研究了不同迎流攻角下半圆柱的绕流流场特性，发现随迎流攻角的不断增大，剪切层宽度不断增厚，同时 Sr 在半圆柱平面与迎流方向平行时具有极大值，与迎流方向呈 30° 时具有极小值。

然而，目前关于半圆柱串列布置的报道较少，其间距比、迎流攻角、雷诺数等参数是如何影响半圆柱的绕流流场特性的尚未可知。因此，本节对低雷诺数下平面相对布置的串列半圆柱绕流流场特性进行了数值模拟，分析了间距比和雷诺数对两个半圆柱的水动力系数以及尾涡模式的影响规律。

2.1.1　串列布置双半圆柱的绕流数值模型

如图 2.1 所示，两个直径为 D 的半圆柱串列放置在水流中，上游柱体的曲面与下游柱体的平面为迎流方向。文中将上游柱体记为 UC（upstream cylinder），将下游柱体记为 DC（downstream cylinder），两柱体之间的距离定义为 L，L/D 分别取 1.0、1.5、2.0、3.0、4.0、5.0、6.0、8.0。根据 Boisaubert 等[8]对于半圆柱在两种不同摆放方式的研究可知，在柱体曲面和平面朝迎流方向时，回流区长度达到最大时的 Re($Re=\rho uD/\eta$，ρ 为流体密度，u 为自由来流速度，D 为特征尺寸，η 为动力黏度)分别对应于 140、190，鉴于此，在本节中 Re 分别取 60、80、100、120 四个工况。

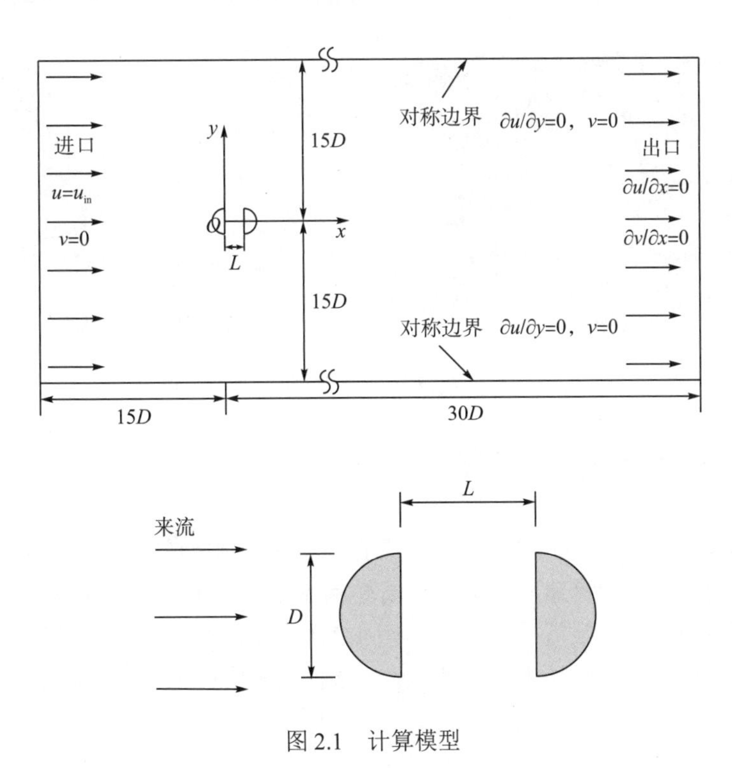

图 2.1　计算模型

为了详细捕捉流场的信息，采用 $30D\times45D$ 的矩形计算域，其上游半圆柱圆心距上游入口边界 $15D$，距下游自由出流边界 $30D$，距两侧对称边界 $15D$，因而流场阻塞率为 3.3%，可以忽略阻塞效应。上游边界为速度入口边界，为均匀流（$u=u_{\text{in}}$，$v=0$，其中 u 和 v 分别指 x 和 y 方向上的速度分量）；在出口处采用压力出口边界，其速度梯度为零（$\partial u/\partial x=0$，$\partial v/\partial y=0$）；在两侧边界采用对称边界（$\partial u/\partial y=0$，$v=0$）。

如图 2.2 所示，半圆柱的计算域被划分为多个部分，为提高计算精度，半圆柱上的第一层网格高度为 0.001D，网格高度随径向距离的增加而增加，但其增长率保持低于 1.05。

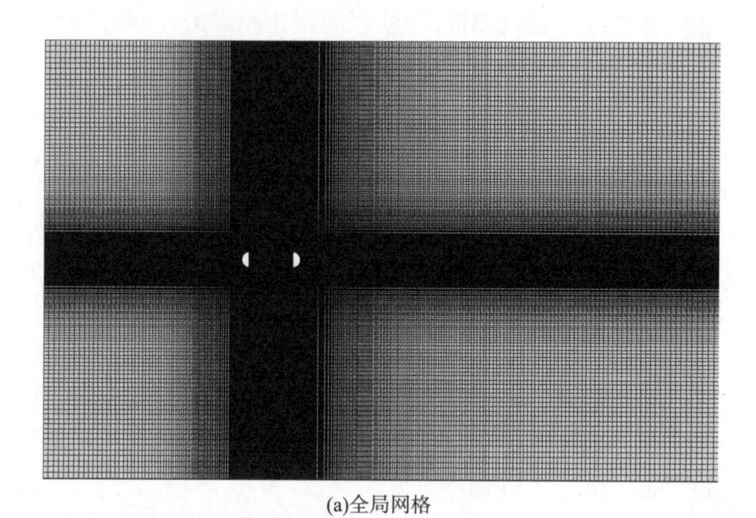

(a)全局网格

(b)包裹区周围风格

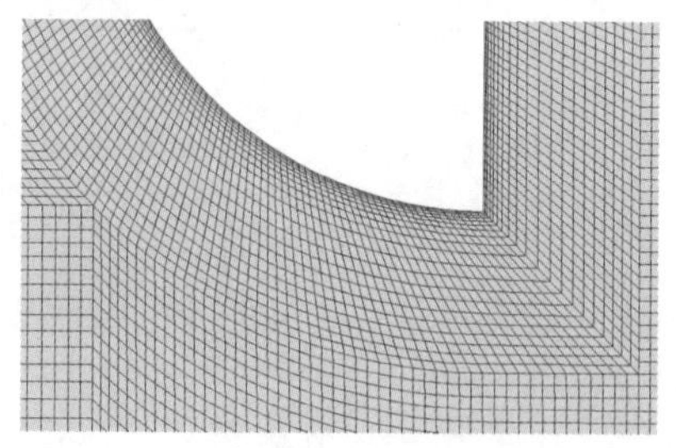

(c)半圆柱边界层风格

图 2.2 网格划分

2.1.2 串列双半圆柱绕流流场结构

本节中的模型主要由两个摆放位置相反的半圆柱串列组成，因此主要探究了双半圆柱之间不断变化的间距及迎流速度对串列半圆柱整体流场结构及单个柱体受力的影响。通过对不同条件下串列半圆柱数值模拟，得到不同组次下流场变化结果及相关水动力参数。首先对不同组次模拟所得的流场进行归纳总结，依据双半圆柱之间的流场结构的相似性，将所有模拟组次分为 4 个主要区域，分别命名为Ⅰ区、Ⅱ区、Ⅲ区、Ⅳ区，对每个区域的主要组次及特点进行详细分析，并针对每个区域中表现出的流场变化原因进行分析。

通过观察不同组次模拟结果的涡量变化，将半圆柱之间流场结构大致分为 4 类，与 Alam[13]对串列圆柱流场结构分类相似，分别为拓展体模式（over-shoot flow）、背流面附着模式(rear-side reattachment flow)、迎流面附着模式(front-side reattachment flow)和共同脱模式(co-shedding flow)，在文中分别将这 4 种类型命名为Ⅰ型、Ⅱ型、Ⅲ型和Ⅳ型，如图 2.3 所示。Ⅰ型中，从上游半圆柱分离的剪切层重新附着在下游半圆柱上，在两个半圆柱之间的流动近似对称，然而剪切层在下游半圆柱后并未发生分离，因此其下游柱体后的流动依然对称。Ⅱ型中，上游柱体分离的剪切层同样重新附着在下游半圆柱上，其下游半圆柱后侧剪切层交替脱落，使得下游半圆柱后侧的流动发生不对称变化。Ⅲ型中，上游柱体的剪切层在两个半圆柱之间发生交替脱落，并在未完全脱落之前再次附着在下游半圆柱前侧表面，在下游半圆柱后侧发生剪切层的交替脱落，因此在两半圆柱之间及下游半圆柱后侧发生不稳定的流动。Ⅳ型的上游柱体剪切层则发生了交替脱落，其形成的涡经过一段时间的迁移后再次附着在下游柱体前侧，而下游柱体的剪切层同样发生了交替脱落，由于受到上游的影响，其流场更加紊乱与不稳定。图 2.3(b)给出了模拟组次的流动分区，在 Re=60、L/D<3 中主要以Ⅰ型为主；而Ⅱ型则主要存在于雷诺数较大、L/D≤3 的情况下，在 Re=60、3<L/D<7 时主要为Ⅲ型；较高雷诺数、大间距比下则以Ⅳ型为主。

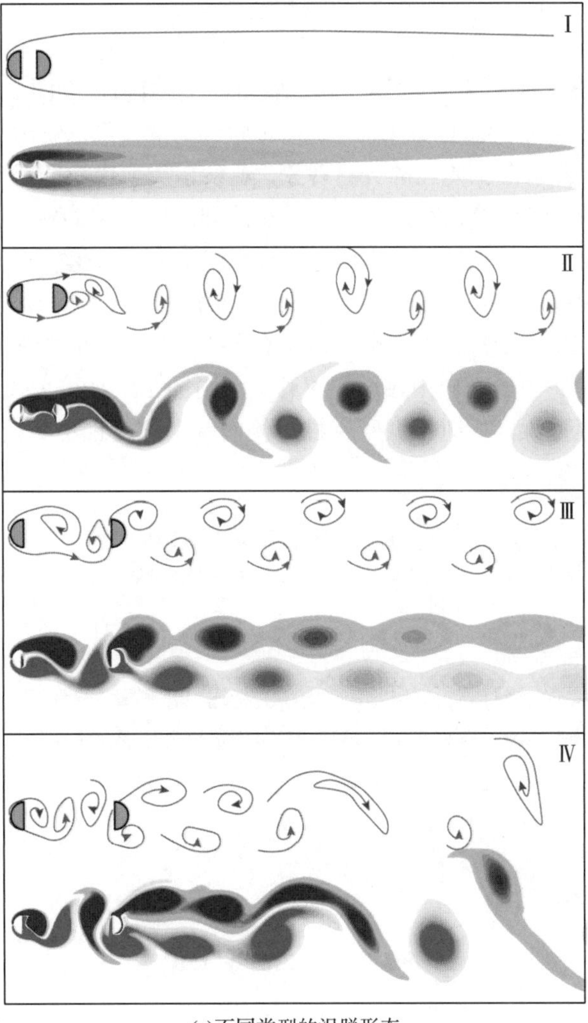

(a)不同类型的涡脱形态

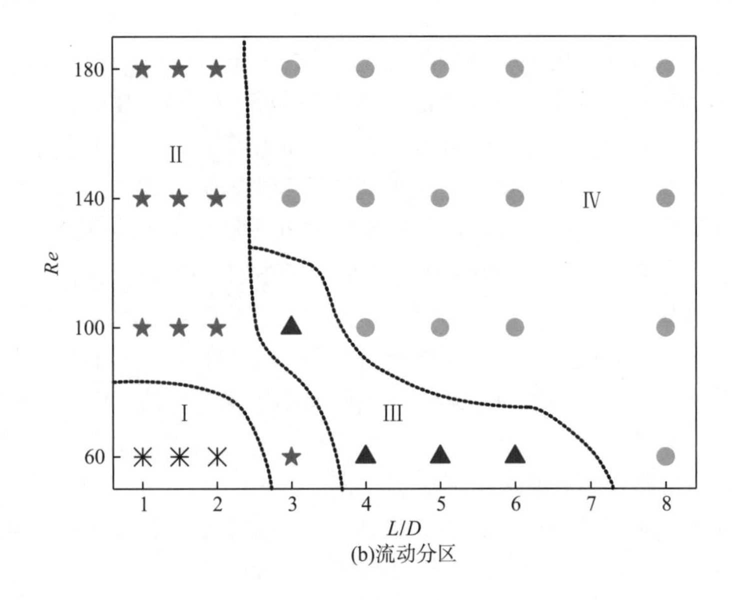

(b)流动分区

图 2.3 不同类型的分区

通过以上的分类归纳，接下来对 4 种类型进行一一分析。如图 2.4 所示，对比了 I 型中每个组次在 $C_{L,max}$(下游半圆柱升力系数)时的瞬时涡量，可以看出该形式下尾流呈现出稳定状态，其剪切层并未发生明显的分离现象。观察该类型中不同组次的流线分布可以发现，在两柱体之间形成了两个对称的旋涡，并在此间隙中稳定旋转。造成这种现象的主要原因是两柱体之间的间距比过小，上游半圆柱的剪切层未能脱落便再次附着于下游半圆柱前端，而在下游半圆柱后端，其剪切层在中轴线处闭合，因此形成了两个稳定、对称的驻涡。由图 2.5 可以看出，上游半圆柱的分离点始终在平面与曲面的夹角处，然而下游柱体的分离点则随着间距比的增大向中轴线位置移动。由图 2.5 还可以看出，分离点与半圆柱圆心的夹角也在不断增大，同时下游半圆柱后侧的驻涡长度也不断减少。

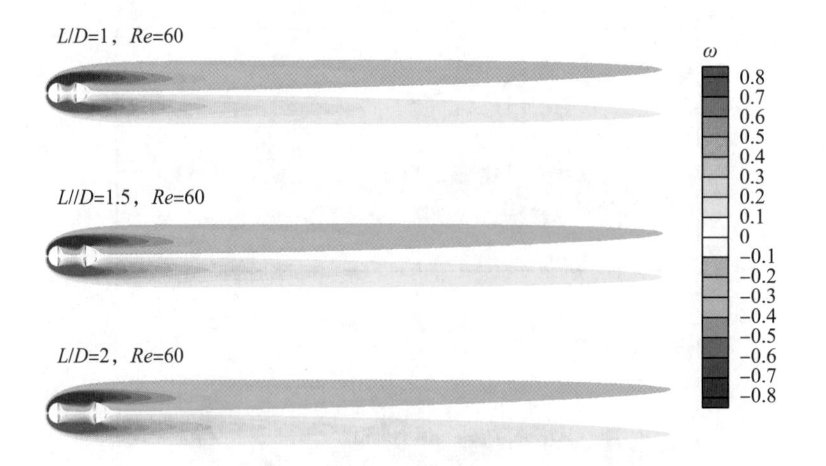

图 2.4 I 区的涡量(ω)图

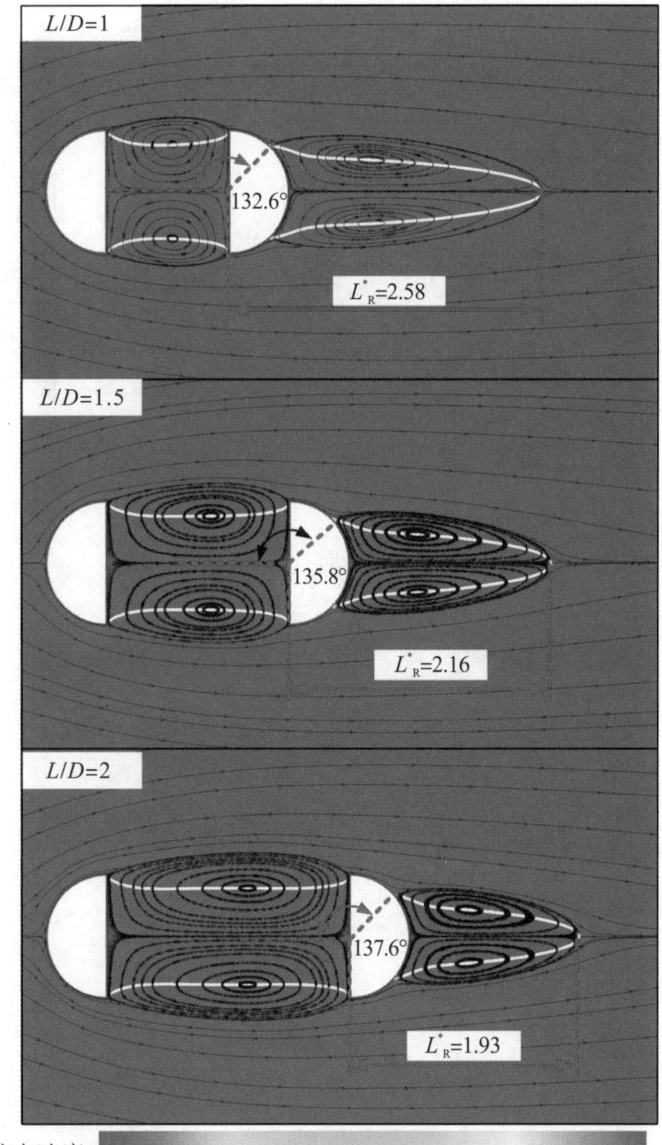

图 2.5　驻涡的长度

图 2.6 展示了Ⅱ型中每个组次在 $C_{L,max}$ 时的瞬时涡量图，可以看出在该类型中所有组次的上游半圆柱剪切层发生分离，在没有完全脱落时重新附着于下游半圆柱上。随着间距比的增大，两半圆柱间的流场摆动幅度更大，但是受到下游圆柱的影响并未发生脱落。而在下游半圆柱后剪切层开始发生分离，流场中的旋涡开始交替对称脱落，并在后尾迹形成 2S 模式。在不同的雷诺数之间，其变化主要体现在下游半圆柱后方的尾流场中，可以看出相邻的同类型涡之间的距离在不断减小，而尾涡脱落长度却在不断增大。

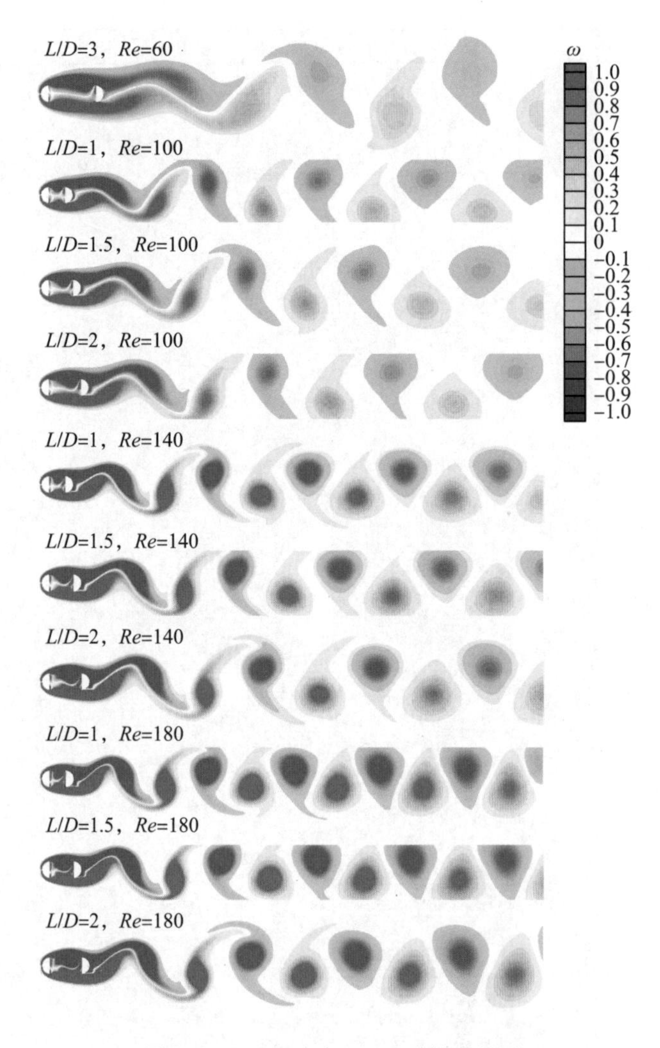

图 2.6　II 区组次在 $C_{L,max}$ 时的涡量图

因此，本节对回流区长度、涡的宽度与形成长度进行了定量分析，它们影响着半圆柱尾部压力及其水动力系数。回流区长度通常为无量纲的平均流向速度为零的闭合线尾端至结构之间的流向距离，而尾涡长度则为无量纲流向速度的脉动均方根最大值所在位置到结构之间的流向距离。因此，如图 2.7 所示，该云图为时均化流场中流向脉动速度 u^*_{rms}，其中白色线条代表流向的时均化速度 $u^*_{mean}=0$ 这条线。在 u^*_{rms} 云图中，通过对 u^*_{rms} 最大值与下游半圆柱前端的距离 L^*_f（旋涡形成长度，formation）的对比，可以看出尾涡脱落长度随着 Re 的增大在不断减小，对于不同间距比同样也在减小；对于其尾涡宽度则定义为在垂直方向上两个 u^*_{rms} 极值的距离，同样与 Re 成反比，与间距比成正比。尾涡脱落长度的变化主要受到其回流区的影响，通过图 2.7 中的 L^*_r（回流区长度，recirculation）对比可以看出，当 L/D=1、1.5 时，随着雷诺数的增大回流区长度在不断地减小；然而在 L/D=2 时，可以很明显地看出，在 Re=140 和 180 时并未出现回流区。为解释这一现象，对该间距比下的涡量图变化进行了分析，图 2.8 所示为 Re=180、L/D=2 组次下的瞬时涡量变化时程图，

可以看出，在升力和阻力趋于 0 的时刻其剪切层的分离点向前延伸，并与下游半圆柱平面处的剪切层交汇，将整个下游半圆柱包裹，而后与之相反的剪切层在下游半圆柱后侧发生分离，在下游半圆柱尾部形成交替脱落的旋涡，由此可知正是这种剪切层将半圆柱包裹的情况，导致了半圆柱后侧的平均速度未出现负值，因此没有出现明显的回流区。

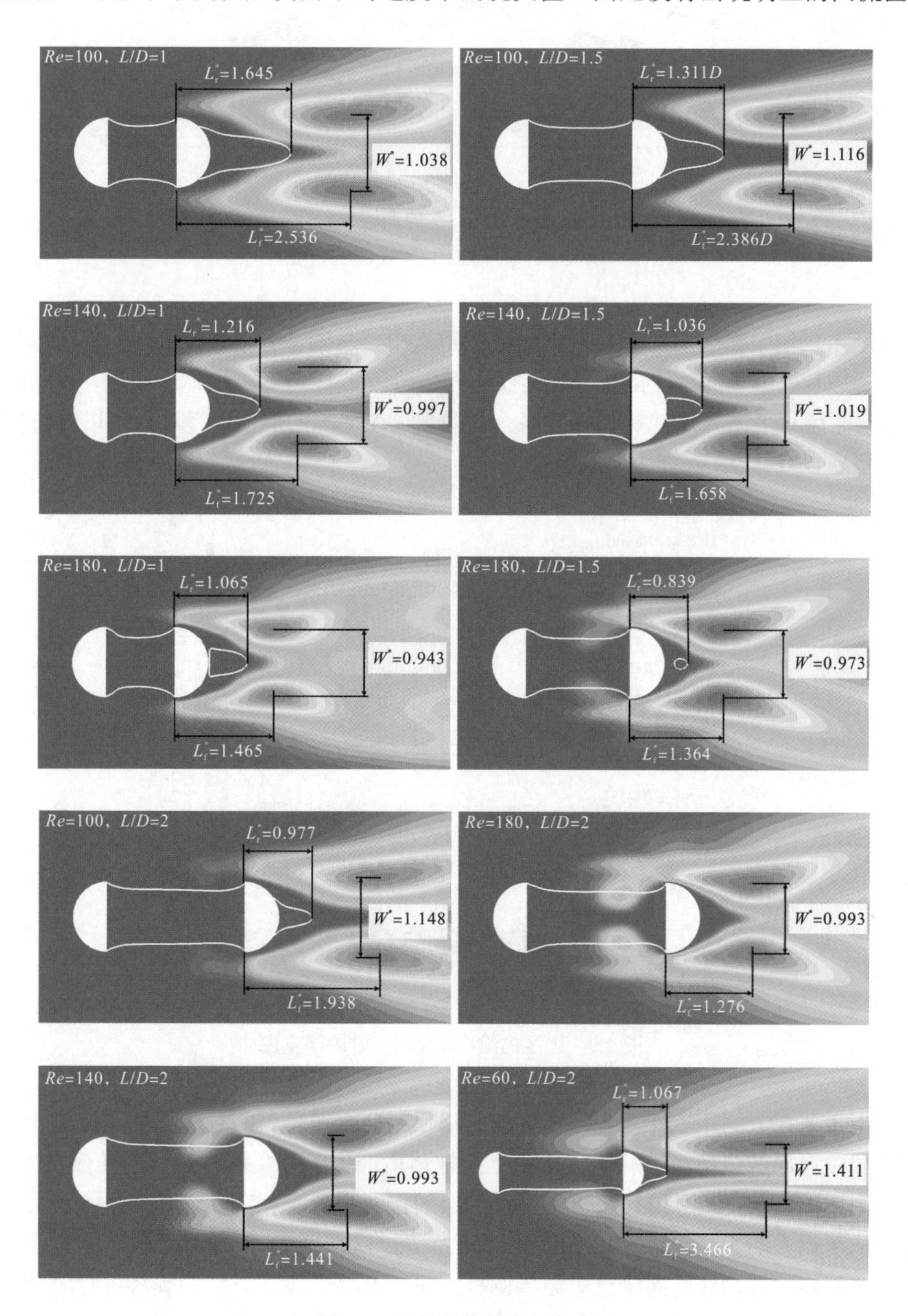

图 2.7　涡的脱落长度与宽度

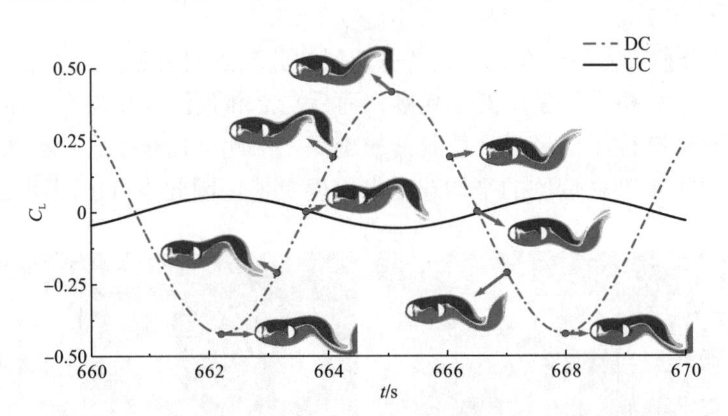

图 2.8 L/D=2、Re=180 时在一个周期内涡量随时间的变化图
（注：DC 表示下游半圆柱，UC 表示上游半圆柱）

Ⅲ型主要集中在大间距比、低雷诺数的组次中，从图 2.9 可以看出，上游柱体的旋涡在初步形成后，由于间距比的影响，旋涡在形成阶段拍打到下游柱体平面上，并向两侧发生偏移，而后与下游柱体的旋涡相互融合与脱落。在尾部的旋涡脱落中，可以看出尾迹模式主要呈现以双排 2S 涡为主。

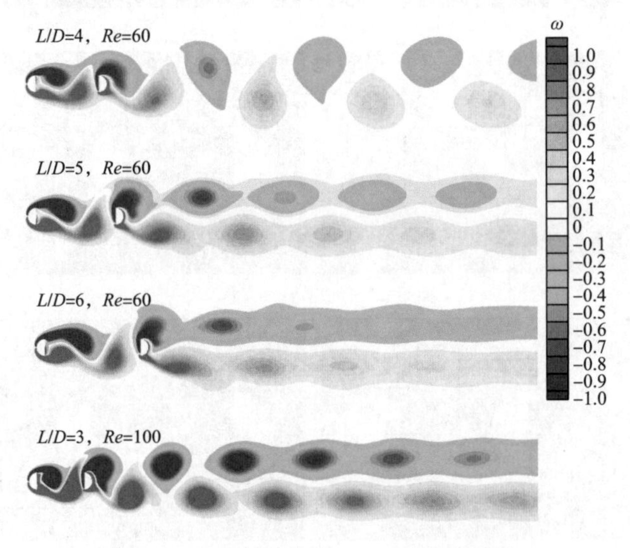

图 2.9 Ⅲ区的组次在 $C_{L,max}$ 时的涡量图

Ⅳ型主要在大间距比中，上游柱体的旋涡已经完全脱落，并且由于间距比的不同，两柱体间隙中旋涡的个数也不相同。由于上游柱体所产生的正负两种旋涡向两侧发生偏移，受到间距比的影响，旋涡拍打在下游柱体平面的位置也各不相同，对下游柱体产生的旋涡融合造成了很大的影响。从图 2.10 可以看出，Re=180、L/D=8 时，上游柱体的旋涡则完全偏离中轴线位置，且负涡绕过下游半圆柱，并与下游半圆柱产生的旋涡进行融合。随着两个旋涡的融合，在后尾迹中增加了旋涡的不稳定性，并产生了二次涡。相较于主涡，二次涡的范围变得更大，频率变得更小。

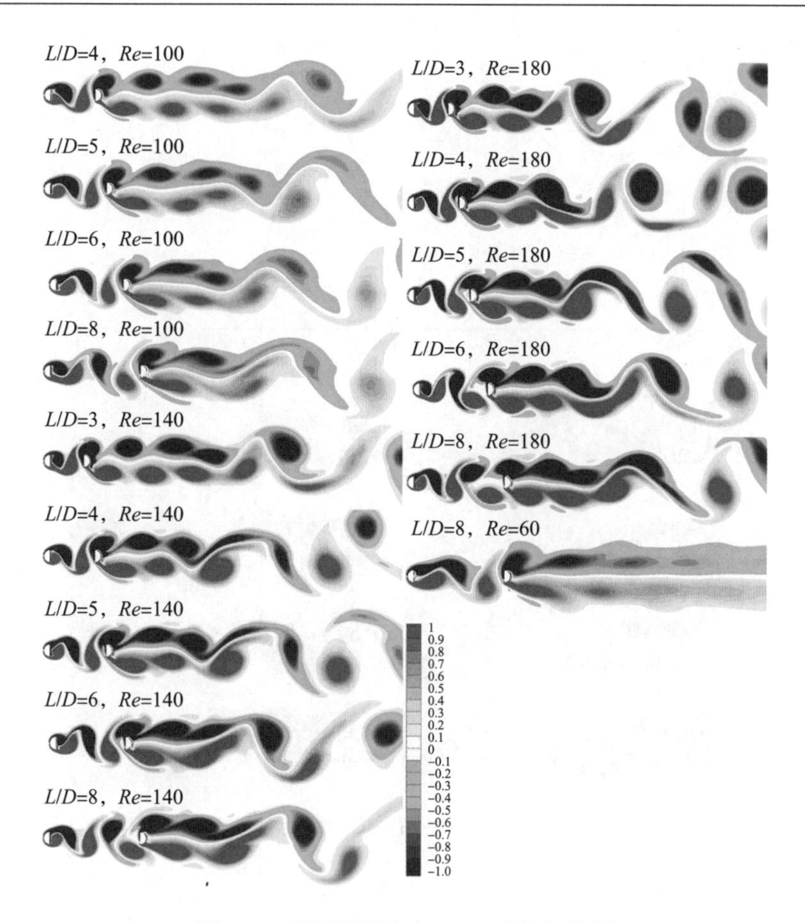

图 2.10　Ⅳ区的组次在 $C_{L,max}$ 时的涡量图

2.1.3　串列双半圆柱绕流的尾涡演变过程

通过以上不同类型的描述，可以了解到每个类型的不同特征。但由于只选取了下游半圆柱的升力系数达到最大值的瞬时时刻，因此对于整体的描述并不充分。如图 2.11 所示，选取后 3 个类型中具有代表性的组次（*L*/*D*=1、*Re*=100；*L*/*D*=3、*Re*=100；*L*/*D*=6、*Re*=100）进行一个升力周期的观察与分析。如图 2.11（a）所示，在#1～#8 的时间段内，展示了Ⅱ型不同时刻的涡量变化，为一个正负涡交替脱落的过程。当时刻位于#1 时，在 DC 后端产生旋涡 E，并在#2 时刻向后发生迁移直至脱落。同时#2 时刻在 DC 后侧产生旋涡 D 并不断发展至脱落。可以看出，在该类型下两柱体之间的旋涡 A、B 一直存在。

Ⅲ型的瞬时涡量如图 2.11（b）所示。在#1 时刻 UC、DC 均发生旋涡 B、C 的脱落，并向后发生迁移，在#2 时刻由于受到间距比的影响，UC 脱落的旋涡 B 并未完全脱落便拍打在 DC 的前端，并在#4 时刻开始包裹 DC 前端，直至#8 时刻旋涡 B 在 DC 后端完全脱落。可以看出该类型中，UC 的涡并未完全脱落就附着在了 DC 前端，这种现象主要是由两柱体之间的间距比造成的。

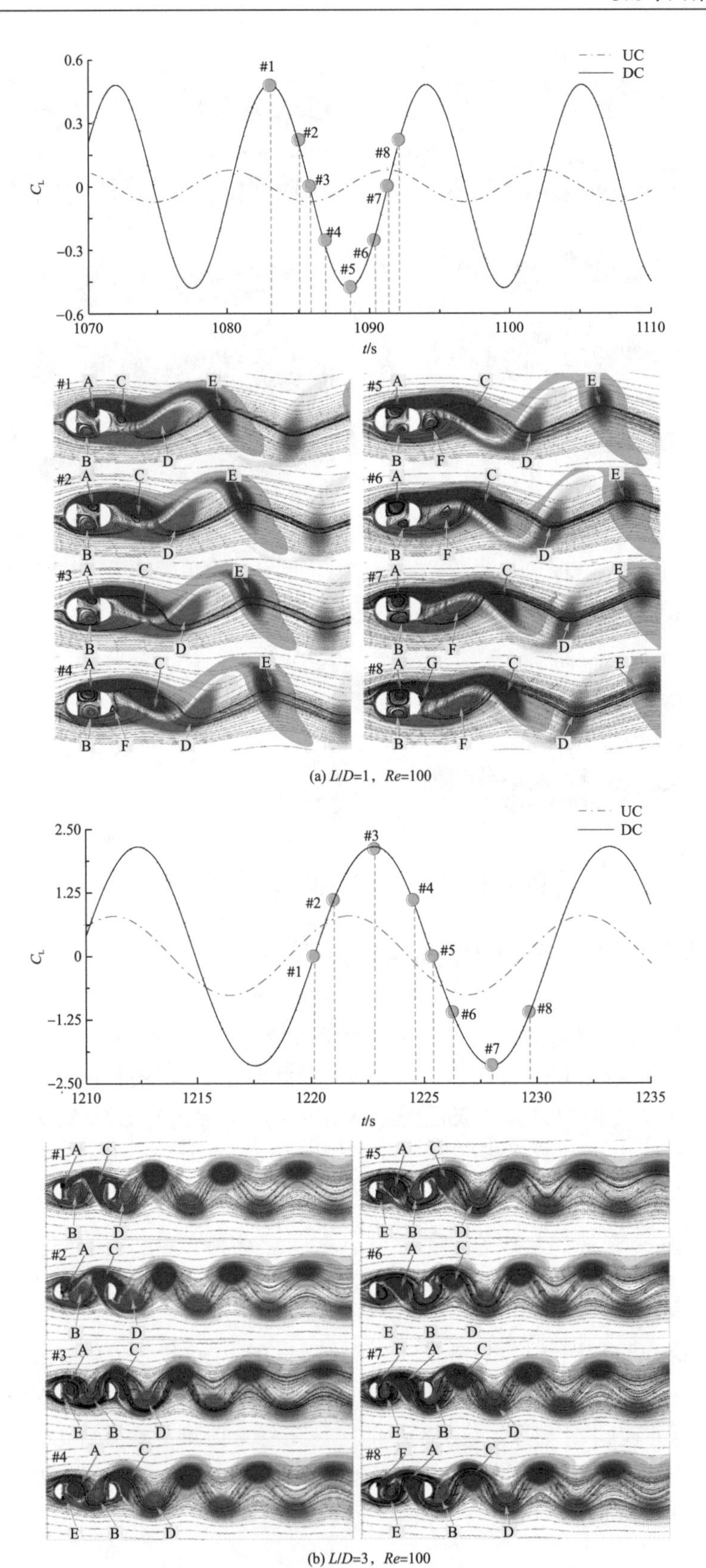

(a) L/D=1，Re=100

(b) L/D=3，Re=100

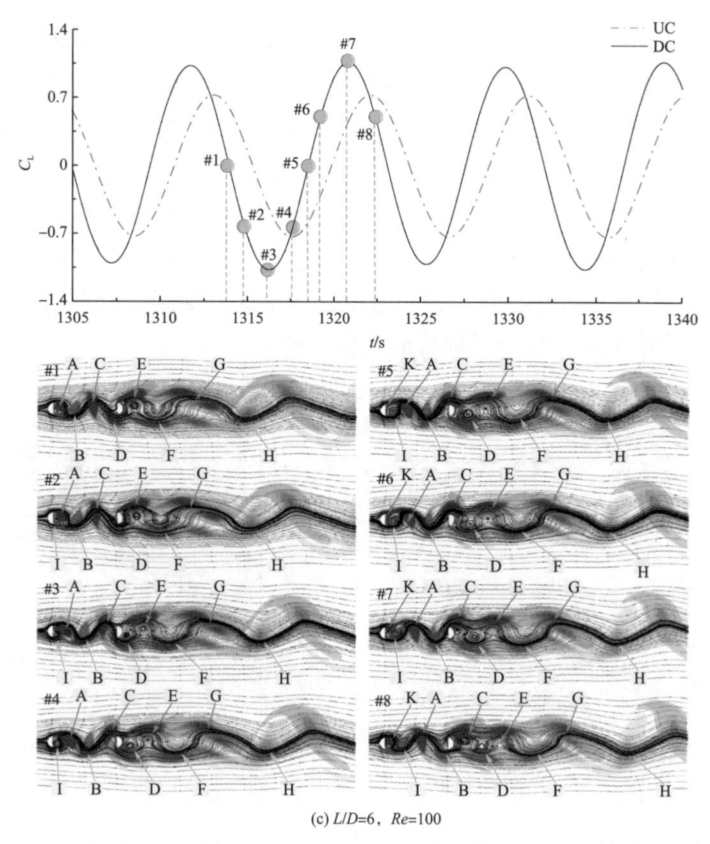

(c) L/D=6，Re=100

图 2.11　每个分区中的其中一个组次在一个周期内的流线及涡量图变化

对于Ⅳ型，通过图 2.11(c)可以看出，两个柱体之间已经形成了多个完全脱落的旋涡。在#1 时刻由 UC 完全脱落的旋涡 C 开始向 DC 前端附着，并在曲面侧下端发展直至完全脱落。涡在 DC 后完全脱落后并没有像Ⅲ型中有规律地进行旋涡的迁移，而是在下游柱体中轴线处进行聚集，在该区域内发生旋涡的融合及分离，随后，正负涡以不同的形式脱落，这种现象的发生造成了尾流二次涡的发生。

2.1.4　串列双半圆柱绕流的水动力系数

为了详细分析每个组次升阻力系数的变化情况，分别对不同柱体对应的平均阻力系数及升力系数的均方根进行了对比，如图 2.12 所示。由图 2.12(a)可以看出，单个上游半圆柱的升力系数均方根($C_{L,rms}$)随着雷诺数的增大而增大；UC 在相同间距比下的 $C_{L,rms}$ 同样呈现出随雷诺数增大的趋势，与图 2.12(a)中显示的代表组次相对应。在 $L/D \leqslant 2$ 时，$C_{L,rms}$ 偏小并在 L/D=2～3 之间存在一个跳跃性增长，随后在间距比的不断增大中缓慢增大并趋近于 SC1（上游半圆柱单独存在记为 SC1）的 $C_{L,rms}$ 的值。对于 UC，在 Re=60、$L/D \leqslant 2$ 时的位置可以看出 $C_{L,rms}$ 为 0，这 3 个模拟组次均属于 I 区，造成这种现象的主要原因是稳定对称涡的出现，使得上游半圆柱在两侧的流速相同，因此两侧压差为 0，使得半圆柱处于稳定状态。随着雷诺数的逐渐增大，两个半圆柱之间的涡开始变得不稳定，从而出现了小幅度的上升。当 $L/D \geqslant 3$、$Re \geqslant 100$ 时，UC 开始发生对称的旋涡脱落，从而圆柱的升力系数也发生周期性振荡，随着间距比的增大，旋涡脱落过程中受到 DC 的影响也在逐渐减小，因此 UC 的 $C_{L,rms}$ 值也逐渐与 SC1 的 $C_{L,rms}$ 靠近。由图 2.12(c) 可以看出，DC 的 $C_{L,rms}$ 在Ⅰ区中同样为 0，而在 $L/D \leqslant 2$、Re=100、140、180 时 DC 的 $C_{L,rms}$ 明显大于 UC，而在 L/D=3 时 $C_{L,rms}$ 达到最大值，而后随着间距比的增大不断减小，但是依然没有达到 SC2（下游半圆柱单独存在记为 SC2）的 $C_{L,rms}$ 值。可以看出，下游半圆柱的升力波动在串列半圆柱中受到抑制，而上游半圆柱的升力波动则在低间距比下受到的影响较大，随着间距比的不断增大，受到的抑制作用也在不断减小直至消失。

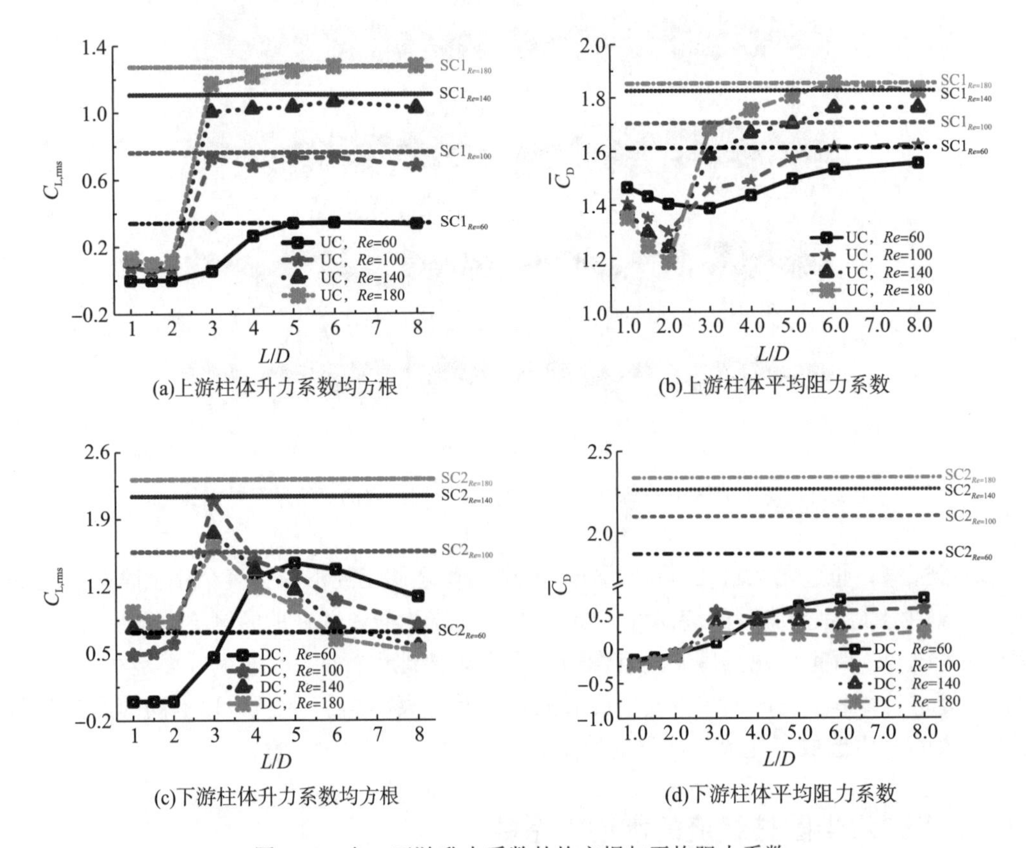

图 2.12 上、下游升力系数的均方根与平均阻力系数

由图 2.12(b) 可以看出，UC 的 $\overline{C}_D$ 在 $L/D<3$ 时随着 Re 的增大不断减小，在 $L/D \geqslant 3$ 时则随着 Re 的增大而增大，在 $L/D \geqslant 6$ 时 UC 的 $\overline{C}_D$ 趋于平稳，但是并未达到 SC1 的 $\overline{C}_D$ 值，DC 对于 UC 背流侧的压力仍有影响。而由图 2.12(d) 可以看出，在 $L/D \leqslant 2$ 时出现了负压，随后在 $L/D \geqslant 3$ 时为正压，且随着间距比的增大缓慢增大并趋于一个固定值，但是 DC 的 $\overline{C}_D$ 依然没有达到 SC2 的 $\overline{C}_D$ 值。由于阻力由压差阻力及摩擦阻力组成，并以压差阻力为主，因此在本书中对压力系数做了定量分析，图 2.13 所示为 UC、DC 柱体表面的平均压力系数。

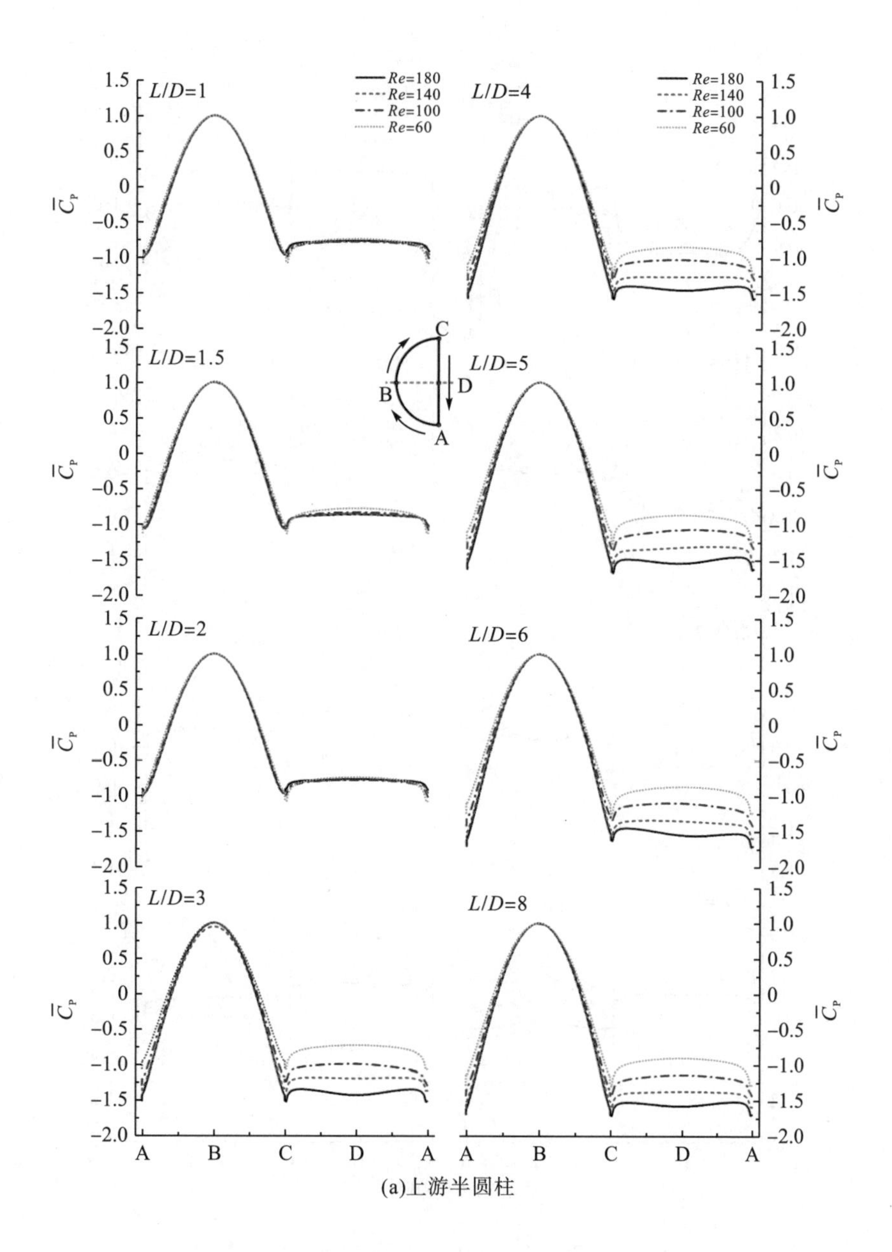
L/D=1
L/D=1.5
L/D=2
L/D=3
L/D=4
L/D=5
L/D=6
L/D=8
Re=180
Re=140
Re=100
Re=60
$\overline{C}_P$
A
B
C
D

(a)上游半圆柱

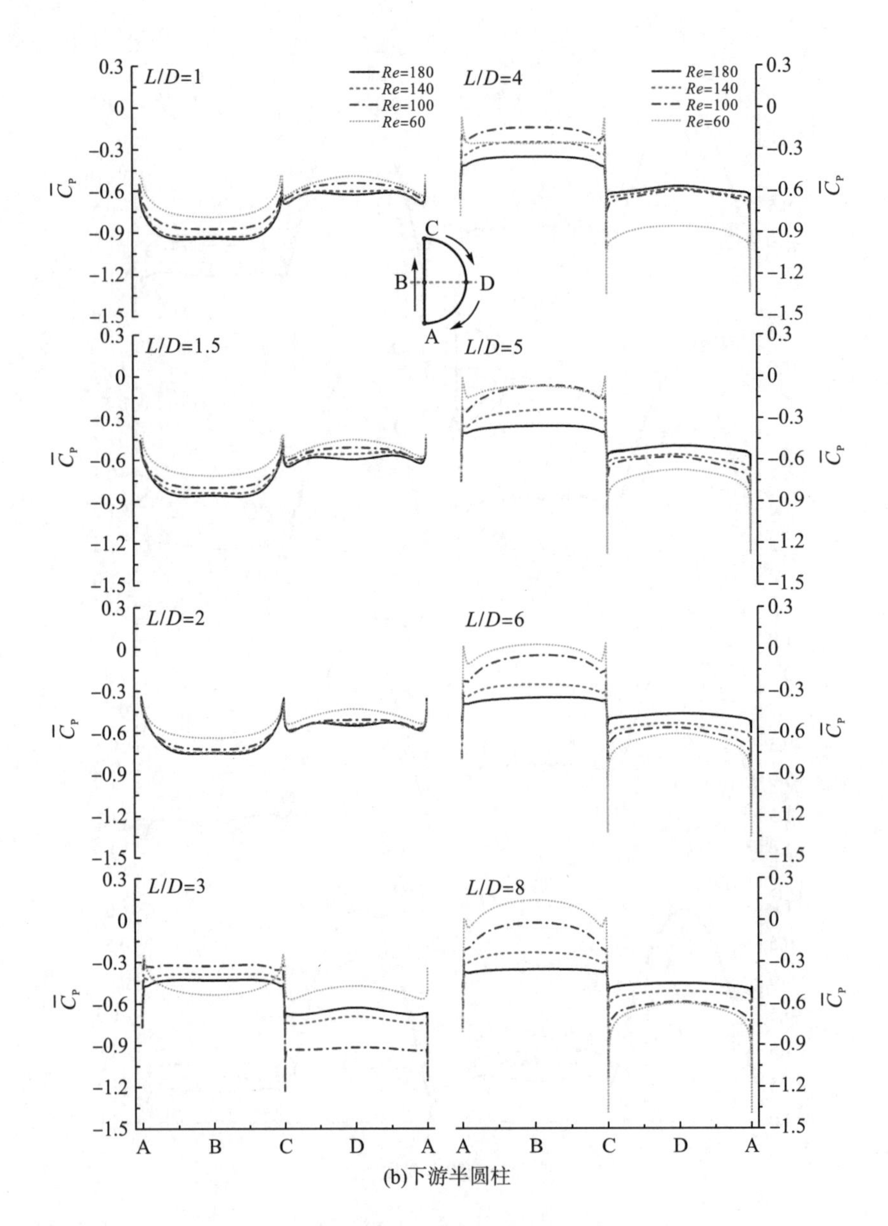

图 2.13 圆柱在 II 区不同间距比下的压力系数

由图 2.13(a)可以看出，$\overline{C}_p$ 在 B 点处达到最大值而在 A、C 两点时达到最小值，雷诺数的变化在 $L/D \geqslant 3$ 时对于其压力变化有较大的影响，因此 UC 的 $\overline{C}_D$ 也有着较大的变化。由图 2.13(b)可以明显看出，在 $L/D \leqslant 2$ 时 DC 的平面侧压力明显大于曲面侧，造成 DC 阻力为负值，而在 $L/D \geqslant 3$ 时 DC 的平面侧压力小于曲面侧，且平面侧压力不断增大，因此受到的阻力也在不断增大。

2.2　串列三圆柱的尾迹结构特征

本节分析了雷诺数 $Re=160$ 时，间距比 L/D 为 1.5～10(增量为 0.5)的串列三柱尾迹结构特征。结果表明，尾流结构随着 L/D 的增大经历 3 个演变过程，表现出 4 个组合流态：拓展体(over shoot，OS)模式、连续再附着-交替再附着(continuous reattachment-alternate reattachment，CR-AR)模式、拟同脱落(quasi co-shedding，QCS)模式和共同脱落(coshedding-coshedding，CS-CS)模式。流动状态的演变导致阻力系数和升力系数的变化、圆柱体表面周围压力分布的变化、升力系数的相位滞后以及旋涡脱落特性(包括旋涡形成位置)的改变。上游圆柱和中间圆柱的流体力系数和斯特劳哈尔数在从 CR-AR 到 QCS 的过渡中呈现出跳跃，而下游圆柱的流体力则减小。此外，在 $3.5 < L/D \leqslant 6.5$ 时观察到了从圆柱后方两排涡向二次涡街的转变。

2.2.1　串列三圆柱的绕流数值模型

计算域为一个长度为 128D、宽度为 30D 的矩形区域。坐标原点位于上游圆柱体的中心，计算域向下游延伸 120D，向上游延伸 8D。上游圆柱(C1)、中间圆柱(C2)和下游圆柱(C3)等距分布，间距为 1.5D～10D。在这种情况下，下游圆柱到出口边界的距离至少为 100D($L/D=10$ 时)，为捕获远场尾涡演变提供了足够的空间。计算域宽度为 30D，阻塞率为 3.33%，满足阻塞率在 6%以内的要求[14-16]。如图 2.14 所示，入口为第一类边界条件(dirichlet-type boundary)，$u=u_{in}$、$v=0$，其中 u 和 v 分别代表 x 方向和 y 方向的速度分量。在出口处设置为第二类边界条件(neumann-type boundary)，$\partial u/\partial x=0$ 和$\partial v/\partial x=0$。将横向边界定义为$\partial u/\partial y=0$、$\partial v=0$ 的对称边界条件，圆柱体表面采用无滑移边界条件。

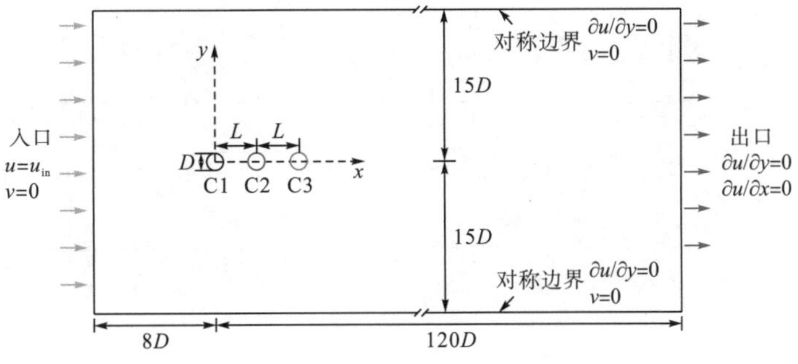

图 2.14　计算域、边界条件及计算模型(示意图)

如图 2.15 所示，采用四边形结构网格对整体进行划分，其中每个圆柱体被一个直径为 3D 的同心圆包围，将域划分为多个块，称为混合 O-H 网格系统。网格在圆柱表面的最小高度设置为 0.004D，满足 y^+小于 1。

圆柱体周长均匀离散 160 个节点，在整个计算域内网格的增长率小于 1.05。此外，所采用的无因次时间步长为 0.001，使库朗数(Courant-Friedrichs-Lewy)在整个计算域内小于 0.5。

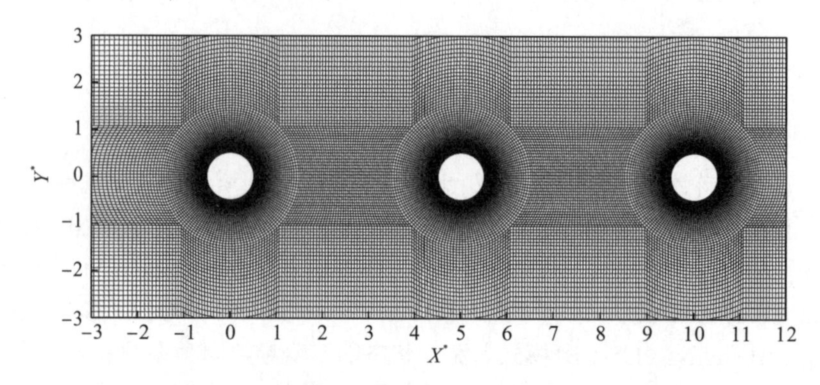

图 2.15 计算网格(L/D=5.0)

2.2.2 串列三圆柱绕流的尾流结构

基于 Zdravkovich[17]和 Zhu 等[18-21]提出的识别方法，在两个相邻的柱体之间观察到 4 种流动模式，包括拓展体(OS)模式、连续再附着-交替再附着(CR-AR)模式、拟同脱落(QCS)模式和共同脱落(CS-CS)模式。当 $1.5 \leqslant L/D < 2.0$ 时，上游圆柱剪切层在下游圆柱后卷曲形成旋涡，因此，串列三圆柱后的旋涡本质上是由上游圆柱所产生的，呈现为拓展体模式。当 $2.0 \leqslant L/D \leqslant 3.5$ 时，脱离上游圆柱的剪切层持续地附着在中间圆柱上，圆柱间形成一个准稳定的间隙流，而剪切层单独从中间圆柱分离，然后交替再附着在下游圆柱表面，表现为 CR-AR 模式。当间距大于 3.5D 时，每个柱体后面都出现了旋涡，呈现共同脱落模式。然而，严格的 CS-CS 只出现在 $L/D > 6.5$ 时，此时从上游和中间圆柱体分离出来的剪切层都在相应的间隙中卷曲形成旋涡，并且旋涡在撞击下一个圆柱体之前发生脱落。因此，$3.5 < L/D \leqslant 6.5$ 时的流型称为拟同脱落(QCS)模式。如图 2.16 所示，随着 L/D 的增大，尾迹结构实际上经历了 3 种演变，表现为 4 种流型(OS、CR-AR、QCS 和 CS-CS)。

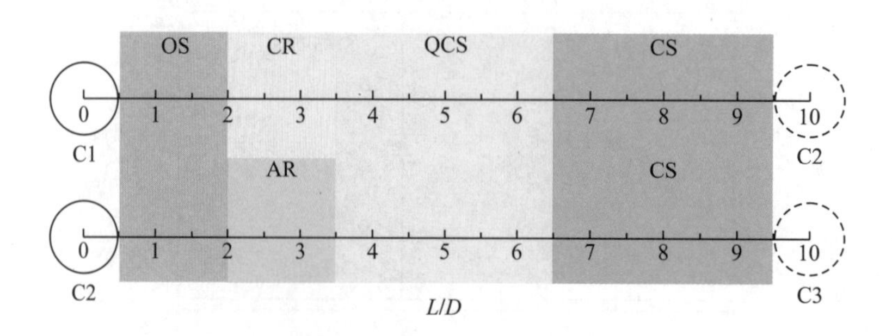

图 2.16 尾流干涉模式分区图

图 2.17～图 2.21 展示了 L/D=1.5、2.5、3.5、6.5 和 10 五种典型间距情况下尾流的演变过程。用 C3 升力脉动周期内的 8 个瞬时旋涡云图，给出了三圆柱升力系数(C_L)时程曲线和对应旋涡脱频率(Sr)，其中 $t^*=tu_{in}/D$ 为归一化流动时间。此外，均方根流向速度的轮廓(u^*_{rms})可以说明旋涡形成长度(L^*_f)和宽度(W^*_f)[20]。

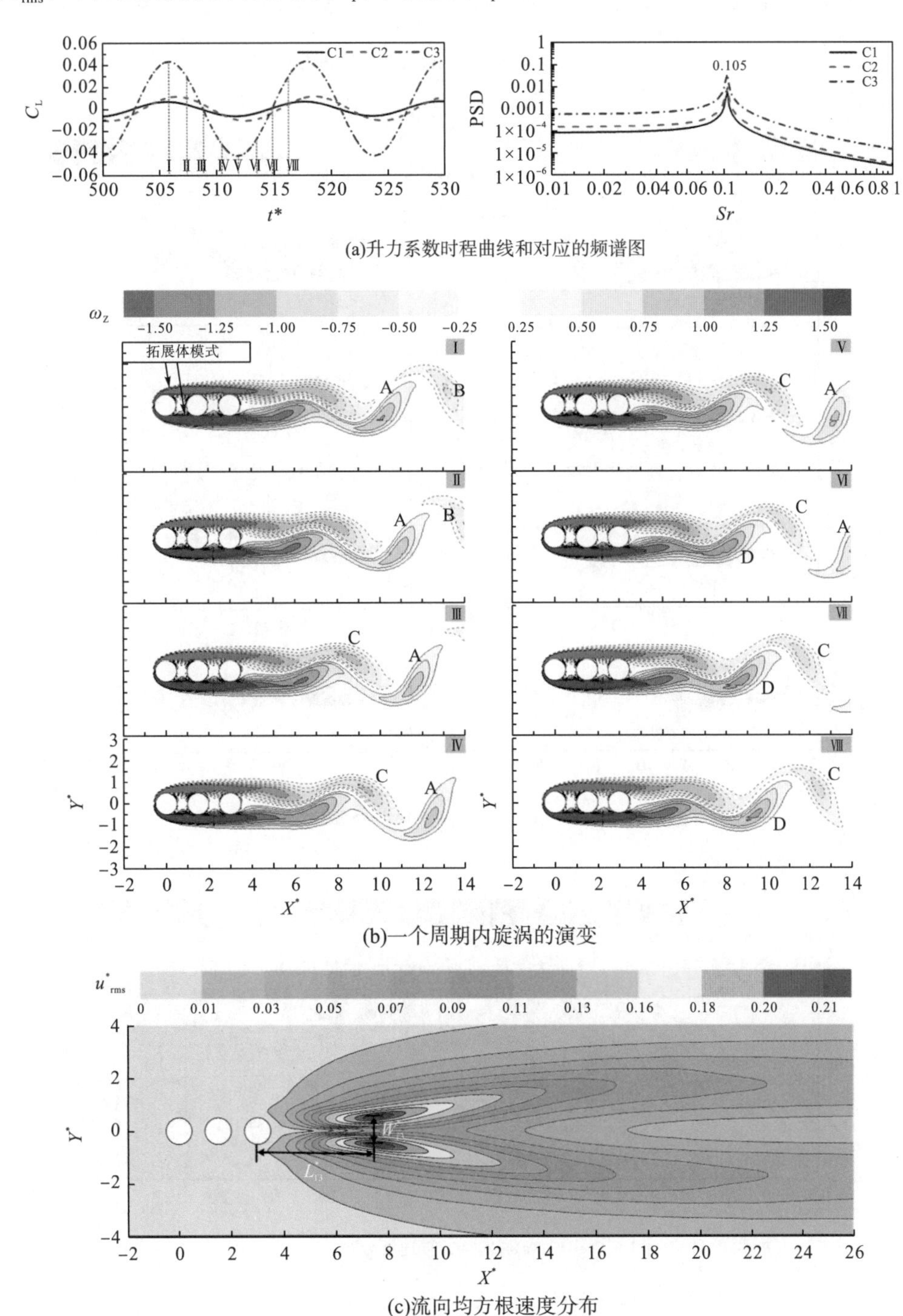

(a)升力系数时程曲线和对应的频谱图

(b)一个周期内旋涡的演变

(c)流向均方根速度分布

图 2.17　L/D=1.5 时的流动结构旋涡

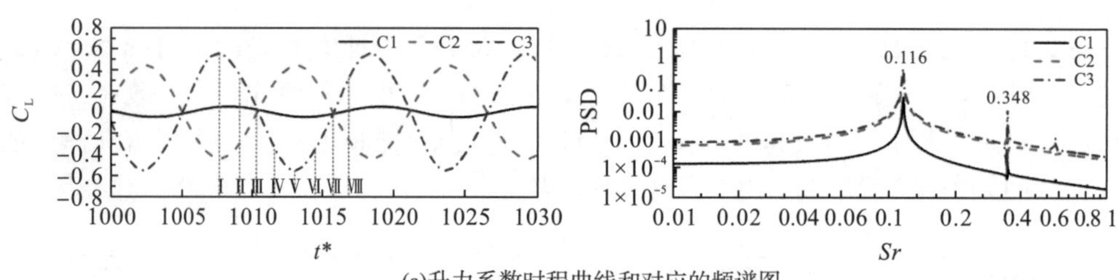

(a)升力系数时程曲线和对应的频谱图

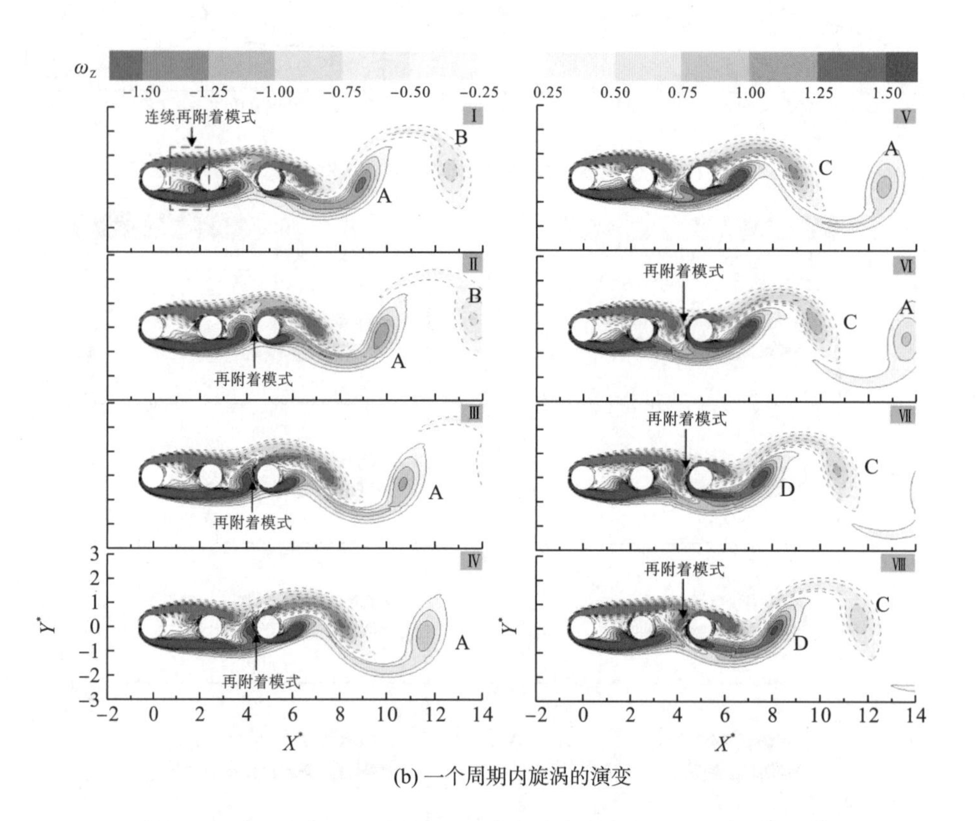

(b) 一个周期内旋涡的演变

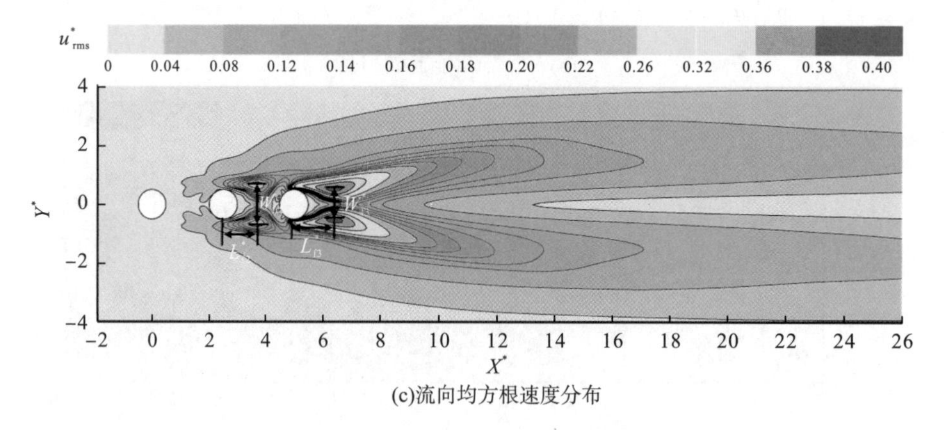
(c)流向均方根速度分布

图 2.18 L/D=2.5 时的流动结构旋涡

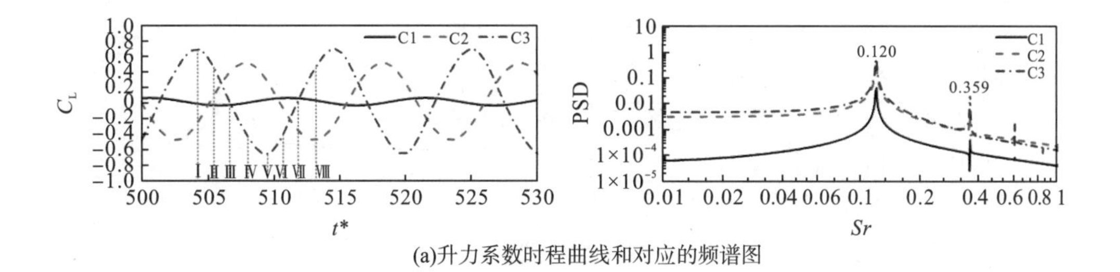

(a)升力系数时程曲线和对应的频谱图

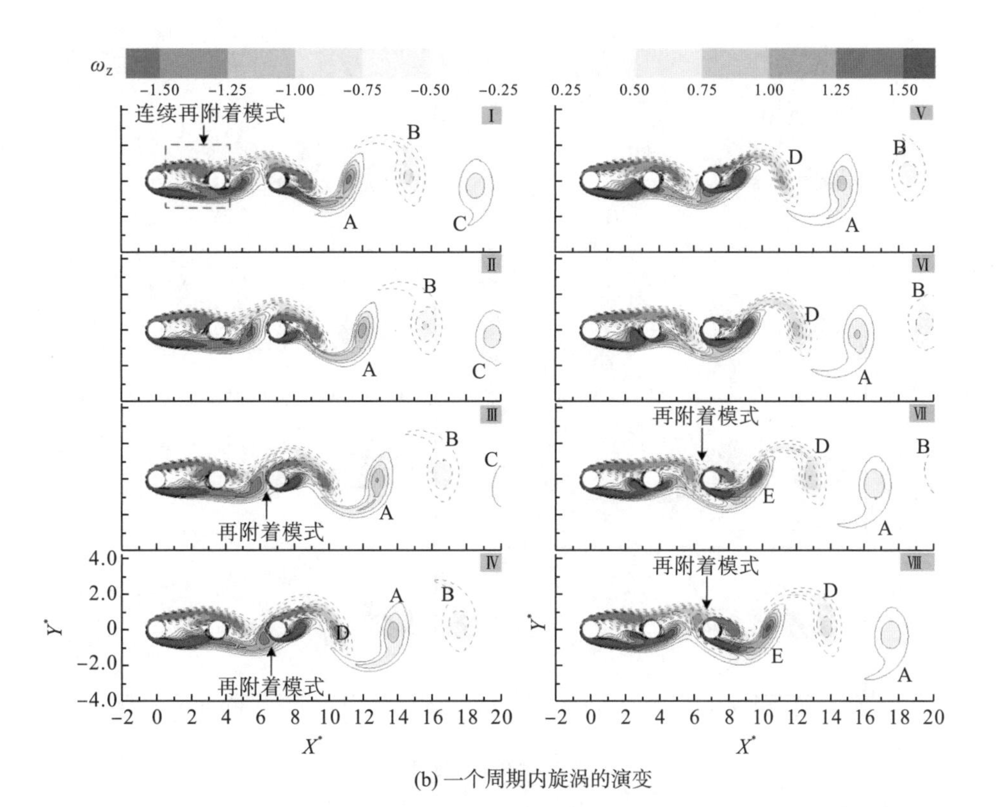

(b) 一个周期内旋涡的演变

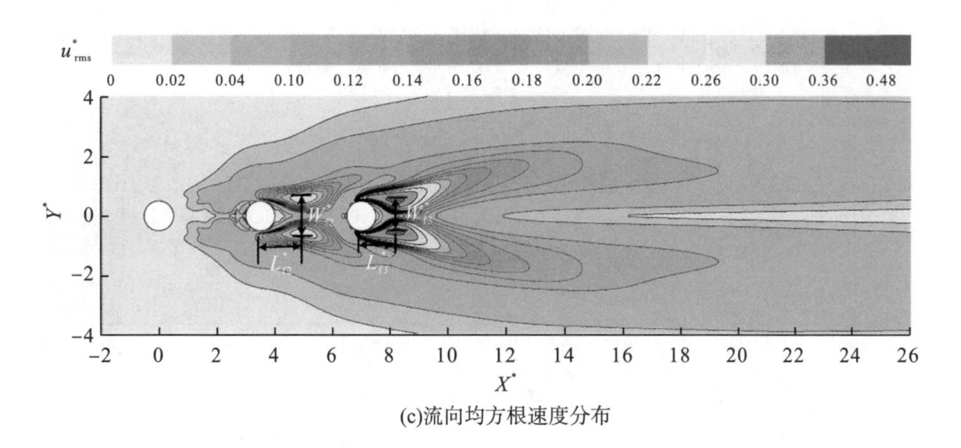

(c)流向均方根速度分布

图 2.19　L/D=3.5 时的流动结构旋涡

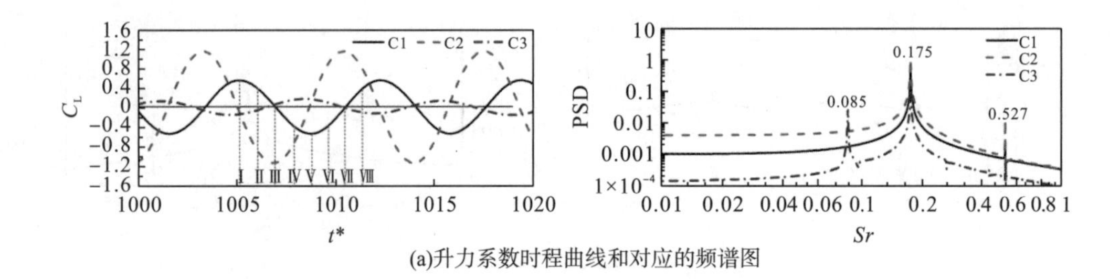

(a)升力系数时程曲线和对应的频谱图

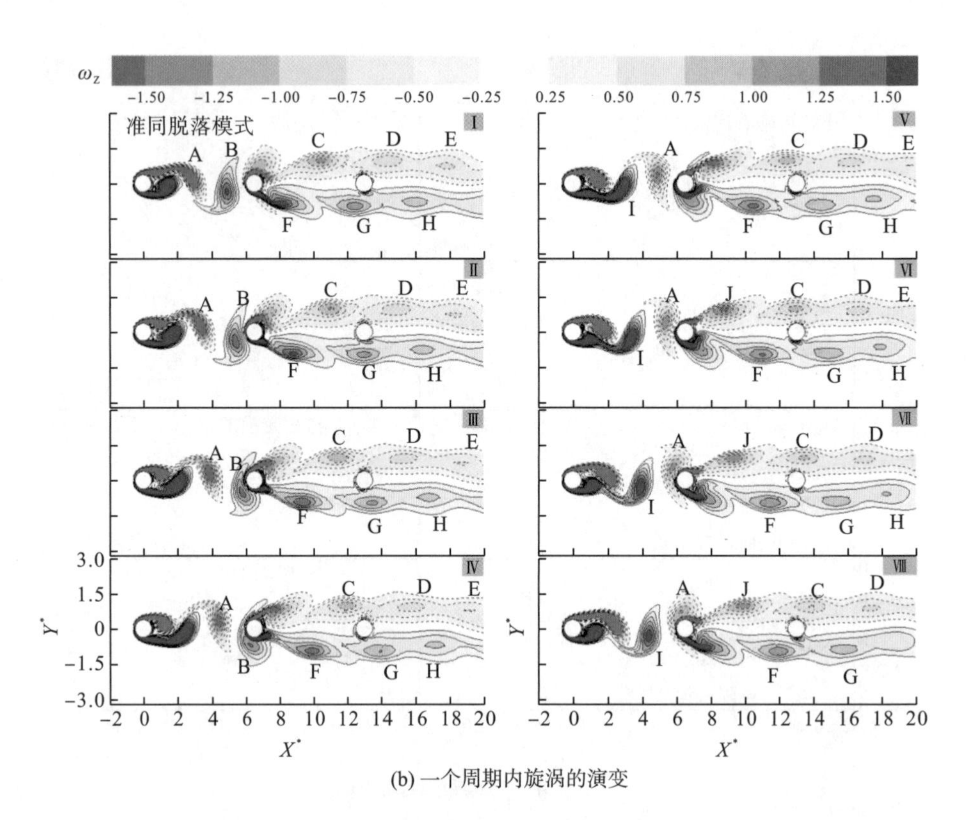

(b) 一个周期内旋涡的演变

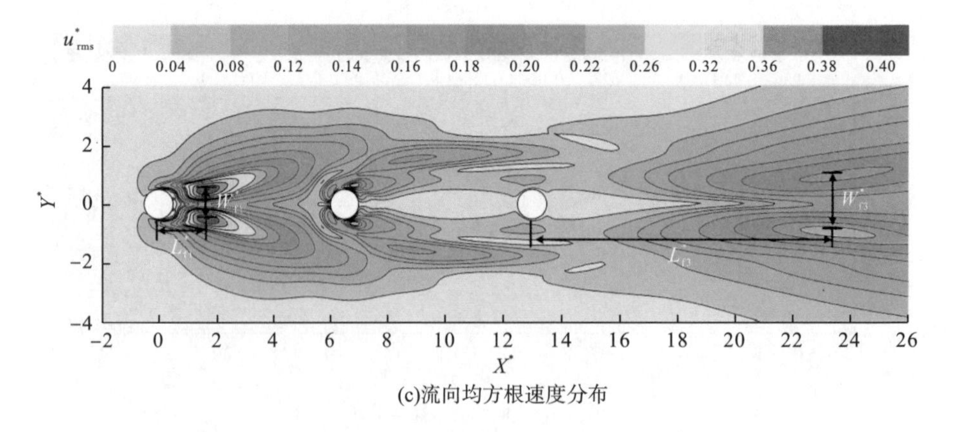

(c)流向均方根速度分布

图 2.20 L/D=6.5 时的流动结构旋涡

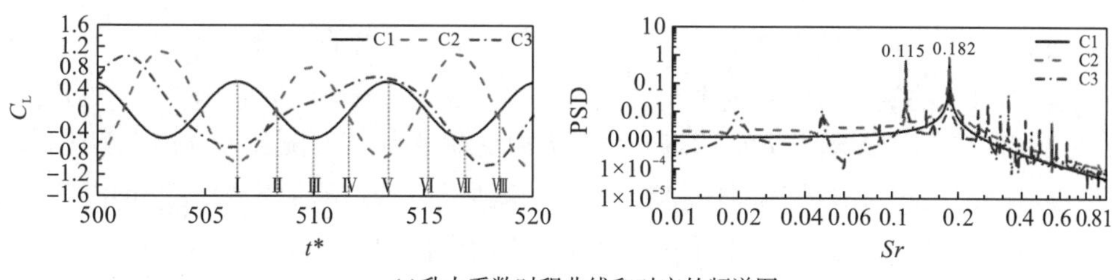

(a)升力系数时程曲线和对应的频谱图

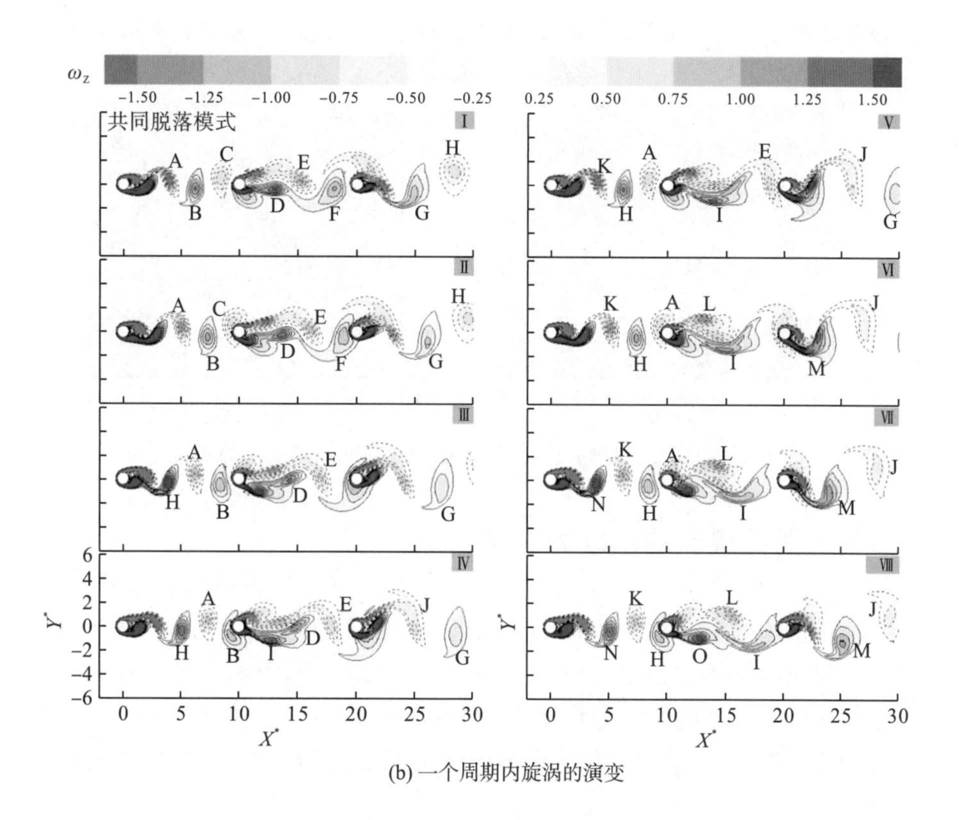

(b) 一个周期内旋涡的演变

(c)流向均方根速度分布

图 2.21　L/D=10.0 时的流动结构旋涡

如图 2.22 所示，当流型演变时，L_{f3}^*和W_{f3}^*都发生了显著的变化。当流型由 CR-AR 向 QCS 转变时，C3 的旋涡形成长度由于二次涡街的出现，随着尾迹的急剧扩大，二次涡明显拉长。在 QCS 区域，L_{f3}^*随着 L/D 的进一步增大而逐渐减小，W_{f3}^*随着 L/D 增大有明显脉动，表明尾迹从两列涡向二次涡街的不稳定过渡。当流型向 CS-CS 演变时，L_{f3}^*和W_{f3}^*在 CS-CS 区均出现急剧下降，随后基本保持不变。而上、中游圆柱的L_f^*和W_f^*则没有明显变化。在某些特定的流型中，如 C1 的 OS 和 CR-AR 以及 C2 的 OS，它们缺少L_f^*和W_f^*，说明它们背后的旋涡脱落消失了。L_{f2}^*的减小和W_{f2}^*的增大则与 CR-AR 向 QCS 的流态转变有关。

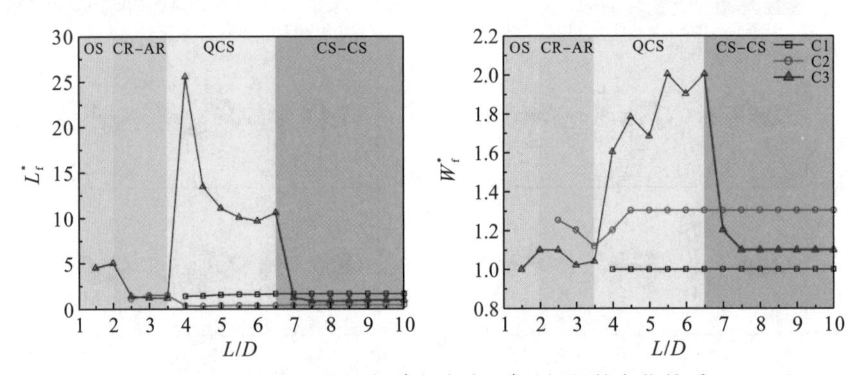

图 2.22 旋涡形成长度L_f^*与宽度W_f^*随间距的变化关系

2.2.3 串列三圆柱绕流的水动力系数

串列三圆柱的$C_{L,rms}$和$\overline{C}_D$随 L/D 的变化关系如图 2.23 所示。其中，虚线为单个圆柱体(SC)的相关水动力系数，以便比较。在所分析的间距比范围内，3 个圆柱体的时均阻力系数均小于单个圆柱体的时均阻力系数，说明串联布置具有一定的减阻效果。上游圆柱所受的阻力略小于 SC，且随 L/D 的增大而增大。相比之下，C2 和 C3 的阻力要小很多，呈现遮蔽效应。

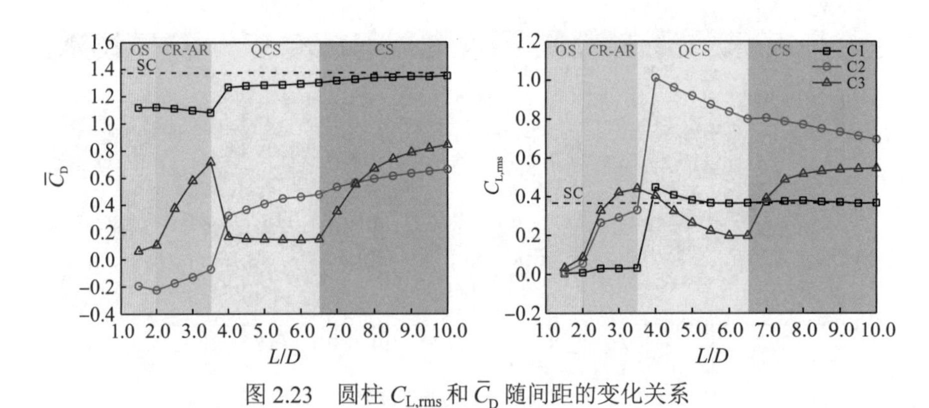

图 2.23 圆柱$C_{L,rms}$和$\overline{C}_D$随间距的变化关系

水动力系数随 L/D 的变化与流态的演变密切相关。当 $L/D<2.0$ 时，由于中间圆柱夹在上游圆柱分离的两剪切层之间，中间圆柱受到的阻力为负，而作用在下游圆柱上的阻力

接近于零。这很好地解释了平均压力系数 $\bar{C}_P$ 在圆柱周围的分布，如图 2.24 所示。由于剪切层的缺失，$\bar{C}_P$ 在 0°≤θ≤180° 内呈 W 形曲线，这与 Igarashi 和 Suzuki[22]的实验观测结果一致。由于 OS 的出现，C1 和 C2 的升力波动是微弱的。C3 的 $C_{L,rms}$ 也受到限制，这是旋涡形成长度较长和尾流宽度较窄所致。

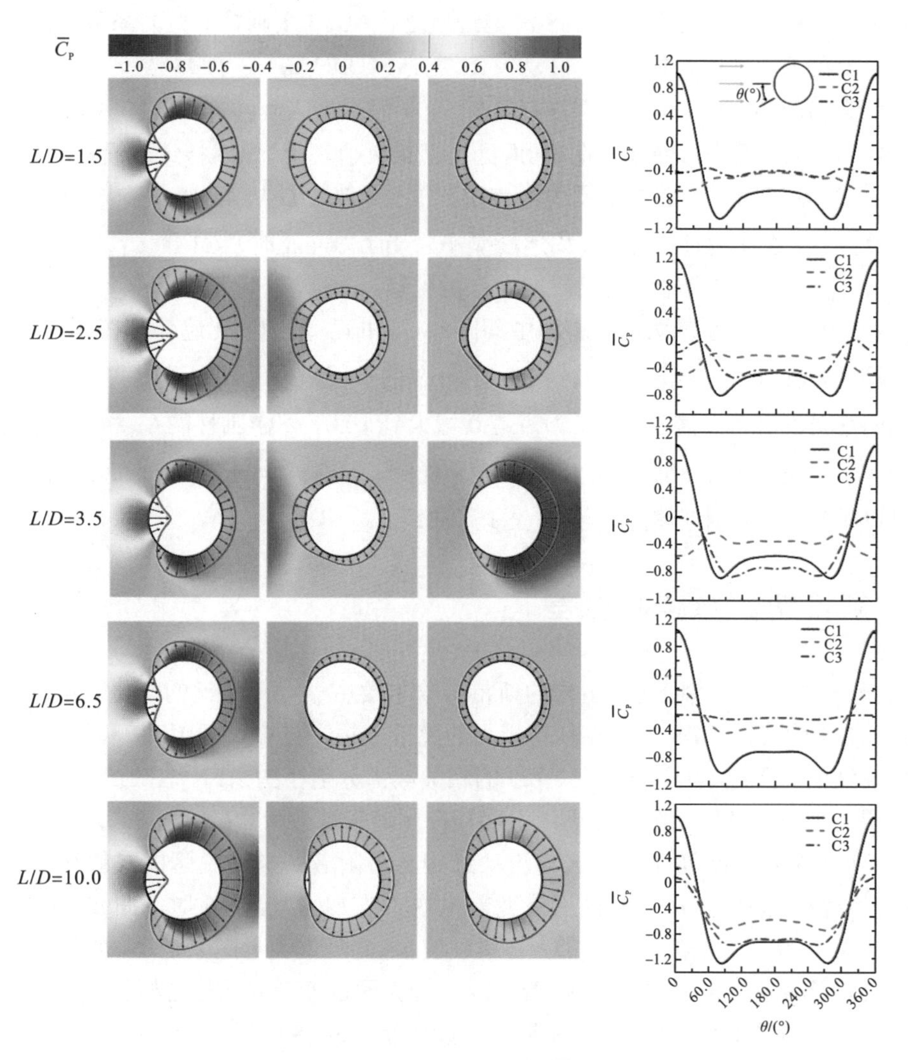

图 2.24　部分组次圆柱周向 $\bar{C}_P$ 分布

在间距比为 2.0～3.5 的范围内，由于 C2 与 C3 之间出现 AR 模式，C1 的阻力随着 L/D 的增大而减小，而 C3 的 $\bar{C}_D$ 随着 L/D 的增大而急剧增大。同时，由于在 C1 和 C2 之间出现了 CR 模式，C2 的 $\bar{C}_D$ 逐渐增大。如图 2.24 所示，当 L/D=2.5 时，由于 C1 后剪切层的回流，C2 和 C3 的 $\bar{C}_P$ 最大值出现在前表面，在 0°≤θ≤180° 内表现为 R 形曲线，当 L/D=3.5 时，C3 的 $\bar{C}_P$ 在 0°≤θ≤180° 内呈 J 形曲线。$\bar{C}_P$ 分布的变化引起了 $\bar{C}_D$ 分布的变化。由于 C1 后面没有形成涡，C1 的 $C_{L,rms}$ 在 2.0≤L/D≤3.5 时仍然接近于零。相反，由于 C2 后旋涡的发展空间增大，C3 后旋涡的形成长度缩短，C2 和 C3 的 $C_{L,rms}$ 均随 L/D 的增大而明显增大。

当 L/D 从 3.5 增大到 4.0 时，C2 的 $\bar{C}_D$ 从负值跳跃到正值，表明流动状态的转变。这种突然的剧增与在两个串列圆柱上所观察到的现象相一致。上游圆柱也经历了 $\bar{C}_D$ 的增长，是由于 C1 后旋涡从其剪切层中脱落而不再是准稳态的间隙流。与此相反，C3 的 $\bar{C}_D$ 出现急剧减小。在从 CR-AR 流型向 QCS 流型过渡过程中，3 个圆柱的升力系数也发生了显著的变化。上游和中间圆柱体的 $C_{L,rms}$ 均发生跳变，C3 的 $C_{L,rms}$ 开始减小。当 L/D 从 4.0 增大到 6.5 时，随着间隙的增大，C1 和 C2 的 $\bar{C}_D$ 都略有增大。同时，C1 和 C2 的 C_P 曲线在 $0°\leqslant\theta\leqslant180°$ 内均呈 J 形曲线，在 θ=0° 处出现最大值。由于 C3 持续浸没在 C2 的两剪切层尾迹之间，C3 的 $\bar{C}_D$ 在 L/D 范围内没有明显变化。当 L/D 从 4.0 增大到 6.5 时，C1 的 $\bar{C}_P$ 曲线呈直线状。3 个圆柱的 $C_{L,rms}$ 均逐渐减小。当 L/D=6.5 时，C1 的 $C_{L,rms}$ 近似等于单个圆柱的 $C_{L,rms}$，表明旋涡与单柱相似，为自由脱落。

随着 L/D 的进一步增大，上游和中间圆柱 $\bar{C}_D$ 和 $C_{L,rms}$ 的变化趋势都在 $4.0\leqslant L/D\leqslant6.5$ 范围内扩大。而当 L/D 从 6.5 增大到 7.0 时，C3 的 $\bar{C}_D$ 和 $C_{L,rms}$ 均显著增大，说明尾流由两列旋涡向交替涡脱落发展。随着 L/D 从 7.0 增大到 10.0，下游圆柱的 $\bar{C}_D$ 和 $C_{L,rms}$ 的增长速度减慢，表明尾迹干涉在 CS-CS 体系中趋于稳定。从 3 个圆柱的 $\bar{C}_P$ 分布之间的差距逐渐减小可以看出，3 个圆柱体的 $\bar{C}_P$ 分布呈 J 形曲线。

2.2.4 斯特劳哈尔数与相位差

图 2.25 展示了旋涡脱落占主导的斯特劳哈尔数(Sr_d)随间距比的变化。可以清楚地看到，在 $L/D\leqslant6.5$ 时，这 3 个圆柱具有相同的脱落主频。与 OS、CR-AR 和 QCR 相对应的具有代表性的间距比 L/D=1.5、2.5、6.5 的相关频谱分别在图 2.17、图 2.18 和图 2.20 中得到了说明。主脱落频率比单圆柱小，说明存在尾迹干涉效应。L/D 从 3.5 增大到 4.0 时，Sr_d 从较小值突然跳跃到高值，这与流动结构从再附着到拟同脱落模式的转变有关，与 Igarashi[22]观察到两个串列圆柱的迟滞现象相同。当 L/D 大于 6.5 时，曲线开始分离。C1 和 C2 的 Sr_d 延续了之前的变化趋势，与单柱的 Sr_d 之间的差异越来越小，说明尾迹干扰对 C1 和 C2 的影响在 CS-CS 模式下随着 L/D 的增大而逐渐减弱。与之相反，C3 的 Sr_d 随着 L/D 从 6.5 增大到 7.0 而急剧减小，说明了从 QCS 到 CS-CS 的模式转变对下游圆柱的影响。从图 2.26～图 2.28 可以看出明显的差别。当 L/D=6.5 时，C2 的脱落频率与 C1 相同，进一步证明了 C2 的两个剪切层中的涡都是来自 C1 脱落的旋涡。虽然 C3 的主导频率与前柱相同，但出现了一个次级频率，几乎是主频的一半，反映了次级旋涡的存在。当 L/D=7.0 时，C3 的主频向较低的方向移动，与 C2 的次频重合。表明下游圆柱在与前圆柱不同的频率下开始释放自身的旋涡。当从 C1 和 C2 脱落的旋涡撞击 C3 表面时，其主要涡脱落频率在 C3 中也作为次要频率出现。随着 L/D 从 7.0 增大到 10.0，C3 的 Sr_d 由于涡形成长度的减小而逐渐增大。

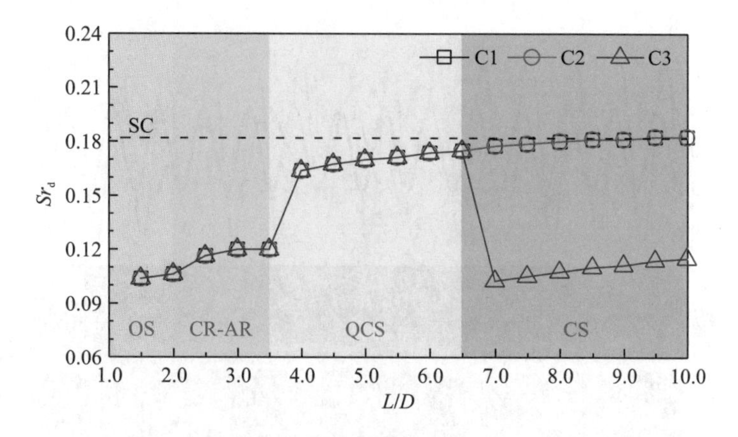

图 2.25　Sr_d 随间距的变化规律

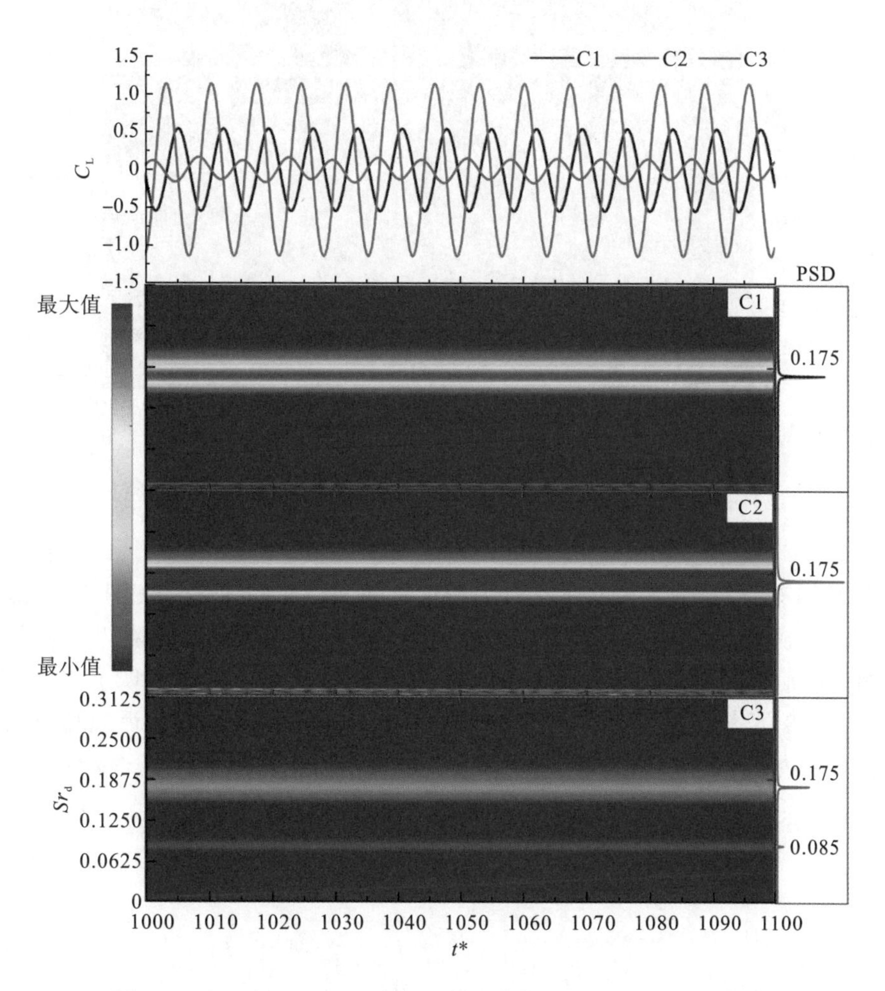

图 2.26　间距比 L/D=6.5 时的 C_L 时程曲线和对应的小波变换云图

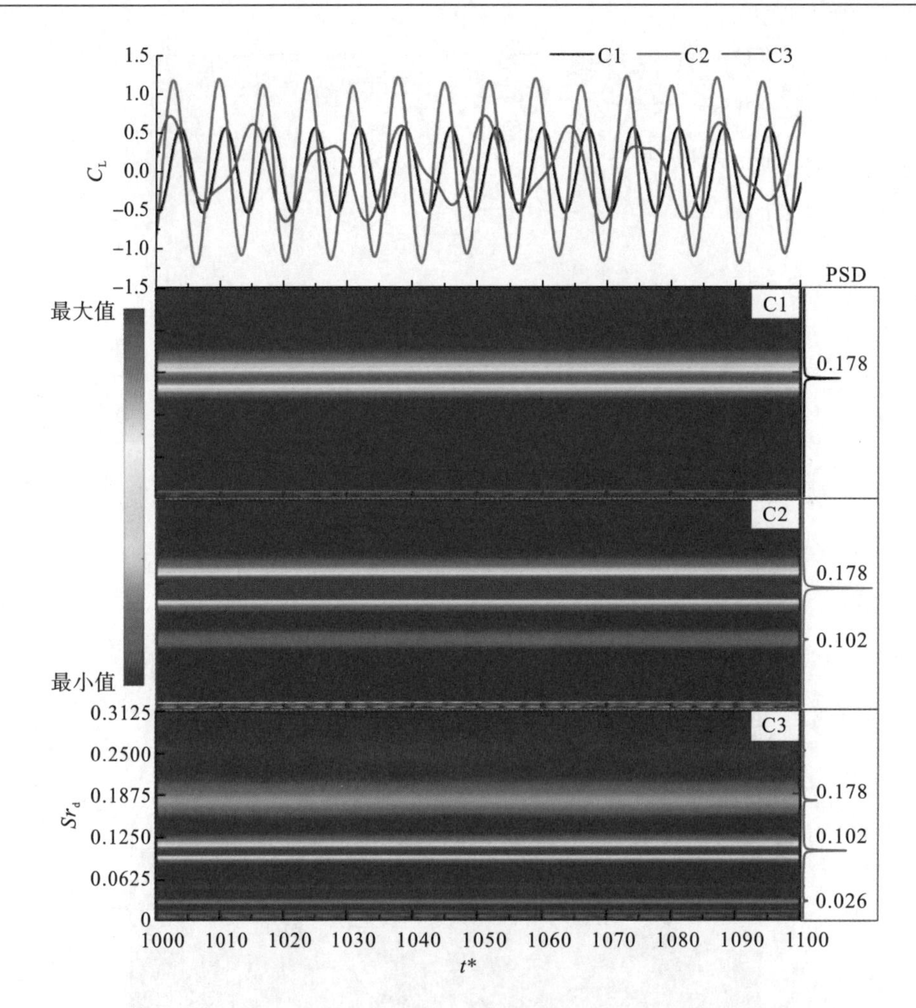

图 2.27 间距比 L/D=7.0 时的 C_L 时程曲线和对应的小波变换云图

图 2.28 比较了 3 个圆柱间脉动升力相位差随间距比的变化。在图 2.28(a)中，相位滞后 ϕ 未转换为 0～2π 之间的值，其余子图均进行了转换。可以看出，随着 L/D 的增大，相位滞后逐渐增大。当间距比从 3.5 增大到 4.0 时，ϕ 值出现了跳变，体现了 CR-AR 向 QCS 流态转变的影响。当 $L/D\geqslant 4.0$ 时，ϕ 随 L/D 的变化近似呈线性关系。拟合方程表示为

$$\phi_{12}(\mathrm{rad})=0.46\pi\frac{L}{d}+0.50\pi \tag{2.1}$$

$$\phi_{23}(\mathrm{rad})=0.54\pi\frac{L}{d}+1.87\pi \tag{2.2}$$

$$\phi_{13}(\mathrm{rad})=1.00\pi\frac{L}{d}+2.37\pi \tag{2.3}$$

其中，下标 12、23、13 为对比柱体的序号，$\phi_{13}=\phi_{12}+\phi_{23}$。$\phi$ 的这种线性增长特性与 Alam 和 Zhou[23]关于两个串列圆柱体的研究结果吻合。

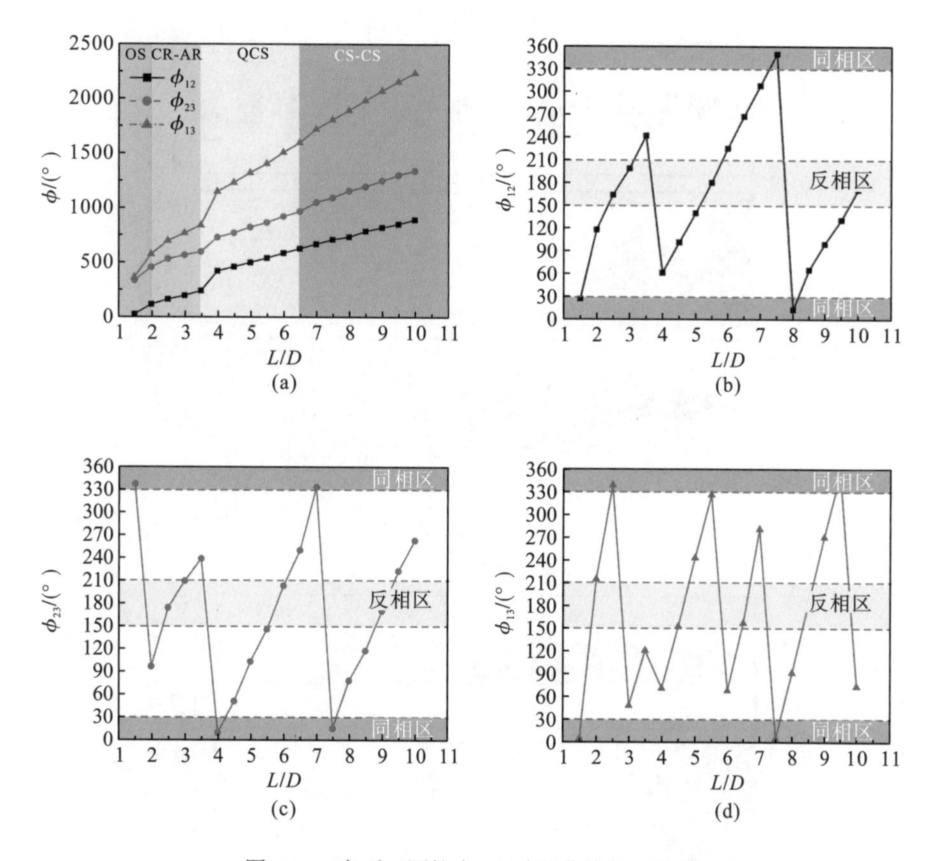

图 2.28 串列三圆柱上 C_L 时程曲线的相位差

2.2.5 串列三圆柱绕流的远场二次涡

对于 3.5<L/D≤6.5 的 QCS 区，尾流远场中出现了从双排旋涡到二次涡街的转变，而在其他区域则没有这种转变，如图 2.29 所示。在 L/D=3.5 时，由于 CR-AR 模态，旋涡只发生在下游圆柱的后面，尾流中有一列交替脱落的旋涡，表现为典型的卡门涡街。C3 后的 u^*_{rms} 峰反映了剪切层的上升，对应于横流速度的最大值，这里可以定义为卡门旋涡的阈值，在 L/D=4.0 时，由两层剪切层向下游输送的旋涡称为双排旋涡。在一定的迁移长度之后，同一排中两个相邻的同号旋涡合并成一个新的旋涡，随后，新产生的双排旋涡在下游交替形成新的旋涡脱落。因此，下游圆柱出现了次频。这种在尾流远场中转变形成的二次涡与单圆柱的尾迹相似。与 L/D=4.0 相比，当 L/D=6.5 时，二次涡街的出现向上游移动，表明双排旋涡缩短。起始位置由 x_{cr}/D=33 变为 x_{cr}/D=23，与下游圆柱中心的距离由 25D 减小至 10D。当 L/D 增大到 7.0 时，由于流态由 QCS 向 CS-CS 过渡，尾迹结构演变回卡门涡街，而没有出现二次涡街。

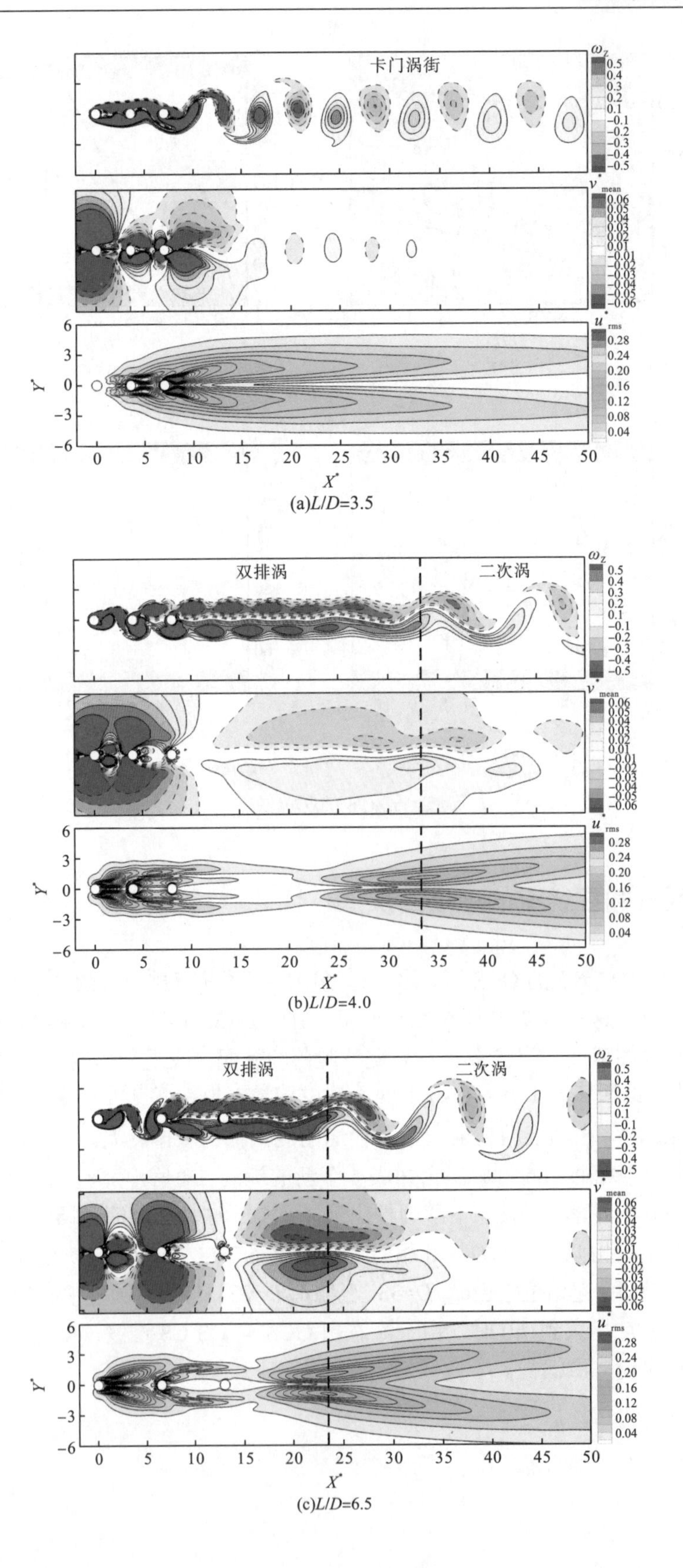

卡门涡街
ω_z
v^*_{mean}
u^*_{rms}
Y^*
X^*
(a)L/D=3.5
双排涡
二次涡
(b)L/D=4.0
双排涡
二次涡
(c)L/D=6.5

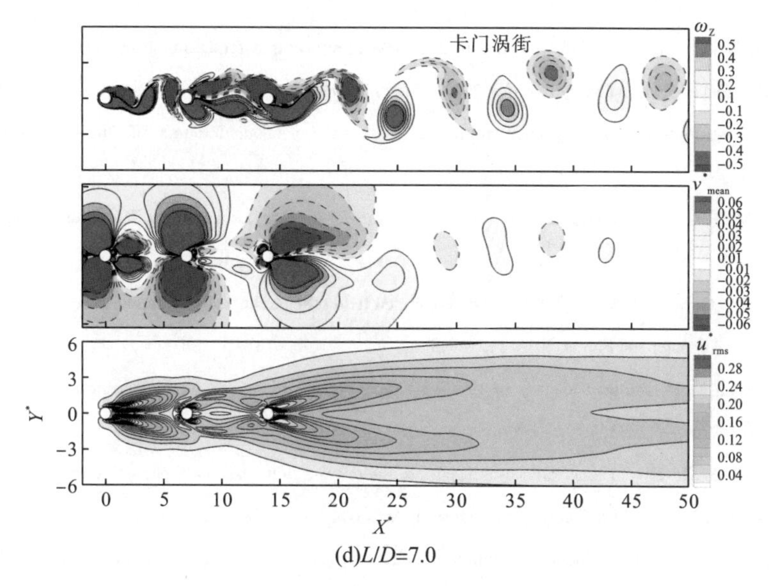

(d)L/D=7.0

图 2.29 远场尾流结构的变化规律

参考文献

[1] Roshko A. On the development of turbulent wakes from vortex streets. National Advisory Committee for Aeronautics, 1954.

[2] Nishioka M, Sato H. Measurements of velocity distributions in the wake of a circular cylinder at low Reynolds numbers. Journal of Fluid Mechanics, 1974, 65(1): 97-112.

[3] Green R B, Gerrard J H. Vorticity measurements in the near wake of a circular cylinder at low Reynolds numbers. Journal of Fluid Mechanics, 1993, 246: 675-691.

[4] Wen C Y, Lin C Y. Two-dimensional vortex shedding of a circular cylinder. Physics of Fluids, 2001, 13(3): 557-560.

[5] Jiang H Y, Cheng L. Flow separation around a square cylinder at low to moderate Reynolds numbers. Physics of Fluids, 2020, 32: 044103.

[6] Alam M M, Zhou Y, Wang X W. The wake of two side-by-side square cylinders. Journal of Fluid Mechanics, 2011, 669: 432-471.

[7] Isaev S, Baranov P, Popov I, et al. Ensuring safe descend of reusable rocket stages-Numerical simulation and experiments on subsonic turbulent air flow around a semi-circular cylinder at zero angle of attack and moderate Reynolds number. Acta Astronautica, 2018, 150: 117-136.

[8] Boisaubert N, Coutanceau M, Ehrmann P. Comparative early development of wake vortices behind a short semicircular-section cylinder in two opposite arrangements. Journal of Fluid Mechanics, 1996, 327: 73-99.

[9] Mhalungekar C D, Kothavale B S, Wadkar S P. Experimental and analytical analysis of flow past D-shaped cylinder. International Journal of Intelligent Robotics and Applications, 2014, 1, ISSN: 2349-2163.

[10] Chandra A, Chhabra R P. Influence of power-law index on transitional Reynolds numbers for flow over a semi-circular cylinder. Applied Mathematical Modelling, 2011, 35: 5766-5785.

[11] Bostock B R, Mair W A. Pressure distributions and forces on rectangular and D-shaped cylinder. Aeronautical Quarterly, 1972, 23: 1-6.

[12] Bhinder A P S, Sarkar S, Dalal A. Flow over and forced convection heat transfer around a semi-circular cylinder at incidence. International Journal of Heat and Mass Transfer, 2012, 55: 5171-5184.

[13] Alam M M. The aerodynamics of a cylinder submerged in the wake of another. Journal of Fluids and Structures, 2014, 51: 393-400.

[14] Zafar F, Alam M M. A low Reynolds number flow and heat transfer topology of a cylinder in a wake. Physics of Fluids, 2018, 30: 083603.

[15] Jaiman R K, Sen S, Gurugubelli P S. A fully implicit combined field scheme for freely vibrating square cylinders with sharp and rounded corners. Computer and Fluids, 2015, 112: 1-18.

[16] Zheng Q M, Alam M M. Intrinsic features of flow past three square prisms in side-by-side arrangement. Journal of Fluid Mechanics, 2017, 826: 996-1033.

[17] Zdravkovich M M. Review of interference-induced oscillations in flow past two parallel circular cylinders in various arrangements. Journal of Wind Engineering and Industrial Aerodynamics, 1988, 28: 183-199.

[18] Zhu H J, Zhang C, Liu W L. Wake-induced vibration of a circular cylinder at a low Reynolds number of 100. Physics of Fluids, 2019, 31: 073606.

[19] Zhu H J, Wang K N. Wake adjustment and vortex-induced vibration of a circular cylinder with a C-shaped plate at a low Reynolds number of 100. Physics of Fluids, 2019, 31: 103602.

[20] Zhu H J, Li G M, Wang J L. Flow-induced vibration of a circular cylinder with splitter plates placed upstream and downstream individually and simultaneously. Applied Ocean Research, 2020, 97: 102084.

[21] Zhu H J, Liu W L, Zhou T M. Direct numerical simulation of the wake adjustment and hydrodynamic characteristics of a circular cylinder symmetrically attached with fin-shaped strips. Ocean Engineering, 2020, 195: 106756.

[22] Igarashi T, Suzuki K. Characteristics of the flow around three circular cylinders. Bulletin of JSME, 1984, 27(233): 2397-2404.

[23] Alam M M, Zhou Y. Phase lag between vortex shedding from two tandem bluff bodies. Journal of Fluids and Structures, 2007, 23: 339-347.

第3章　流动控制

一定雷诺数范围内钝体尾部会形成周期性脱落的旋涡，从而引起脉动的流体作用力，影响了钝体的某些用途，为此学者们开展了大量钝体流动控制的研究，提出了一系列的流动控制方法。本章主要介绍几种典型的流动控制方法及控制成效。

3.1　平板分离盘被动控制

平板分离盘因其结构简单、易于加工的特点成为较早被研究和使用的绕流减阻附属装置之一。学者们对分离盘的研究集中于分离盘的位置、长度、数量、是否自适应旋转等，代表性的研究有 Shukla 等[1]、Akilli 等[2]、王海青等[3]、Assi[4]、Assi 和 Bearman[5]、Gu 和 Wang[6]、Huera-Huarte[7]、Stappenbelt[8]、Liang 和 Wang[9]，但大多数研究聚焦于附着式尾流分离盘，对于迎流分离盘和前后双分离盘系统的研究较少。

因此，本节通过数值模拟，探究在 Re=100、120、150 下附着式尾流分离盘(又称后分离盘)、迎流分离盘(又称前分离盘)、前后双分离盘(简称双分离盘)对圆柱体静止绕流的影响，比较 4 种长度的后分离盘，2 种长度的前分离盘以及它们交叉构成的 8 种双分离盘的水动力系数和尾涡结构，得到了减阻效果最佳的布置形式。

3.1.1　附加分离盘的圆柱绕流数值模型

图 3.1 为前后均布置有附着式分离盘的物理模型示意图，D 表示圆柱直径，L_u 表示迎流分离盘长度，L_d 表示尾流分离盘长度，δ 表示分离盘的厚度，分离盘与圆柱均为刚性，具体参数见表 3.1。

如图 3.2 所示，采用的矩形计算域流向长度为 70D，横向长度为 40D，圆柱中心距上游速度入口边界 20D，距两侧对称边界各 20D，距下游自由出流边界 50D，阻塞率为 2.5%。入口边界采用均匀速度入口(其中，$u=u_{in}$ 且 v=0，u 为 x 方向速度，v 为 y 方向速度)，出口

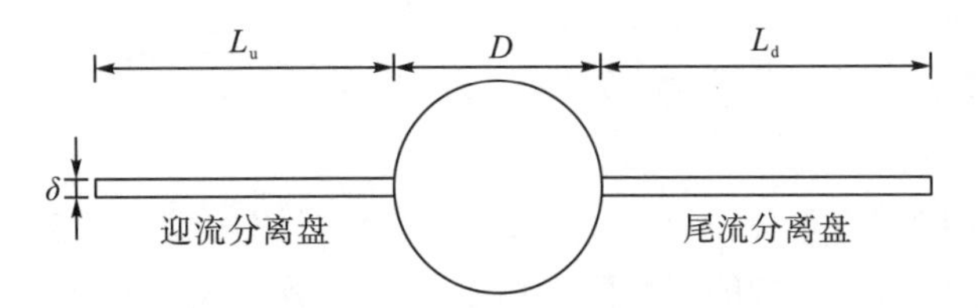

图 3.1　双分离盘物理模型示意图

表 3.1 数值模拟参数表

参数	符号	值
迎流分离盘长度比	L_u/D	0.5、1
尾流分离盘长度比	L_d/D	0.5、1、1.5、2
分离盘厚度比	δ/D	0.1
雷诺数	Re	100、120、150

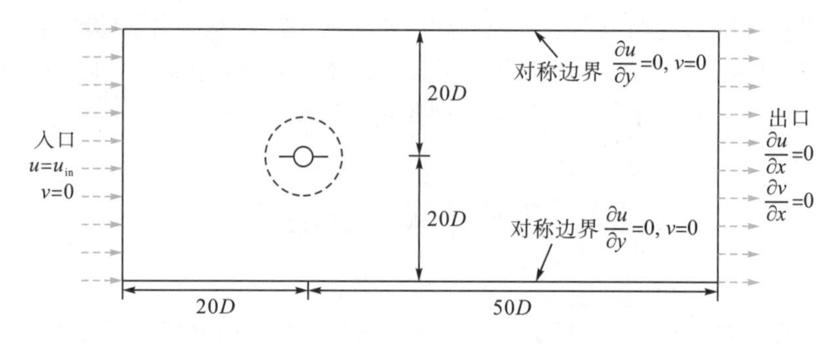

图 3.2 计算域、边界条件示意图

边界为速度梯度为 0 的自由出流($\partial u/\partial x=0$，$\partial v/\partial x=0$)，且出口的压力参考值设置为 0。两侧的边界设置为对称边界($\partial u/\partial y=0$，$v=0$)，结构表面无滑移(no-slip)。

图 3.3 展示了模拟计算中所用到的网格系统（以双分离盘为例）。为保证静止绕流计算精度和提高计算速度，所有区域采用四边形网格划分方法。网格划分时，圆柱周长均匀划分 240 个节点，分离盘端部划分 6 个节点，径向网格增长率为 1.02。圆柱和分离盘表面的第一层网格高度为 0.0004D，第一层网格满足 $y^+=0.1$。

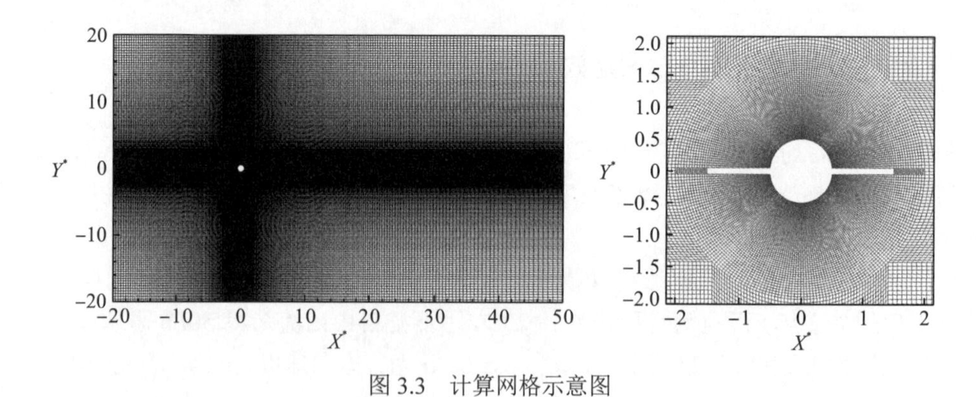

图 3.3 计算网格示意图

3.1.2 结构水动力系数及压力场

后分离盘长度从 0.5D 变化到 2D，其水动力系数对比曲线如图 3.4 所示。可以发现，裸柱和 4 种圆柱-后分离盘结构的时均阻力系数随雷诺数增大而减小，4 种后分离盘均有减阻效果，且后分离盘越长，减阻效果越好。$L_d/D=2$ 的后分离盘在 $Re=120$ 时具有最佳减阻率，为 18.37%。另外，附加后分离盘的圆柱升力系数均方根(RMS)也有明显减小，大体呈现后分离盘越长，升力减小越明显。特别地，后分离盘 L_d/D=1.5 在 Re=100 和后分离盘 L_d/D=2 在 Re=100、120 时，升力系数均方根几乎等于 0，升力减小达到了 99.84%，表示它们此时几乎不受到横向流体力的作用。L_d/D=1.5 和 L_d/D=2 随雷诺数增大会出现升力系数的突增现象，从图 3.4 可见，Re=150 时它们的升力系数均方根超过了 L_d/D=0.5 和 L_d/D=1 两种后分离盘。

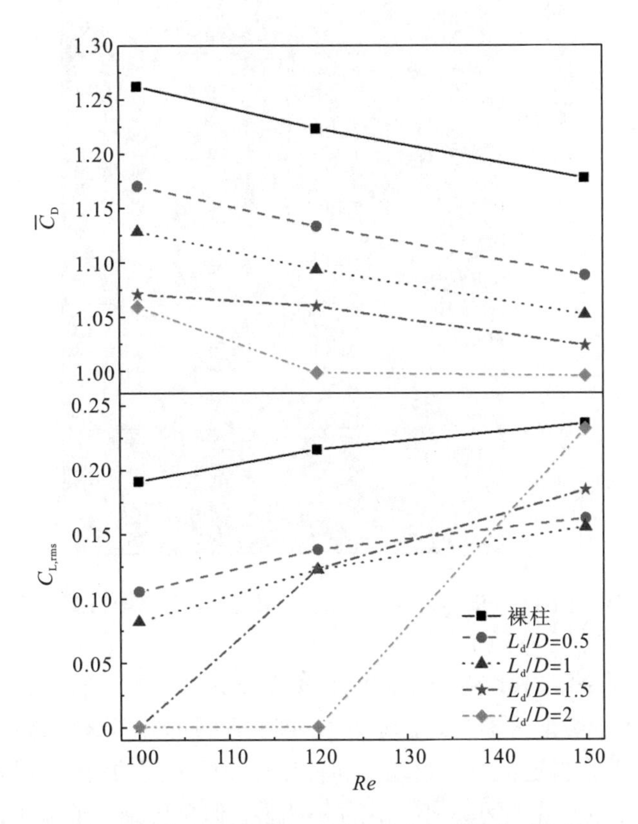

图 3.4　附加尾流分离盘时结构的水动力系数对比图

图 3.5 对比了 3 个雷诺数下裸柱和 4 种圆柱-后分离盘结构的时均化压力系数云图。如图所示低压区位于圆柱后方，高压区位于圆柱正前方，故系统阻力产生的主要原因是柱体迎流侧和背流侧之间存在压差。在裸柱后方放置了分离盘后，可以发现局部低压区明显减小，这是后分离盘减阻的主要原因。同时，随着后分离盘从 0.5D 增长为 2D，负压区压力绝对值也随着负压区的收缩而减小。Re=100 时 L_d/D=1.5 后分离盘和 Re=100、120 时 L_d/D=2 的后分离盘负压区收缩最为明显，因此在图 3.4 中观察到了最佳减阻效果。

图 3.6 对比了 0.5D 长的迎流分离盘及其对应的 4 种双分离盘结构的水动力系数。可以发现，分离盘具有明显的减阻作用，且后分离盘越长，减阻效果越好。当圆柱同时加装 0.5D 长的前分离盘和 2.0D 长的后分离盘时，在 Re=150 时，结构减阻达到 21.63%。此外，随着

雷诺数的增大，结构阻力减小，与阻力变化不同，结构受到的升力作用随雷诺数增大而增大，但加装分离盘后，结构的升力显著减小，甚至出现了升力为零的情况，表明此时结构周围流场更稳定，几乎呈对称分布。

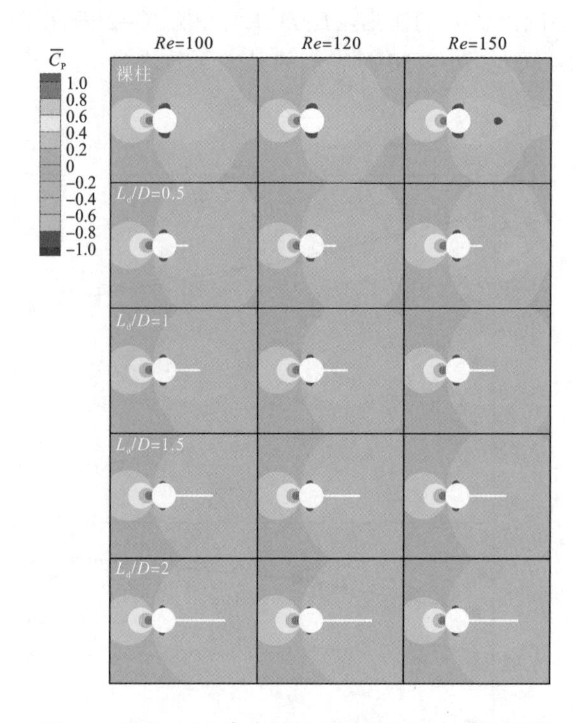

图 3.5 圆柱-后分离盘结构的时均化压力系数云图

图 3.7 对比了 3 个雷诺数下 0.5D 迎流分离盘及其对应的 4 种双分离盘结构的时均化压力系数分布。发现加装前分离盘后，原本位于圆柱前方的高压区转移到了前分离盘端部，故结构系统阻力主要来自迎流分离盘端部和柱体背流侧之间的压差。观察单一的迎流分离盘结构，其背流侧低压区的面积大小变化并不明显，但负压绝对值减小，说明迎流分离盘具有抬高负压区压力的作用，所以结构前后侧的压差减小，从而导致阻力系数减小。双分离盘兼具前分离盘和后分离盘的特性，既提前了局部高压区的位置、缩小了高压区面积，又显著减小了背流侧负压区的绝对值，因此具有更好的减阻效果。

图 3.8 对比了 1D 长的迎流分离盘及其对应的 4 种双分离盘结构的水动力系数变化。可以发现，随雷诺数数增大，结构的阻力减小。双分离盘比单独的前分离盘具有更好的减阻作用，且后分离盘越长，减阻效果越好。最佳减阻率出现在 L_u/D=1，L_d/D=2，Re=150 时，为 25.96%。升力系数变化与阻力相反，随雷诺数增大而增大。但相对于裸柱而言，具有明显的减小。同样地，后分离盘越长，减升效果越好。当同时加装 1D 前分离盘和 2D 后分离盘时，结构的升力全部为零，这与结构的流线型剖面密切相关。

图 3.9 对比了 3 个雷诺数下 1D 迎流分离盘及其对应的 4 种双分离盘结构的时均化压力系数分布。发现分离盘结构的低压区形成位置依然位于圆柱后方，而高压区位置则提前到了迎流分离盘尖端。与 0.5D 前分离盘的区别是，1D 前分离盘前的局部高压区更稳定，

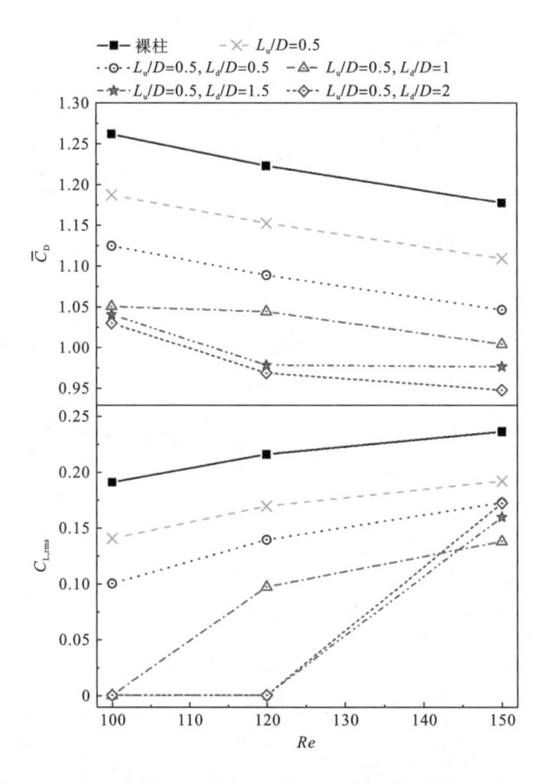

图 3.6　0.5D 迎流分离盘及其对应的 4 种双分离盘结构的水动力系数曲线对比图

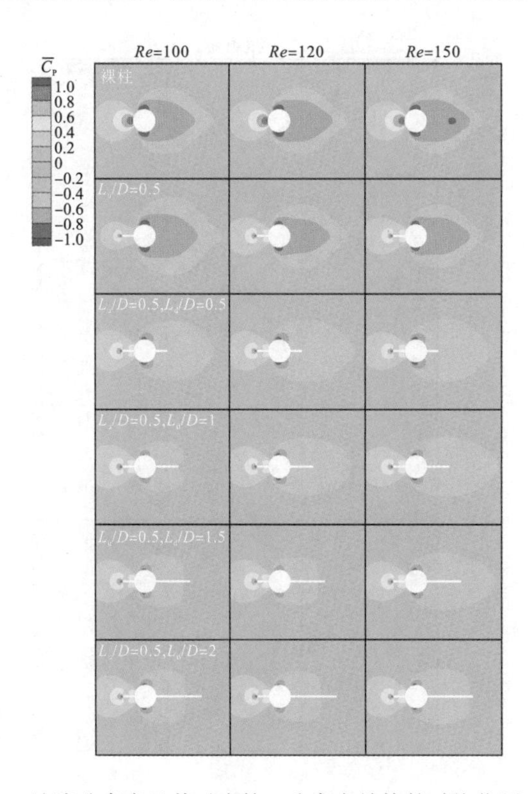

图 3.7　0.5D 迎流分离盘及其对应的双分离盘结构的时均化压力系数云图

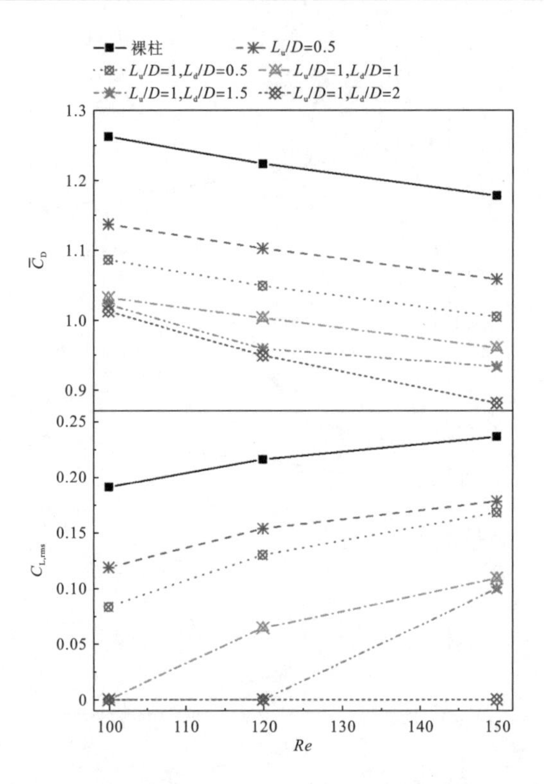

图 3.8 1D 迎流分离盘及其对应的 4 种双分离盘结构的水动力系数曲线对比图

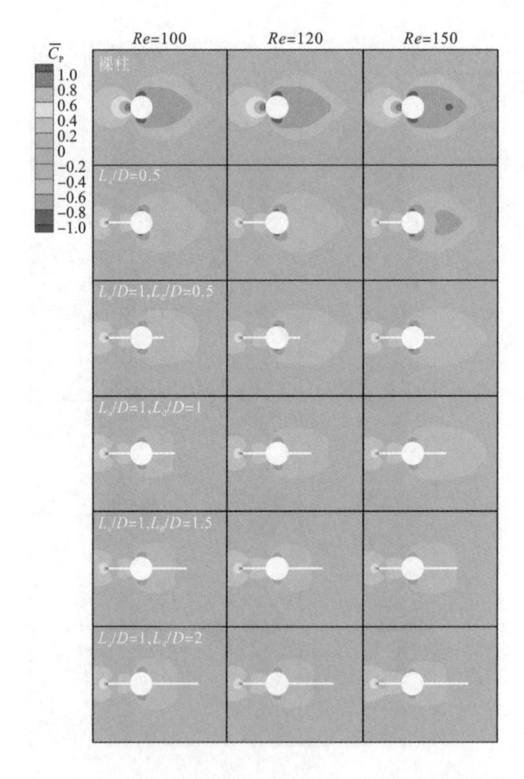

图 3.9 1D 迎流分离盘及其对应的 4 种双分离盘结构的时均化压力系数云图

距离圆柱更远，因而圆柱体受到的影响更小，结构系统阻力相对较小。单一迎流分离盘时，低压区面积与裸柱差别不大，但负压绝对值显著减小，说明 $1D$ 迎流分离盘同样具有抬高负压区压力的作用，且强于 $0.5D$ 迎流分离盘，迎流分离盘前缘的局部高压区面积明显缩小的现象依然存在。对应的 4 种双分离盘同样兼具前分离盘和后分离盘的特性，既提前了局部高压区的位置、缩小了高压区面积，又显著减小了背流侧负压区的绝对值，因而减阻效果明显。

3.1.3　尾涡结构

图 3.10 对比了裸柱和 4 种尾流分离盘在升力系数时程曲线波谷位置的瞬时涡量云图。可以发现，裸柱和尾流分离盘结构的旋涡脱落均为 2S 模式(每一个周期交替脱落一对旋涡)，加装尾流分离盘可以使剪切层显著拉长，从而使旋涡形成延后。后分离盘越长，旋涡形成越向下游延迟。特别地，L_d/D=1.5 和 L_d/D=2 的结构在相对更低的雷诺数下旋涡模式显著不同，其两侧的剪切层对称地通过尾流分离盘，关于尾流中轴线对称，并一直延伸到下游，不存在剪切层卷起的现象，而裸柱出现这种现象需要满足雷诺数小于 40[10]，说明尾流分离盘提高了旋涡模式转变的临界雷诺数。不存在旋涡脱落的组次与图 3.4 中升力系数均方根几乎为 0 的点是对应的，说明无旋涡脱落使横流向作用力接近零。

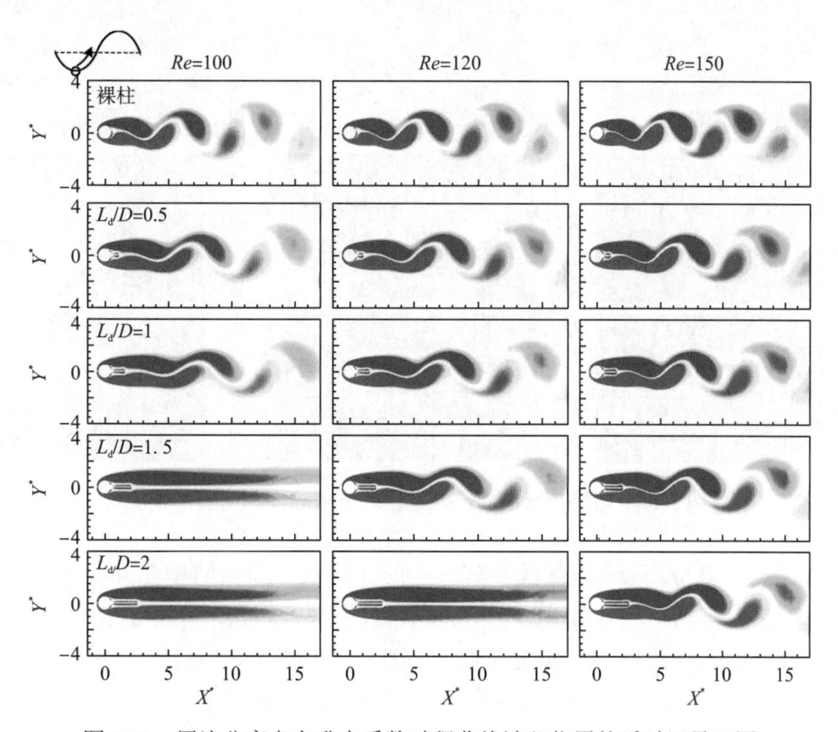

图 3.10　尾流分离盘在升力系数时程曲线波谷位置的瞬时涡量云图

为进一步定量分析尾流分离盘对旋涡结构的影响，图 3.11 对比了裸柱和附加尾流分离盘圆柱的流向速度均方根($u^*_{\mathrm{rms}}=u_{\mathrm{rms}}/u_{\mathrm{in}}$)云图和 $\overline{u}=0$ 的等值线分布。回流区长度($L^*_r=L_r/D$)由

$\overline{u}=0$ 等值线确定[11]，而流向速度均方根 u_{rms}^* 关于尾流中轴线对称分布的两个峰值确定了剪切层卷曲的位置，即结构背流侧第一个旋涡形成的位置，所以圆柱中心到剪切层卷曲位置之间的流向距离定义为旋涡形成长度 L_f^*（$L_f^*=L_f/D$），流向速度均方根 u_{rms}^* 关于尾流中轴线对称分布的两个剪切层卷曲位置之间的横向距离定义为尾迹宽度 W^*（$W^*=W/D$）[12]。对比可见，盘长对尾迹宽度影响不大，加装尾流分离盘的柱体其旋涡形成长度和回流区长度明显增加，且尾流分离盘越长，两者增加得越明显。这证明了尾流分离盘可以有效延迟旋涡的脱落，有助于降低旋涡脱落频率。在无旋涡脱落的云图中（Re=100 时的尾流分离盘长度比 L_d/D=1.5 和 2、Re=120 时的 L_d/D=2），不存在尾迹宽度和旋涡形成长度，但回流区更长。

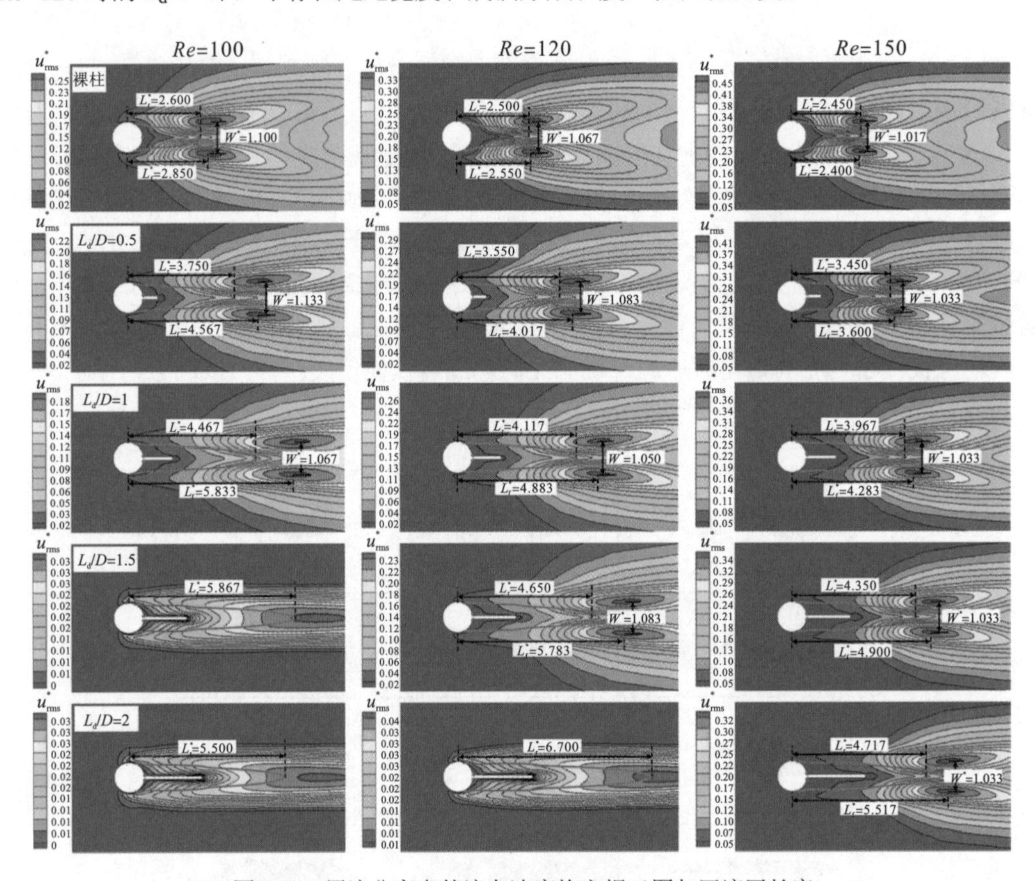

图 3.11 尾流分离盘的流向速度均方根云图与回流区长度

图 3.12 对比了 0.5D 迎流分离盘及其对应的 4 种双分离盘结构在升力系数时程曲线波谷位置的瞬时涡量云图。可以发现，迎流分离盘同裸柱一样旋涡脱落始终保持 2S 模式，而加装了双分离盘的柱体剪切层被显著拉长，从而使得旋涡形成延后。随着双分离盘的后分离盘加长，旋涡形成位置继续向下游迁移。后分离盘越长，结构越趋于流线型，其在低雷诺数工况下未出现旋涡脱落，如（L_u/D=0.5+L_d/D=1）在 Re=100 时，（L_u/D=0.5+L_d/D=1.5）和（L_u/D=0.5+L_d/D=2）在 Re=100 和 Re=120 时。说明相对裸柱而言，加装双分离盘提高了旋涡模式转变的临界雷诺数。同样地，双分离盘结构中不存在旋涡脱落的组次与图 3.6 中升力系数均方根几乎为 0 的组次一致。

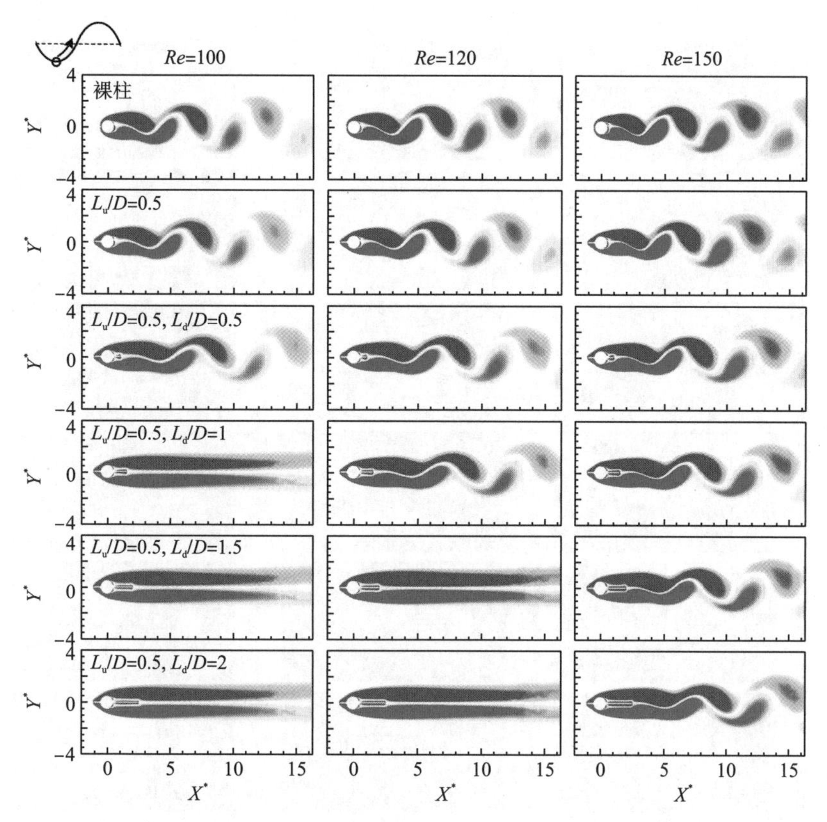

图 3.12 0.5D 迎流分离盘及其对应的双分离盘结构在升力系数时程曲线波谷位置的瞬时涡量云图

为进一步定量分析 0.5D 迎流分离盘及其对应的 4 种双分离盘对旋涡结构的影响，图 3.13 对比了它们的流向速度均方根（$u^*_{\text{rms}}=u_{\text{rms}}/u_{\text{in}}$）云图和 $\bar{u}=0$ 的等值线。观察发现，0.5D 迎流分离盘相对裸柱会增长旋涡形成长度、增长回流区长度、缩减尾迹宽度，但程度十分有限。双分离盘相对单一前分离盘结构可以更加显著地增长旋涡形成长度和回流区长度，而且双分离盘中尾流分离盘越长，两者增加的长度越长。对于同一结构，随着雷诺数的增大，旋涡形成长度和回流区长度会适当减小。加装不同分离盘对尾迹宽度的缩减效果并不明显。同样地，对于在图 3.12 中无旋涡脱落的组次[Re=100 时的(L_u/D=0.5，L_d/D=1)、(L_u/D=0.5，L_d/D=1.5)和(L_u/D=0.5，L_d/D=2)，Re=120 的(L_u/D=0.5，L_d/D=2)]，不存在尾迹宽度和旋涡形成长度，但回流区更长。

图 3.14 对比了 1D 迎流分离盘及其对应的 4 种双分离盘结构在升力系数时程曲线波谷位置的瞬时涡量云图。可以发现，1D 迎流分离盘旋涡脱落始终保持 2S 模式，而加装了双分离盘的柱体剪切层被显著拉长，从而使得旋涡的形成延后。随着双分离盘的后分离盘加长，旋涡形成位置向下游转移。4 种双分离盘的后分离盘越长，结构流线型特性越突出，越容易出现无旋涡脱落的对称尾流，如 Re=100 时，L_d/D=1、1.5、2， Re=120 时，L_d/D=1.5、2。说明相对裸柱来说，加装双分离盘提高了旋涡模式转变的临界雷诺数，双分离盘不存在旋涡脱落的组次与图 3.8 中升力系数均方根几乎为 0 的组次对应，佐证了双分离盘圆柱的后分离盘越长，流线型特征越突出，整个系统的横流向作用力越小。

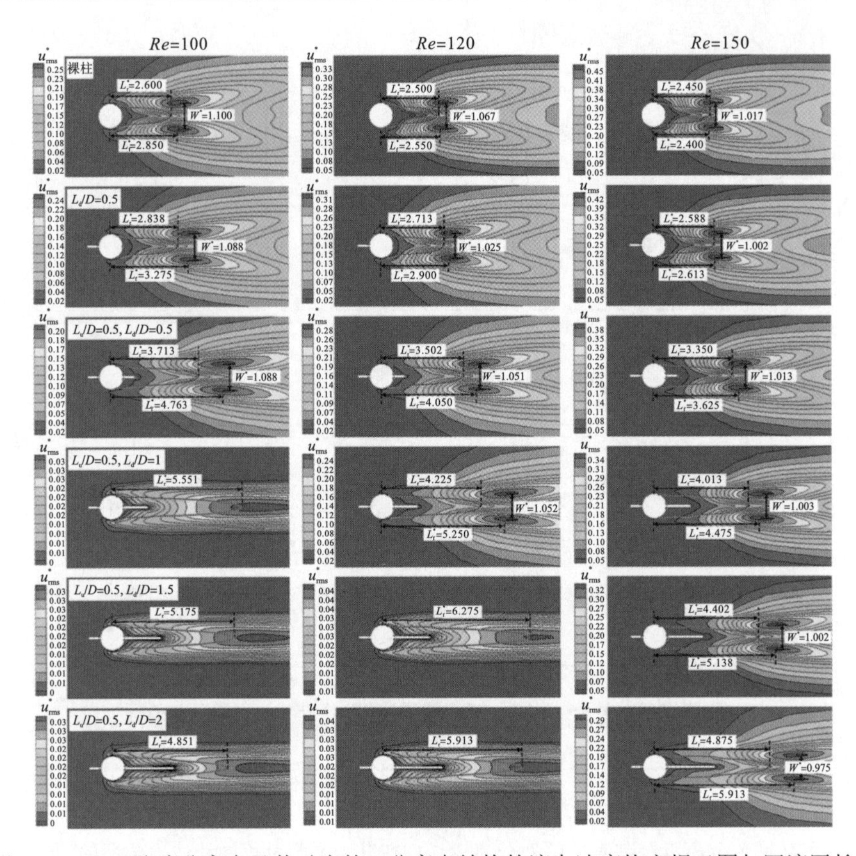

图 3.13 0.5D 迎流分离盘及其对应的双分离盘结构的流向速度均方根云图与回流区长度

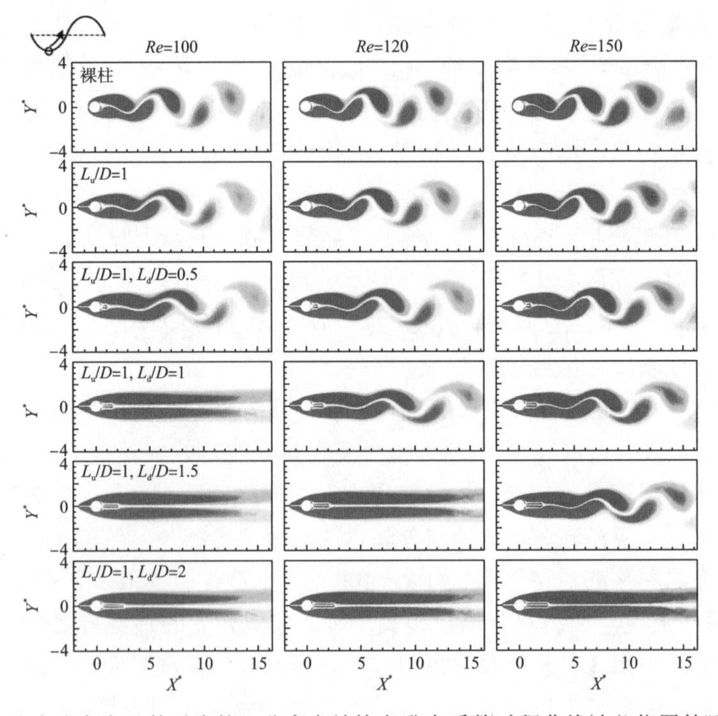

图 3.14 1D 迎流分离盘及其对应的双分离盘结构在升力系数时程曲线波谷位置的瞬时涡量云图

为进一步定量分析 1D 迎流分离盘及其对应的 4 种双分离盘对旋涡结构的影响，图 3.15 对比了它们的流向速度均方根（$u^*_{\mathrm{rms}}=u_{\mathrm{rms}}/u_{\mathrm{in}}$）云图和 $\bar{u}=0$ 的等值线。可见，1D 迎流分离盘相对裸柱会延长旋涡形成长度、增长回流区长度、缩减尾迹宽度。双分离盘相对单一前分离盘结构可以更加显著地拉长旋涡形成长度和增长回流区，而且双分离盘中尾流分离盘越长，两者增加的长度越长。同一结构随着雷诺数的增大，旋涡形成长度和回流区长度会适当减小。加装不同分离盘对尾迹宽度的缩减效果并不明显。同样地，对于图 3.14 中无旋涡脱落的组次，在图 3.15 中并不存在尾迹宽度和旋涡形成长度，但回流区更长。特别地，对于无旋涡脱落的双分离盘，随着雷诺数增大，回流区长度明显增加。（L_{u}/D=1，L_{d}/D=0.5）在 3 个雷诺数下均有旋涡脱落，其无量纲回流区长度随雷诺数增大分别为 3.7700、3.5310、3.3600，是逐渐减小的。而（L_{u}/D=1，L_{d}/D=2）在 3 个雷诺数下均无旋涡脱落，其无量纲回流区长度分别为 4.271、5.180、6.572，随雷诺数增大逐渐增大。

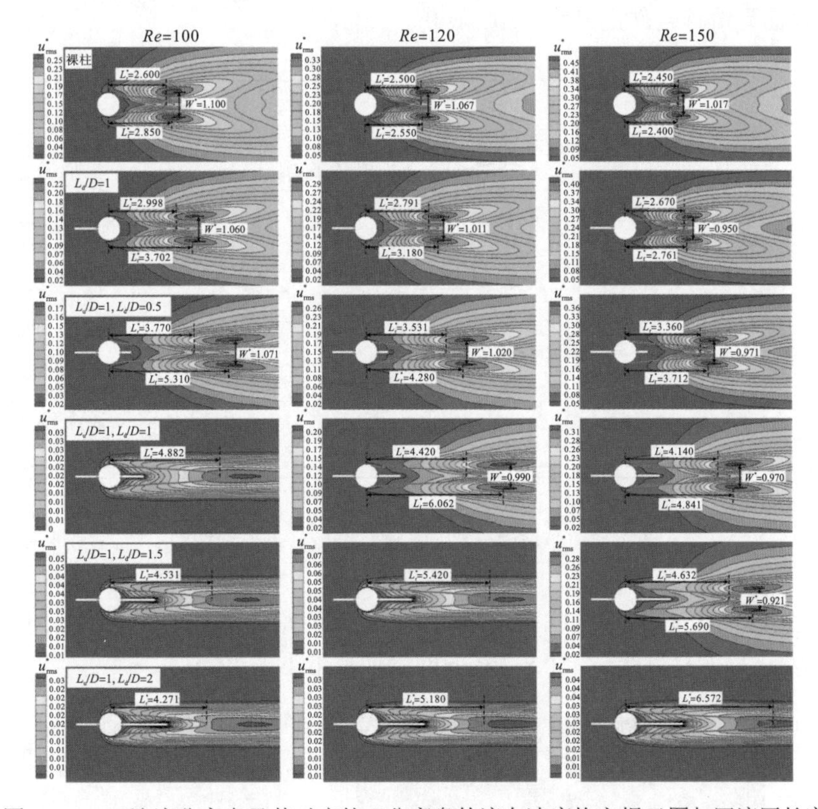

图 3.15　1D 迎流分离盘及其对应的双分离盘的流向速度均方根云图与回流区长度

3.2　波浪形分离盘被动控制

分离盘是被动控制涡激振动的常见装置。过去的研究主要集中于刚性分离直盘[2, 13-19]和柔性分离盘[7, 20-34]，而柔性分离盘的振动形态大多呈波浪形，且振动呈现不稳定驰振现象。因此，本节提出了一种刚性波浪分离盘，并将之附着在圆柱后方，比较了 Re=150 时

5 种盘长（L/D=1、1.5、2、2.5 和 3）和 3 种波长（L_w/D=1、2、3）下的结构水动力和旋涡脱落特性，并在此基础上，甄选具有良好减阻、减升的波浪分离盘控制涡激振动。

3.2.1 附加波浪形分离盘圆柱绕流的数值模型

本节模拟研究了 Re=150 时附加波浪分离盘对圆柱绕流流场的影响。图 3.16 所示为带波浪分离盘的圆柱绕流计算域示意图，其中 D 为圆柱直径，L_w 为波浪分离盘的波长，L 为波浪分离盘长度，δ 为分离盘厚度。采用的矩形计算域流向长度为 90D（D 为圆柱直径），横向长度为 60D，圆柱中心距上游速度入口边界 30D，距两侧对称边界各 30D，距下游压力出口 60D，阻塞率为 1.667%。上游速度入口定义为流向（x 方向）速度分量 $u=u_{in}$，横向（y 方向）速度分量 v=0；自由出流边界定义为$\partial u/\partial x=0$、$\partial v/\partial x=0$；对称边界定义为$\partial u/\partial y=0$、v=0；圆柱表面无滑移条件定义为 u=0、v=0。

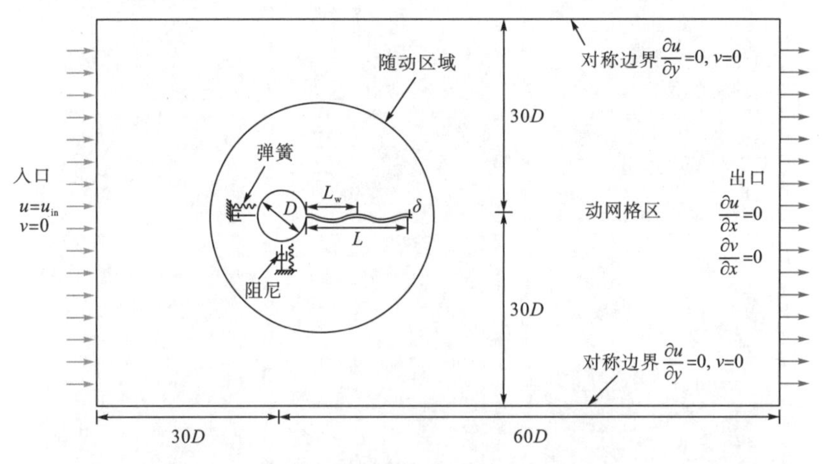

图 3.16 带波浪分离盘的圆柱绕流计算域示意图

如图 3.17 所示，计算域全部采用结构化四边形网格，圆柱体表面等间距划分，紧挨圆柱表面的第一层网格满足 $y^+<0.8$，径向网格增长率小于 1.02。

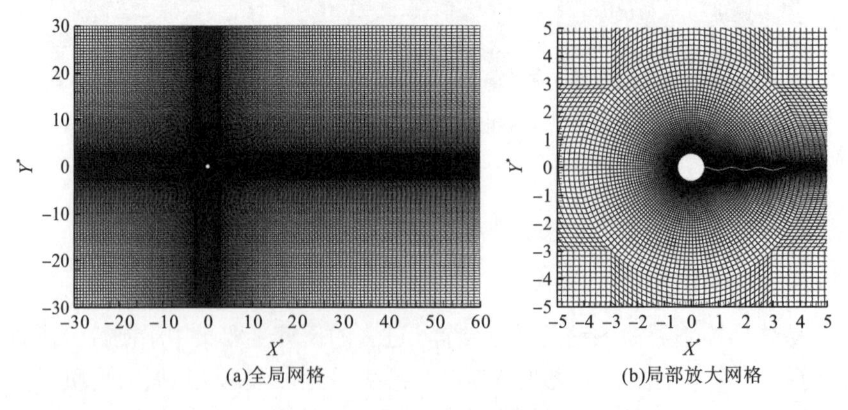

图 3.17 L/D=3 时的计算网格

3.2.2　水动力系数

本节研究的波浪分离盘具有 5 种长度(L/D=1、1.5、2、2.5、3)和 3 种波长(L_w/D=1、2、3)。图 3.18 对比了裸柱和带波浪盘圆柱的平均阻力系数 $\overline{C}_D$ 和平均压力系数 $\overline{C}_P$，裸柱的平均阻力系数 $\overline{C}_D$=1.33(黑色虚线)。从图 3.18(a)可以看出，波浪盘显著降低了结构的阻力，且波浪盘越长，减阻越明显。当盘长 L=3D 时，结构的最大减阻达到 27.5%。相比之下，波浪盘的波长对减阻没有明显的影响。

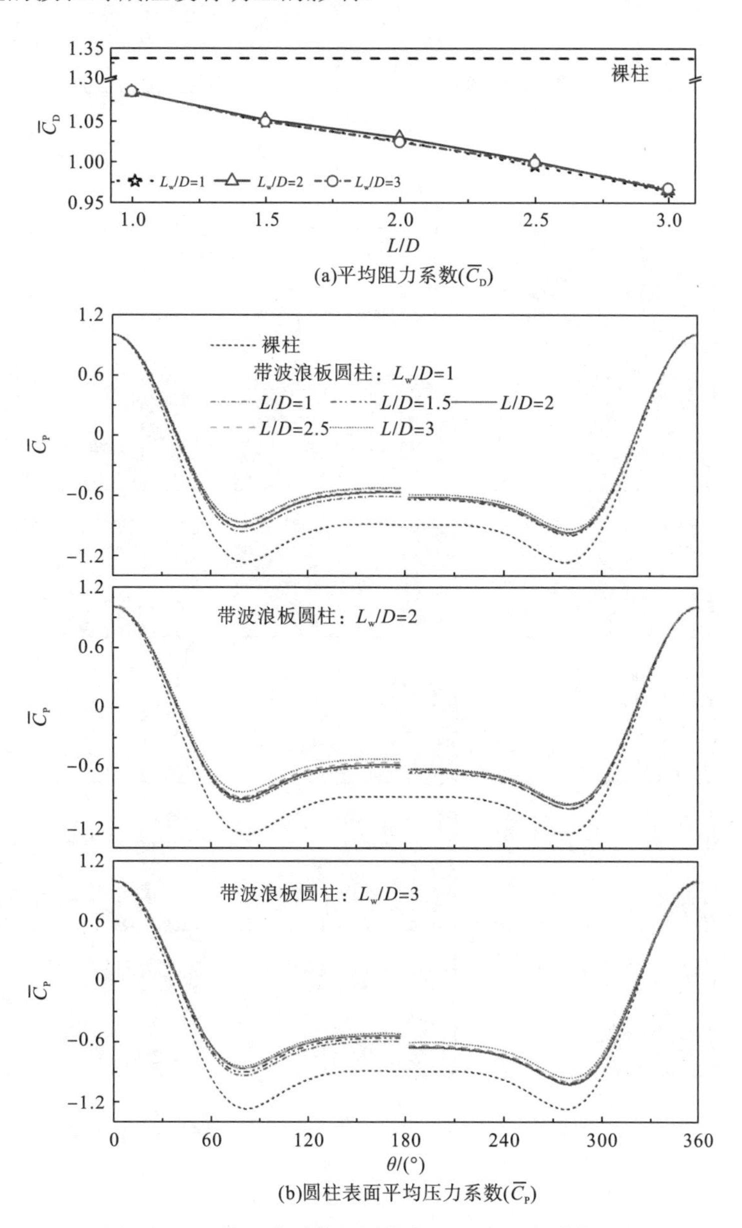

图 3.18　平均阻力系数与圆柱表面平均压力系数分布

如图 3.18(b)所示，安装波浪分离盘后，圆柱背流面的压力增加，导致结构阻力减小。波浪分离盘的长度越长，背流面 $\overline{C}_P$ 越大，结构阻力越小。波浪分离盘的存在导致 $\overline{C}_P$ 曲线在 θ=180° 附近是不连续的。此外，波浪分离盘两侧的圆柱体表面压力不同，导致附着点处的压力跳跃，这是由于波浪面改变了尾迹的分布。沿圆柱上表面的较大压力产生向下的力，导致部分升力系数平均值 $\overline{C}_L$ 处于负值，如图 3.19 所示。

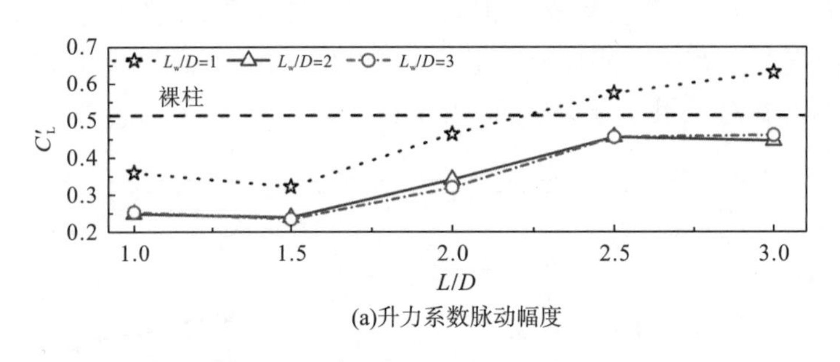

(a)升力系数脉动幅度

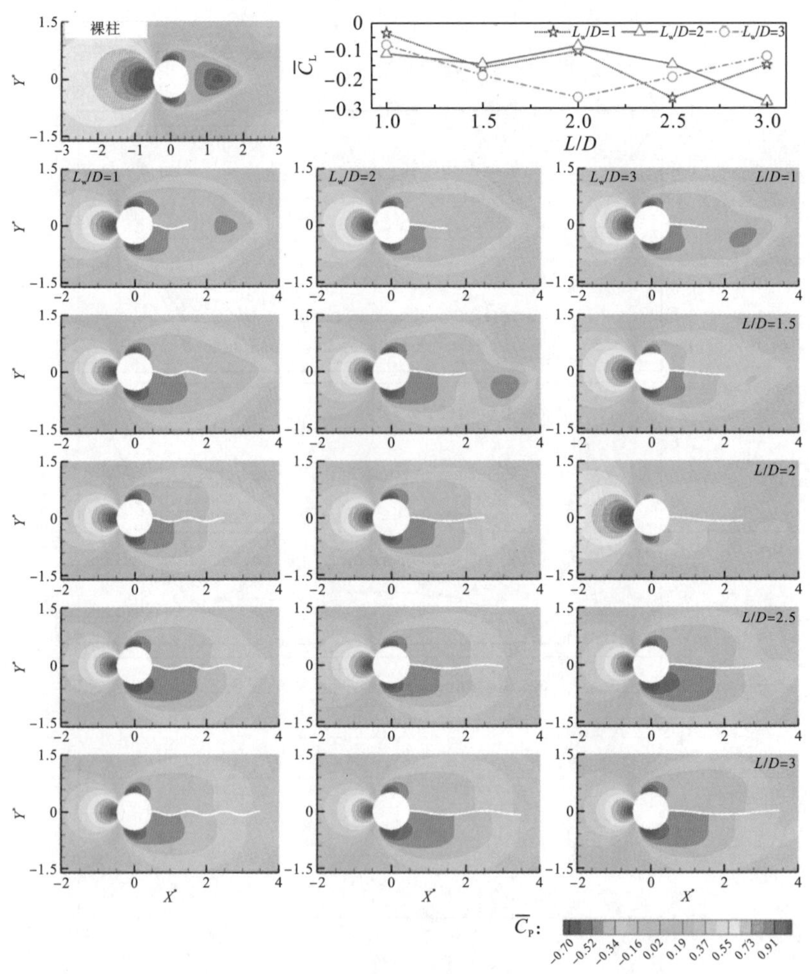

(b)平均压力系数($\overline{C}_P$)分布

图 3.19 升力系数脉动幅度与平均压力系数分布

图 3.19 展示了结构的升力系数脉动幅度（C_L'），平均值（$\overline{C}_L$）以及平均压力系数的分布情况。从图 3.19 可以看出，加装波浪分离盘后，结构上表面的压力大于下表面，因此，平均升力系数均变为负值。平均升力系数$\overline{C}_L$随盘长和波长的变化而变化，但规律不明显。相比之下，升力脉动幅度的变化对盘长和波长的依赖更明显。随盘长的增加，升力脉动幅度增大，这主要是因为随盘长的增加，盘的受力面积也变大。在 L_w/D=2 和 L_w/D=3 时，升力脉动幅度的变化几乎一样，在 L/D=1～3 范围内，升力脉动幅度小于裸柱，表现出良好的抑制效果。在 L_w/D=3 时，盘长 1.5D 获得最大降幅，为 54.9%。相比之下，L_w/D=1 的波浪分离盘的抑制性能要比前两者低，盘长增加到 2.5D 时，其升力脉动幅度大于裸柱，表明小波长分离盘对尾迹的干扰较大，且盘长越长，影响力越大。

图 3.20 显示了圆柱体装有 1.5D 盘长分离盘在 3 种不同波长下的升力系数时程曲线，以及对应于升力系数最大值 $C_{L,max}$ 和升力系数最小值 $C_{L,min}$ 两个典型时刻的压力系数分布。当升力系数达到最大值时（$t^*=t_1$），波浪分离盘下表面的压力大于上表面的压力，产生向上的升力。相反，升力系数最小时（$t^*=t_2$），上表面压力大于下表面压力。值得注意的是，压力随分离盘长度变化，从分离盘根部至端部总体上呈升高趋势。分离盘波长越小，盘表面的压力波动越明显。Lee 和 You[25]、Díaz-Ojeda 等[34]对柔性分离盘的研究也观察到了这种现象，意味着刚性波浪分离盘在尾流调节中起到与柔性盘相似的作用。

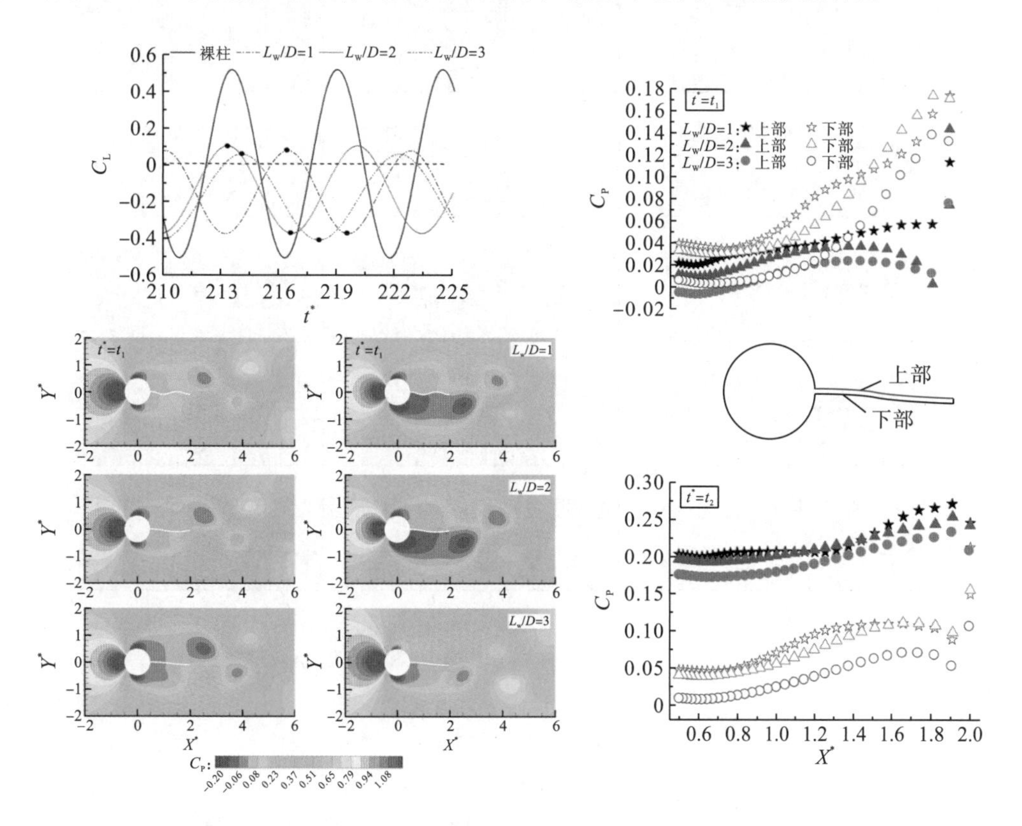

图 3.20　升力系数时程曲线及压力系数分布

3.2.3 尾流场

如图 3.21 所示，波浪分离盘阻隔了两侧剪切层的相互作用，迫使旋涡在圆柱体的下游形成。此外，在靠近盘后尖端的上表面产生一个逆时针的小涡，在下表面产生一个顺时针的小涡，这些小涡在一定程度上有助于延长剪切层。可以看到，剪切层在掠过盘后边缘前不会卷起，这一观测结果与 Abdi 等[20, 35]的数值结果吻合。当波长 L_w/D=1 时，由于波浪盘表面起伏较大，其剪切层厚度波动也较大。随着盘长的增加，这种现象变得更加明显。分离盘剪切层的变化是升力波动加剧的主要原因(图 3.19)。除剪切层的延长外，圆柱与波浪盘连接后，两个相邻涡之间的流向距离也增大。尽管波浪盘显著改变了尾流形态，但在低雷诺数 Re=150 下，旋涡脱落仍呈现 2S 模式(每个周期有两个旋涡脱落，一个顺时针旋涡，另一个逆时针旋涡)。

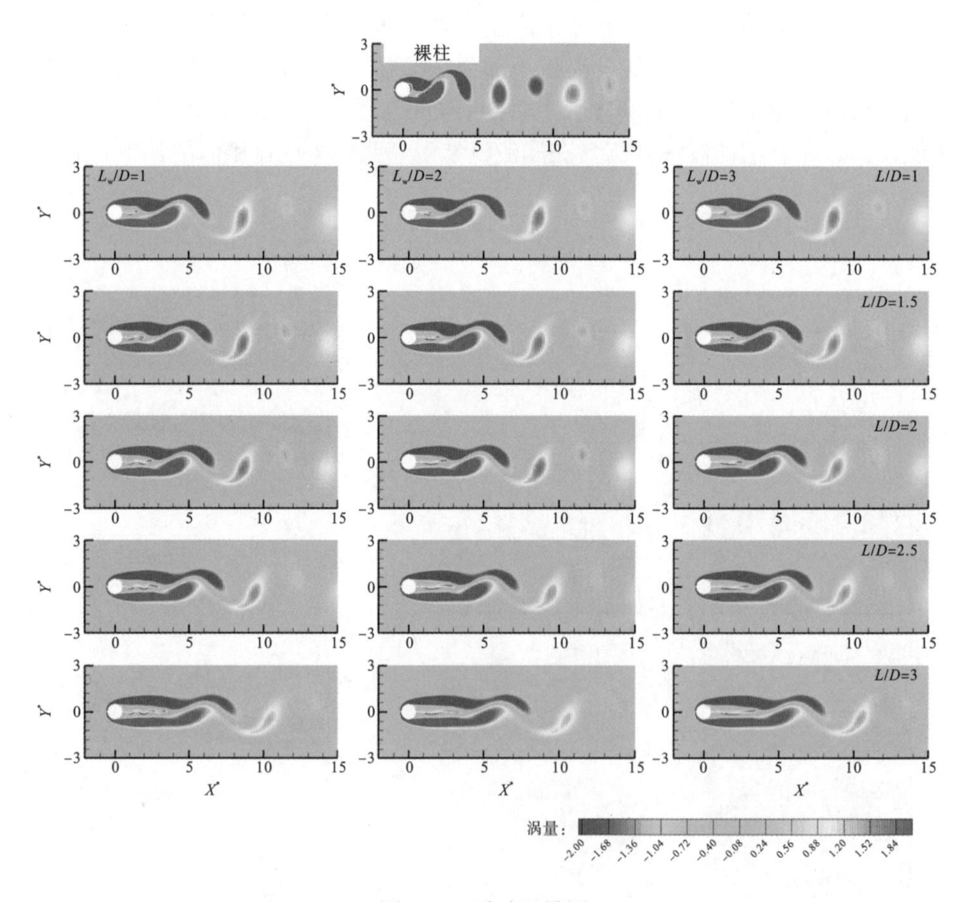

图 3.21 瞬时涡量图

图 3.22 对比了安装不同长度波浪分离盘的圆柱的涡脱频率(f_s)，结果表明，在波浪盘存在的情况下，涡脱频率降低。随着盘长的增加，涡脱频率变低，这与旋涡的形成长度有关。此外，由于波浪分离盘的干扰，频谱图中出现了更多的次频。

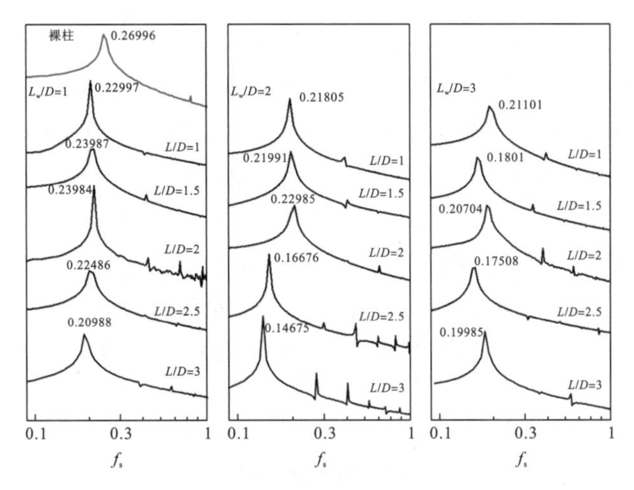

图 3.22　旋涡脱落频率比较

图 3.23 显示了装有波浪分离盘的圆柱体流向速度均方根 u^*_{rms} $(=u_{\mathrm{rms}}/u_{\mathrm{in}})$ 云图与回流区分布。尾流中心线附近有两个对称分布的 u^*_{rms} 峰，表明了两侧剪切层的卷曲位置。圆柱中

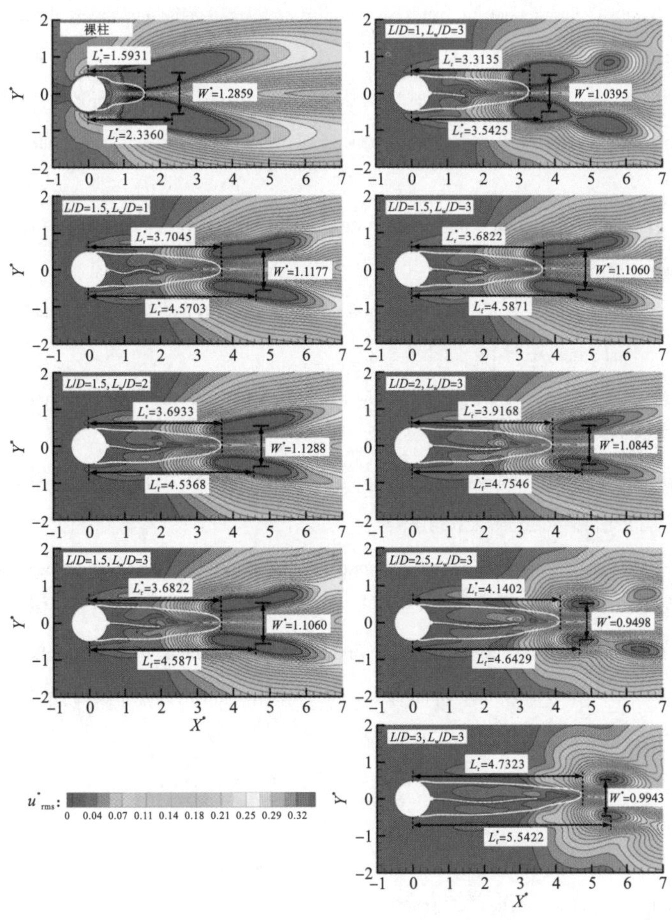

图 3.23　流向速度均方根与回流区分布

注：图中白色曲线表示 u=0，L_f^* 是旋涡形成长度，L_r^* 是回流区长度，W^* 是尾流宽度。

心与剪切层卷曲位置之间的流向距离定义为旋涡形成长度 L_f^*，而 u_{rms}^* 两个峰值之间的横向距离定义为尾迹宽度 W^* [36, 37]。此外，图中的白色曲线表示 $\bar{u}$ =0 的等值线，用于说明回流区长度（L_r^*）和边界层的分离点[38]。与裸柱相比，安装波浪盘后，边界层分离点没有明显的移动，旋涡形成长度和回流区长度均变长，尾迹宽度变窄，表明波浪盘有效地抑制了圆柱的旋涡脱落。随着波长的变化，L_f^*、L_r^* 和 W^* 略有变化。相比之下，L_f^* 和 L_r^* 对盘长较敏感，随着盘长的增加而增加，解释了涡脱频率的减小(图 3.22)。在 L_w/D=3 时，尾流宽度随盘长的增加而波动，但幅度小于 0.16D，这主要是盘尾与流向夹角的变化所致。在综合考虑减阻减升和抑制旋涡的基础上，推荐 L_w/D=3 的 1.5D 长波浪盘作为圆柱绕流的流动控制装置。

参 考 文 献

[1] Shukla S, Govardhan R N, Arakeri J H. Flow over a cylinder with a hinged-splitter plate. Journal of Fluids and Structures, 2009, 25(4): 713-720.

[2] Akilli H, Sahin B, Tumen F. Suppression of vortex shedding of circular cylinder in shallow water by a splitter plate. Flow Measurement and Instrumentation, 2005, 16: 211-219.

[3] 王海青，郭海燕，刘晓春，等. 海洋立管涡激振动抑振方法试验研究. 中国海洋大学学报(自然科学版)，2009, 39: 479-482.

[4] Assi G R S. Low drag solutions for suppressing vortex-induced vibration of circular cylinders. Journal of Fluids and Structures. 2009, 25: 666-675.

[5] Assi G R S, Bearman P W. Suppression of wake-induced vibration of tandem cylinders with free-to-rotate control plates. Journal of Fluids and Structures, 2010, 26: 1045-1057.

[6] Gu F, Wang J S. Pressure distribution, fluctuating forces and vortex shedding behavior of circular cylinder with rotatable splitter plates. Journal of Fluids and Structures, 2012, 28: 263-278.

[7] Huera-Huarte F J. On splitter plate coverage for suppression of vortex-induced vibrations of flexible cylinders. Applied Ocean Research, 2014, 48: 244-249.

[8] Stappenbelt. Splitter-plate wake stabilization and low aspect ratio cylinder flow-induced vibration mitigation. International Journal of Offshore and Polar Engineering, 2010: 1053-5381.

[9] Liang S P, Wang J S. VIV and galloping response of a circular cylinder with rigid detached splitter plates. Ocean Engineering, 2018, 162: 176-186.

[10] Blevins R D. Flow-Induced Vibration. 2nd edition. New York: Van Nostrand Reinhold Co. Inc. , 1990.

[11] Griffin O M. Flow near self-exited and forced vibrating circular cylinders. ASME Journal of Engineering for Industry, 1972, 94: 539-547.

[12] Khalak A, Williamson C H K. Motions, forces and mode transitions in vortex-induced vibrations at low mass-damping. Journal of Fluids and Structures, 1999, 13: 813-851.

[13] Apelt C J, West G S, Szewczyk A A. The effects of wake splitter plates on the flow past a circular cylinder in the range 10^4<R<5×10^4. Journal of Fluid Mechanics, 1973, 61: 187-198.

[14] Apelt C J, West G S. The effects of wake splitter plates on bluff-body flow in the range 10^4<R<5×10^4. Journal of Fluid Mechanics, 1975, 71: 145-160.

[15] Hwang J Y, Yang K S, Sun S H. Reduction of flow-induced forces on a circular cylinder using a detached splitter plate. Physics of Fluids, 2003, 15: 2433.

[16] Kwon K, Choi H. Control of laminar vortex shedding behind a circular cylinder using splitter plates. Physics of Fluids, 1996, 8: 479.

[17] Liu K, Deng J Q, Mei M. Experimental study on the confined flow over a circular cylinder with a splitter plate. Flow Measurement and Instrumentation, 2016, 51: 95-104.

[18] Roshko A. On the wake and drag of bluff bodies. International Journal of Aeronautical Sciences, 1955, 22: 124-132.

[19] Serson D, Meneghini J R, Carmo B S, et al. Wake transition in the flow around a circular cylinder with a splitter plate. Journal of Fluid Mechanics, 2014, 755: 582-602.

[20] Abdi R, Rezazadeh N, Abdi M. Investigation of passive oscillations of flexible splitter plates attached to a circular cylinder. Journal of Fluids and Structures, 2019, 84: 302-317.

[21] Balint T S, Lucey A D. Instability of a cantilevered flexible plate in viscous channel flow. Journal of Fluids and Structures, 2005, 20: 893-912.

[22] Cimbala J M, Chen K T. Supercritical Reynolds number experiments on a freely rotatable cylinder/splitter plate body. Physics of Fluids, 1994, 6: 2440.

[23] Hua R N, Zhu L D, Lu X Y. Locomotion of a flapping flexible plate. Physics of Fluids, 2013, 25: 121901.

[24] Law Y Z, Jaiman R K. Wake stabilization mechanism of low-drag suppression devices for vortex-induced vibration. Journal of Fluid Structure, 2017, 70: 428-449.

[25] Lee J, You D. Study of vortex-shedding-induced vibration of a flexible splitter plate behind a cylinder. Physics of Fluids, 2013, 25: 110811.

[26] Liang S, Wang J, Xu B, et al. Vortex-induced vibration and structure instability for a circular cylinder with flexible splitter plates. Journal of Wind Engineering and Industrial Aerodynamics, 2018, 174: 200-209.

[27] Lu L, Guo X, Tang G, et al. Numerical investigation of flow-induced rotary oscillation of circular cylinder with rigid splitter plate. Physics of Fluids, 2016, 28: 093604.

[28] Sahu T R, Furquan M, Jaiswal Y, et al. Flow-induced vibration of a circular cylinder with rigid splitter plate. Journal of Fluids and Structures, 2019, 89: 244-256.

[29] Shukla S, Govardhan R N, Arakeri J H. Dynamics of a flexible splitter plate in the wake of a circular cylinder. Journal of Fluids and Structures, 2013, 41: 127-134.

[30] Sudhakar Y, Vengadesan S. Vortex shedding characteristics of a circular cylinder with an oscillating wake splitter plate. Computer and Fluids, 2012, 53: 40-52.

[31] Wang H, Zhai Q, Zhang J. Numerical study of flow-induced vibration of a flexible plate behind a circular cylinder. Ocean Engineering, 2018, 163: 419-430.

[32] Wu J, Shu C, Zhao N. Numerical investigation of vortex-induced vibration of a circular cylinder with a hinged flat plate. Physics of Fluids, 2014, 26: 063601.

[33] Yayla S, Teksin S. Flow measurement around a cylindrical body by attaching flexible plate: A PIV approach. Flow Measurement and Instrumentation, 2018, 62: 56-65.

[34] Díaz-Ojeda H R, González L M, Huera-Huarte F J. On the influence of the free surface on a stationary circular cylinder with a flexible splitter plate in laminar regime. Journal of Fluids and Structures, 2019, 87: 102-123.

[35] Abdi R, Rezazadeh N, Abdi M. Reduction of fluid forces and vortex shedding frequency of a circular cylinder using rigid splitter plates. Journal of Computer Mechanics, 2017, 26: 225-244.

[36] Bai H, Alam M M. Dependence of square cylinder wake on Reynolds number. Physics of Fluids, 2018, 30: 015102.

[37] Zhu H J, Liu W L, Zhou T M. Direct numerical simulation of the wake adjustment and hydrodynamic characteristics of a circular cylinder symmetrically attached with fin-shaped strips. Ocean Engineering, 2019: 106756.

[38] Zhu H J, Zhao H L, Zhou T M. Direct numerical simulation of flow over a slotted cylinder at low Reynolds number. Applied Ocean Research, 2019, 87: 9-25.

第4章 涡激振动控制

钝体尾部周期性脱落的旋涡产生了周期性变化的流体作用力作用于结构表面，激发结构的振动，易引起疲劳损伤。因此，人们提出了一系列的涡激振动控制方式，包括主动控制和被动控制两大类，其中，主动控制需要消耗额外的能量来达到动态调整的目的，而被动控制则主要通过改变结构表面形状和附加装置来调整边界层分离点或尾涡结构。本章主要介绍几种常见的涡激振动控制装置及其控制效果。

4.1 喷气射流主动控制涡激振动

尽管被动控制的成本和设备安装难度都较主动控制低，已得到了广泛的研究与应用[1-5]，但被动控制通常有一定的工作局限，缺乏主动适应的能力。相比之下，主动控制可以自适应调整以达到更好的控制效果。

喷射作为一种典型的主动控制方法，在涡流控制和减阻方面有较好的优越性。然而，过去的研究[6-10]大多集中于同相流体，如对浸没于水中的结构则采用水流喷射。对于低雷诺数条件下，气体喷射对浸没于水中的柱体控制效果有待明确，尤其是喷射引起的气液两相流更复杂，与振动柱体的耦合作用亟待明晰。基于此，本节数值评价了低雷诺数条件下，喷气射流对于圆柱振动的控制效果。

4.1.1 喷气射流主动控制的数值模型

本节采用二维数值模拟研究了 Re=100 时($Re=\rho uD/\eta$，ρ 为流体密度，u 为自由来流速度，D 为特征尺寸，η 为动力黏度)喷气射流对圆柱振动及流场的影响。

如图 4.1 所示，采用的矩形计算域流向长度为 35D(D 为圆柱直径)，横向长度为 20D，圆柱中心距上游速度入口边界 10D，距两侧对称边界各 10D，距下游自由出流边界 25D，阻塞率为 5%。上游速度入口定义为流向速度分量 $u=u_{in}$，横向速度分量 $v=0$；自由出流边界定义为$\partial u/\partial x=0$、$\partial v/\partial x=0$；对称边界定义为$\partial u/\partial y=0$、$v=0$；圆柱表面无滑移条件定义为 $u=0$、$v=0$；喷气孔采用速度入口条件，速度方向垂直于喷气孔向外，大小为 u_{jet}。

如图 4.1 所示，两个喷气孔对称分布在圆柱上下两侧，喷孔中心距离后驻点的圆心角为 90°，喷孔对应的圆心角为 5°。喷气速度 u_{jet} 与来流速度 u_{in} 比设定为 u_{jet}/u_{in}=0.5、1、2。圆柱质量比 m^*=1.3，阻尼比 ζ=0.001，圆柱在流向和横向均可自由振动。约化速度 $U_r=u_{in}/f_nD$(f_n 为结构固有频率)变化范围为 2～13。

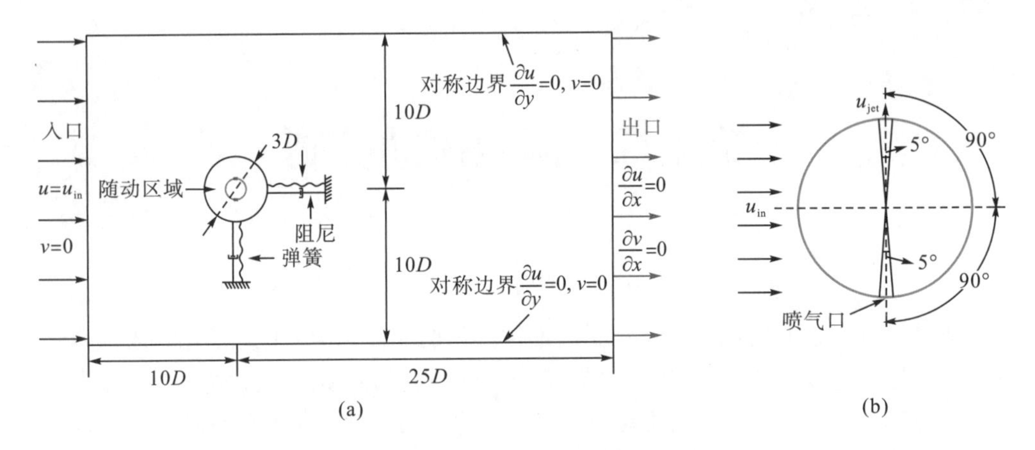

图 4.1 计算域、边界条件及计算模型示意图

如图 4.2 所示，在圆柱外侧设置一直径为 3D 的同心圆作为包裹区随圆柱一同运动，称为随动区域。包裹区内部采用四边形网格，在迭代更新过程中不发生拉扯变形。圆柱体表面采用等距节点离散，紧挨圆柱表面的第一层网格满足 $y^+<0.8$，径向网格增长率小于 1.02。包裹区外侧采用三角形网格，在计算过程中通过动网格变形和局部重构以适应每一迭代步的数值需求。包裹区与变形区通过两者的交界面进行数据传递。

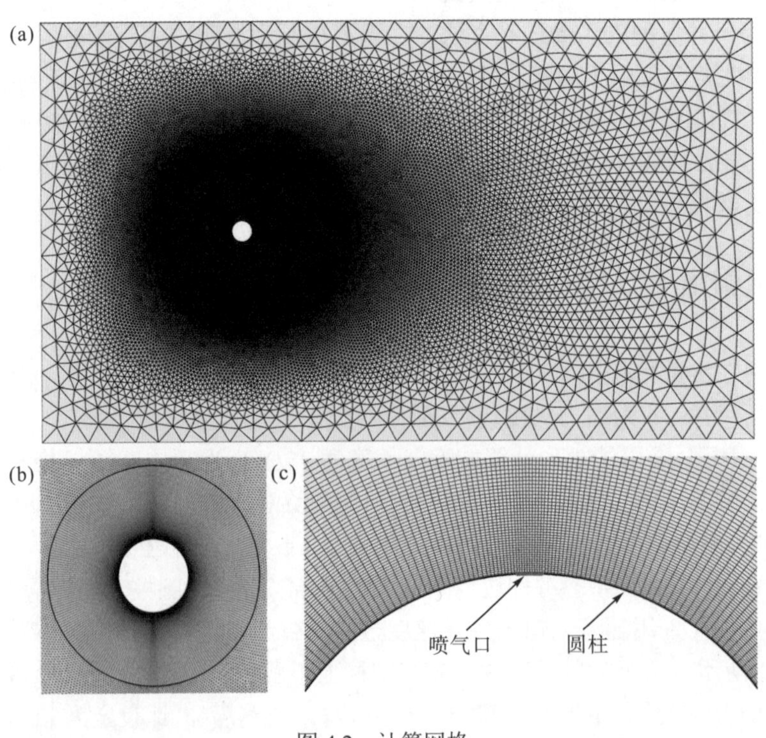

图 4.2 计算网格

4.1.2 喷气射流对结构振动的影响

图 4.3、图 4.4 对比了裸柱及带喷气射流圆柱(u_{jet}/u_{in}=1)的升阻力系数时程曲线及频率分布，其中 $t^*=tu_{in}/D$ 表示无量纲时间。如图 4.3 所示，裸柱阻力系数时程曲线除位于初始分支起点的约化速度 U_r=3 外，其他约化速度下均呈现规则的正弦变化特征。加装喷气射流后，圆柱的阻力系数时程曲线不再稳定，由于喷气射流的冲击作用，阻力系数频谱中出现了较多的低频成分，表明喷气射流对边界层及旋涡的形成具有明显影响。

如图 4.4 所示，升力系数时程曲线与阻力系数时程曲线变化相似。裸柱的升力系数时程曲线除位于振动模式发生转变的约化速度 U_r=5 和 U_r=7 外，其他约化速度下均呈规则的正弦变化特征，U_r=5 对应着振动响应从初始分支过渡到下分支，U_r=7 对应着振动从下分支进入了去同步化区。加装喷气射流后，圆柱升力系数曲线出现不规则波动，有明显的高频成分加入，这在低约化速度范围内尤其明显。这些现象表明喷气射流影响了圆柱周围的流场和旋涡的脱落，从而影响了水动力系数。

综合图 4.3、图 4.4，与裸柱相比，加装喷气射流后，在 $U_r \leqslant 5$ 时圆柱升阻力系数都有明显减小，但 $U_r \geqslant 7$ 后明显增大，这与圆柱周围的压力分布密切相关。如图 4.5 所示，当 U_r=2 和 5 时，带喷气射流圆柱后方的低压区更短更窄，相反，当 U_r=12 时低压区加长，表明在高约化速度下，喷气射流对于降低圆柱水动力系数存在负面作用。

图 4.6 对比了裸柱及带喷气射流圆柱(u_{jet}/u_{in}=1)的位移时程曲线及频率分布。在涡激振动初始分支和下分支，带喷气射流圆柱振幅相较于裸柱更小，在裸柱的振幅峰值点 U_r=5 时，降幅超过 40%。在初始分支，由于喷气射流产生的扰动作用，相较于裸柱，带喷气射流圆柱振动存在两个频率，但其振动主频依旧小于裸柱频率，表明喷气射流给边界层和剪切层注入动量后，旋涡形成长度加长。在下分支，振动频率再次恢复到单一频率，但依旧小于裸柱频率。在 $U_r \geqslant 7$ 时，带喷气射流圆柱振幅大于裸柱振幅，频率分布表现出单频特征，能量集中在一个峰值频率，这与图 4.4 的升力系数相对应，但该频率依旧小于裸柱频率，说明喷气射流延长了旋涡脱落周期，从而使旋涡脱落频率得以减小。

总体来说，加装喷气射流后，在涡激振动初始分支和下分支，圆柱振动均得到抑制。虽然在裸柱的去同步化区振幅有所增大，但与裸柱峰值振幅相比仍然是减小的。

4.1.3 喷气射流对流动结构的影响

图 4.7 对比了裸柱与带喷气射流圆柱(u_{jet}/u_{in}=1)的旋涡脱落情况，选取的瞬时时刻为流动达到相对稳定后，圆柱分别从波峰、波谷回到平衡位置的时刻。可以看到，喷气射流破坏了内侧边界层发展从而使剪切层变得不平滑，呈锯齿状。与喷水射流不同，喷气射流的空气很快被剪切层包裹而形成气团，并被旋涡裹挟至下游。在 $U_r \leqslant 7$ 时，虽然气体使旋涡形成长度减小，但脱落旋涡的尺寸减小是引起振动减弱的主要原因。而 $U_r > 7$ 时，旋涡形成长度增大导致旋涡脱落频率降低，且与裸柱相比，喷气圆柱的尾涡变宽，反而增大了振动响应。

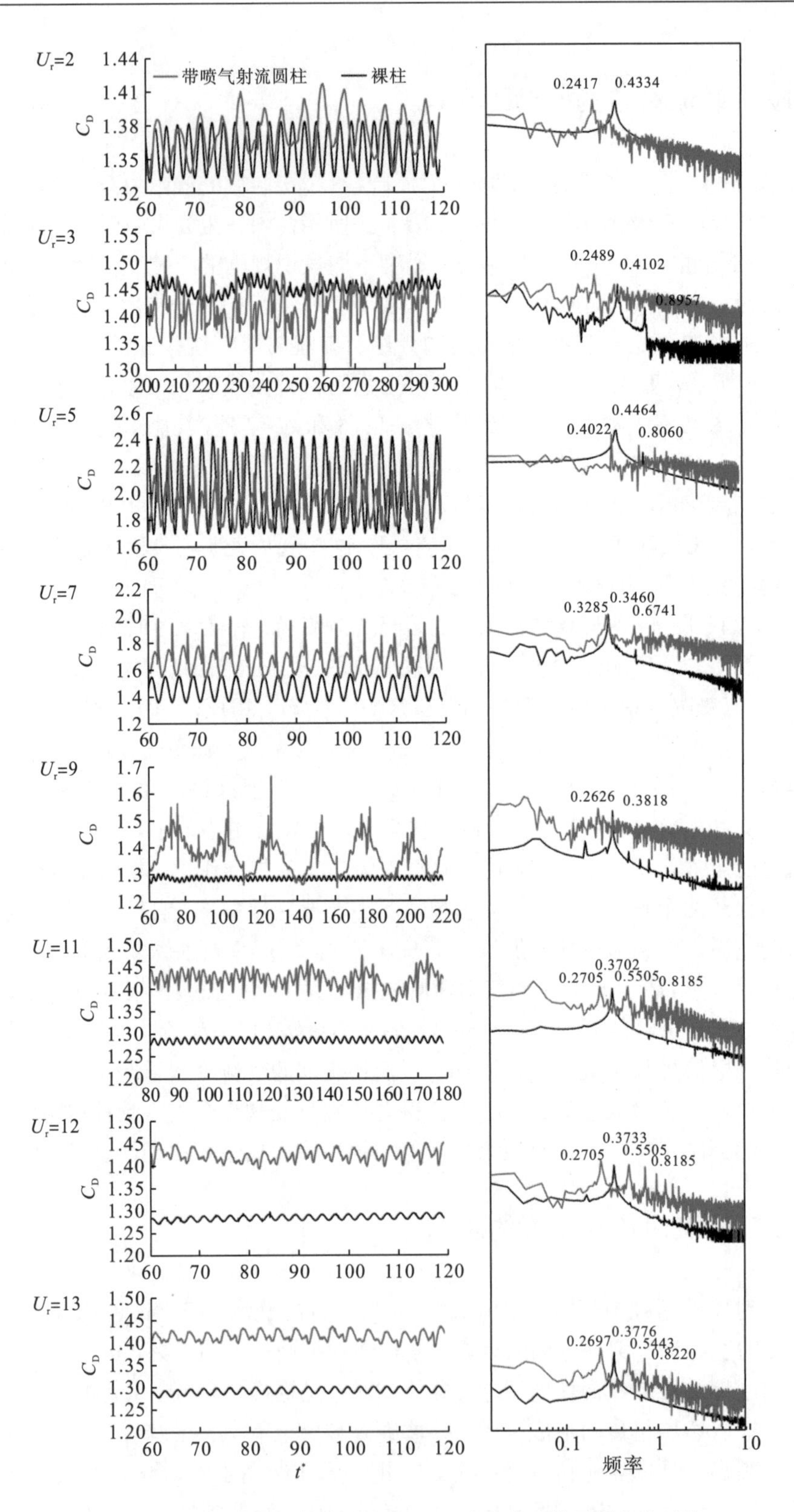

图 4.3 裸柱与带喷气射流圆柱(u_{jet}/u_{in}=1)阻力系数及频率的对比

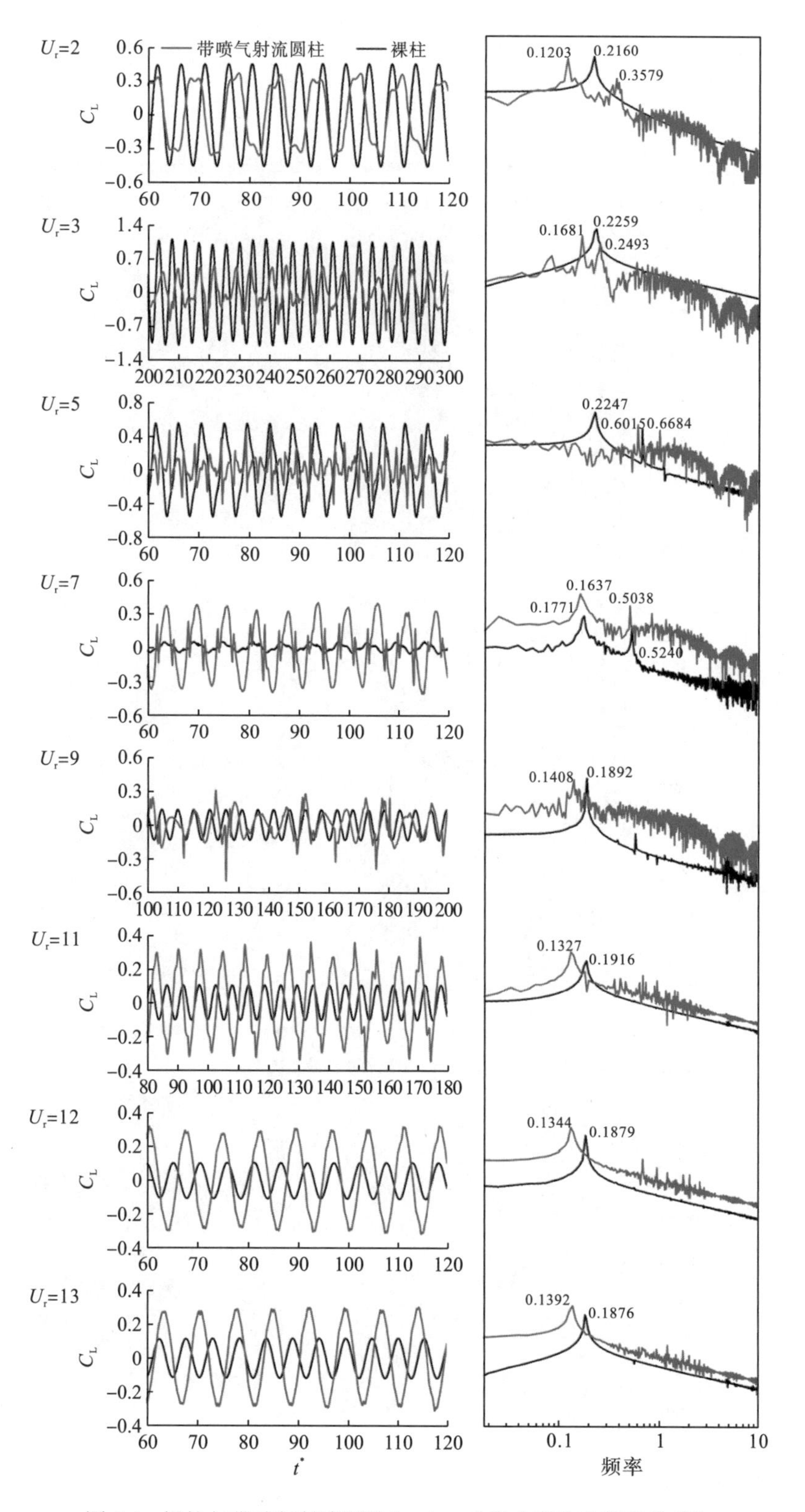

图 4.4　裸柱与带喷气射流圆柱(u_{jet}/u_{in}=1)升力系数及频率的对比

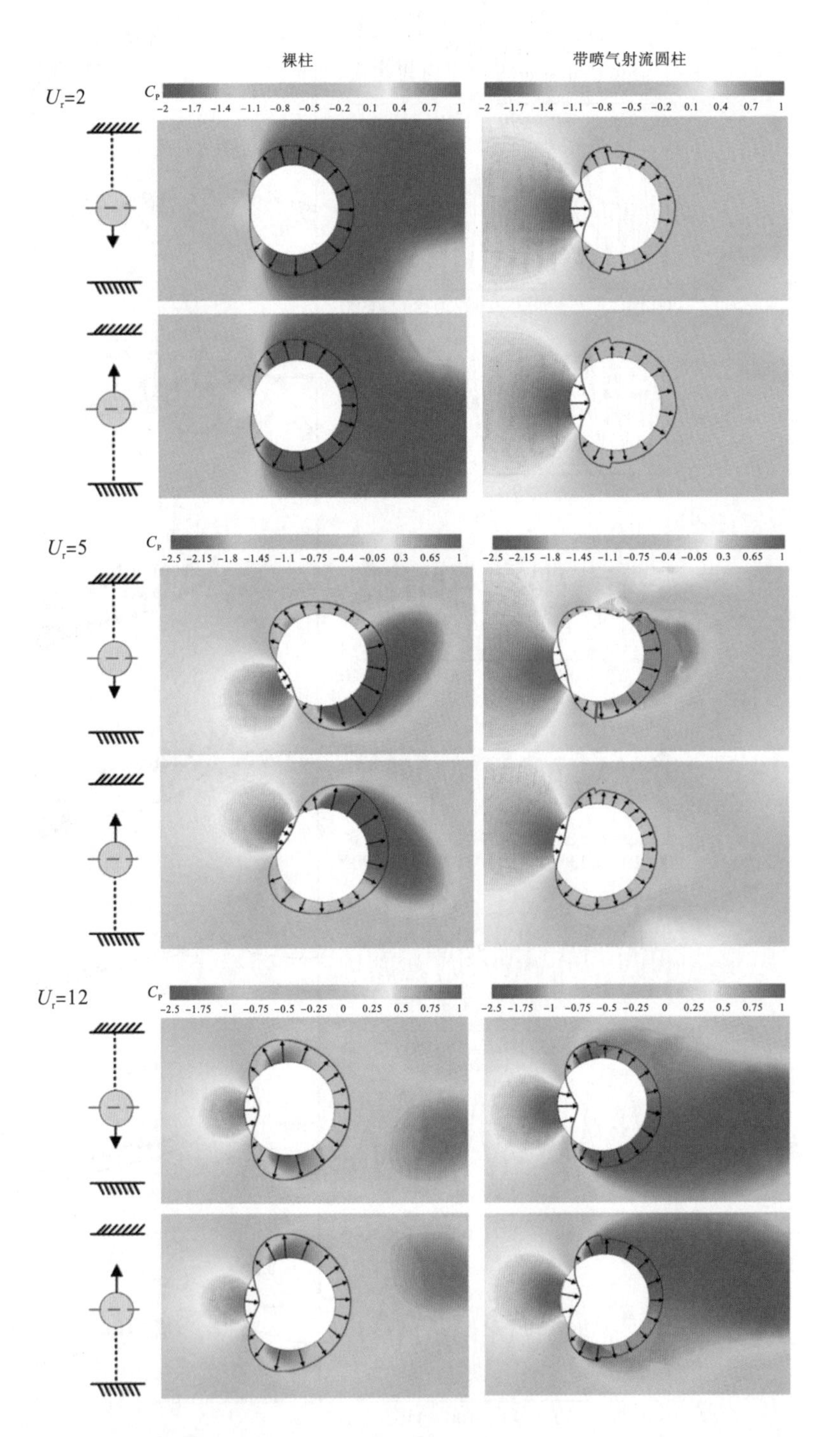

图 4.5 3 个典型约化速度下裸柱与带喷气射流圆柱(u_{jet}/u_{in}=1)压力分布的对比

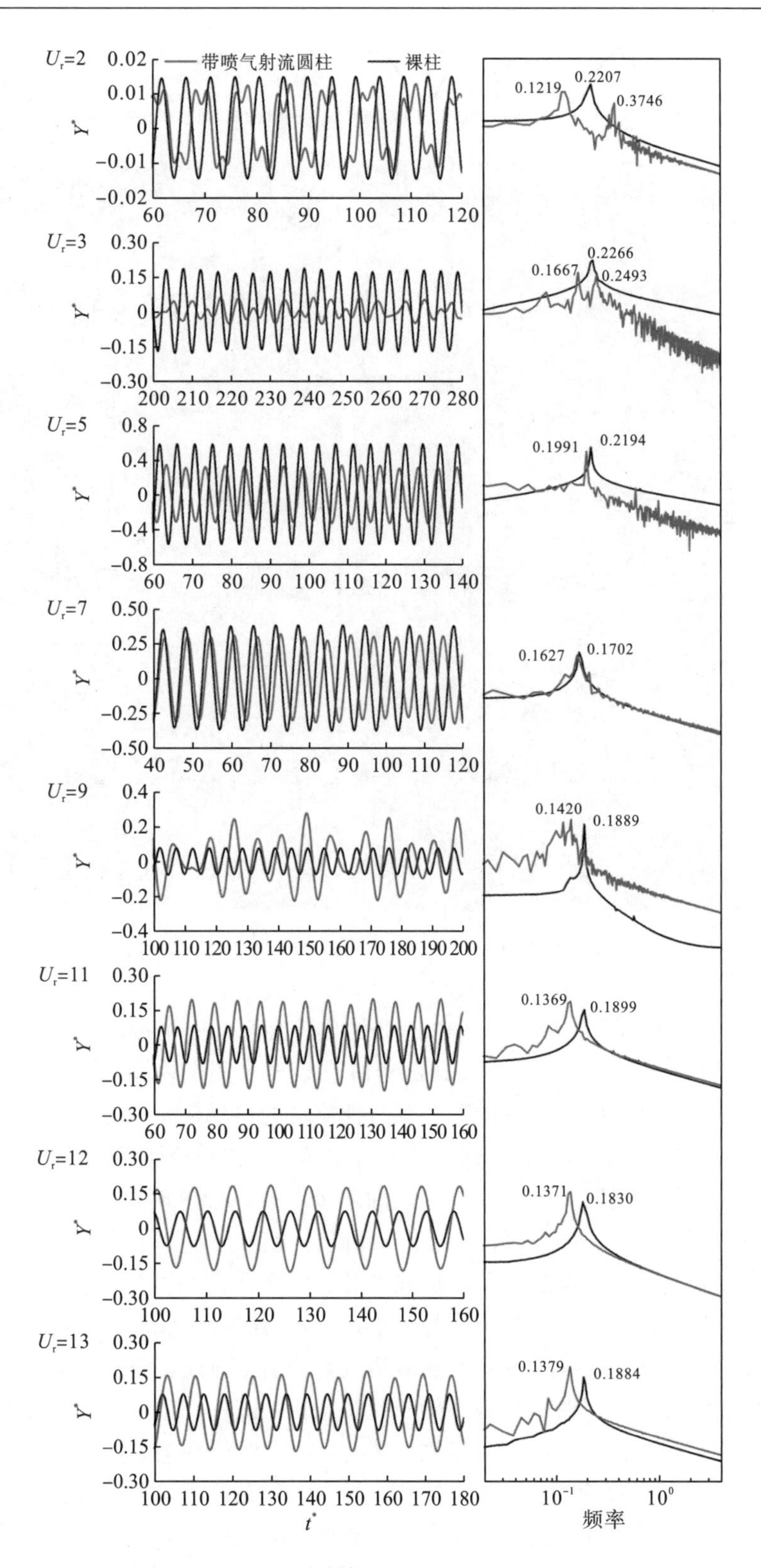

图 4.6　裸柱与带喷气射流圆柱（u_{jet}/u_{in}=1）位移曲线及频率的对比

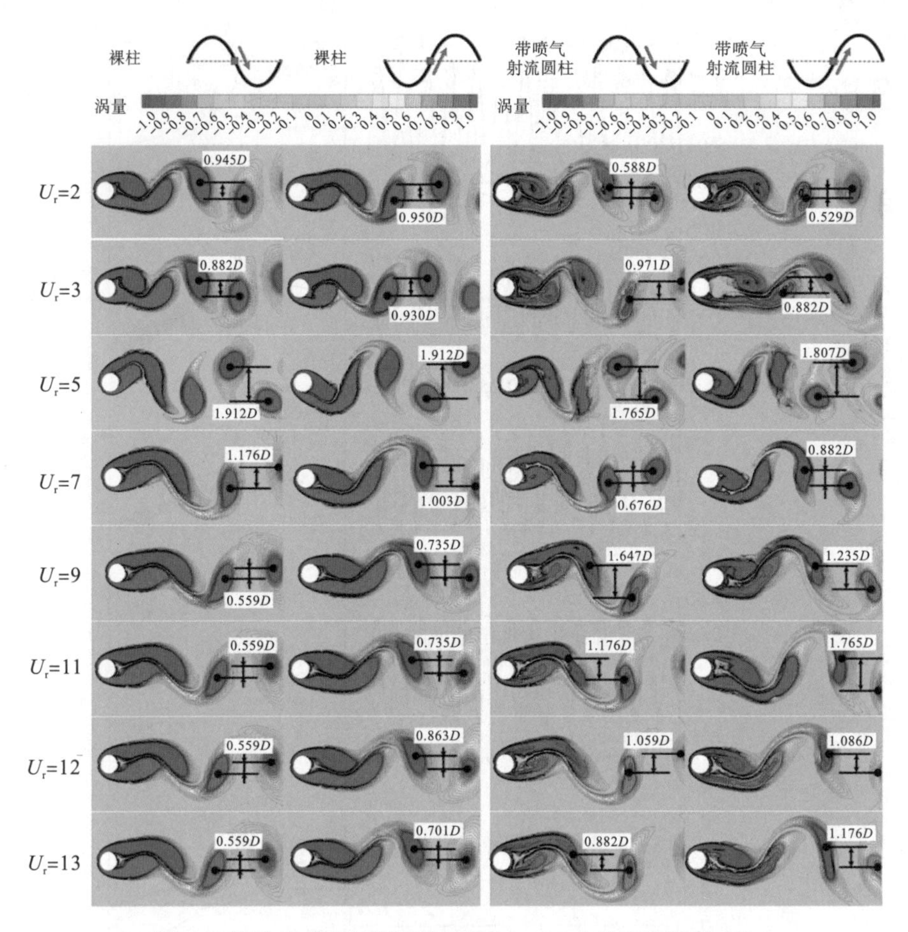

图 4.7 裸柱与带喷气射流的圆柱(u_{jet}/u_{in}=1)的旋涡脱落对比

图 4.8～图 4.10 展示了 U_r=2、5、12 三个约化速度下，一个振动周期内流线和气相体积分数的变化，其中数字标识 1～14 和#1～#14 代表一个周期内圆柱的不同位置时刻。如图 4.8 所示，在#1 时刻裸柱上侧形成一个顺时针旋转的旋涡，圆柱表面形成逆时针环向速度，此时圆柱在波峰位置。从#1 时刻到#7 时刻，圆柱上侧的顺时针旋涡发展成熟并脱落至下游，而圆柱下侧的逆时针旋涡在圆柱表面逐步发展；从#8 时刻到#14 时刻，圆柱下侧的逆时针旋涡逐渐发展成熟并脱落至下游，而圆柱上侧的顺时针旋涡在圆柱表面逐步发展。这种圆柱表面旋涡交替形成脱落的模式与升力的变化密不可分，圆柱下侧旋涡逐渐发展脱落，引起升力正向变化进而导致圆柱向上运动，而圆柱上侧旋涡逐渐发展脱落，引起升力负向变化进而导致圆柱向下运动。加装喷气射流后，圆柱表面旋涡交替脱落的模式依旧存在，圆柱上侧旋涡发展脱落导致下侧出现负压区，圆柱向下运动；圆柱下侧旋涡发展脱落导致上侧出现负压区，圆柱向上运动。然而，由于气团和剪切层的相互作用，在圆柱上下两侧始终存在小尺寸旋涡，这些小尺寸旋涡一方面影响了圆柱表面的速度分布，造成圆柱上下两侧的压力差减小，使得作用在圆柱表面的升力减小，从而减小圆柱振幅；另一方面说明小尺寸旋涡只在剪切层内部形成，并不具备足够的能量突破剪切层。因此，喷气射流的空气集中在旋涡内部并随旋涡迁移至下游。

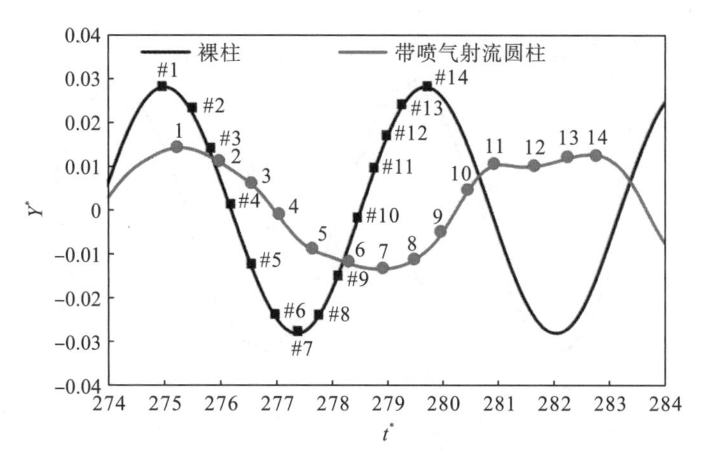

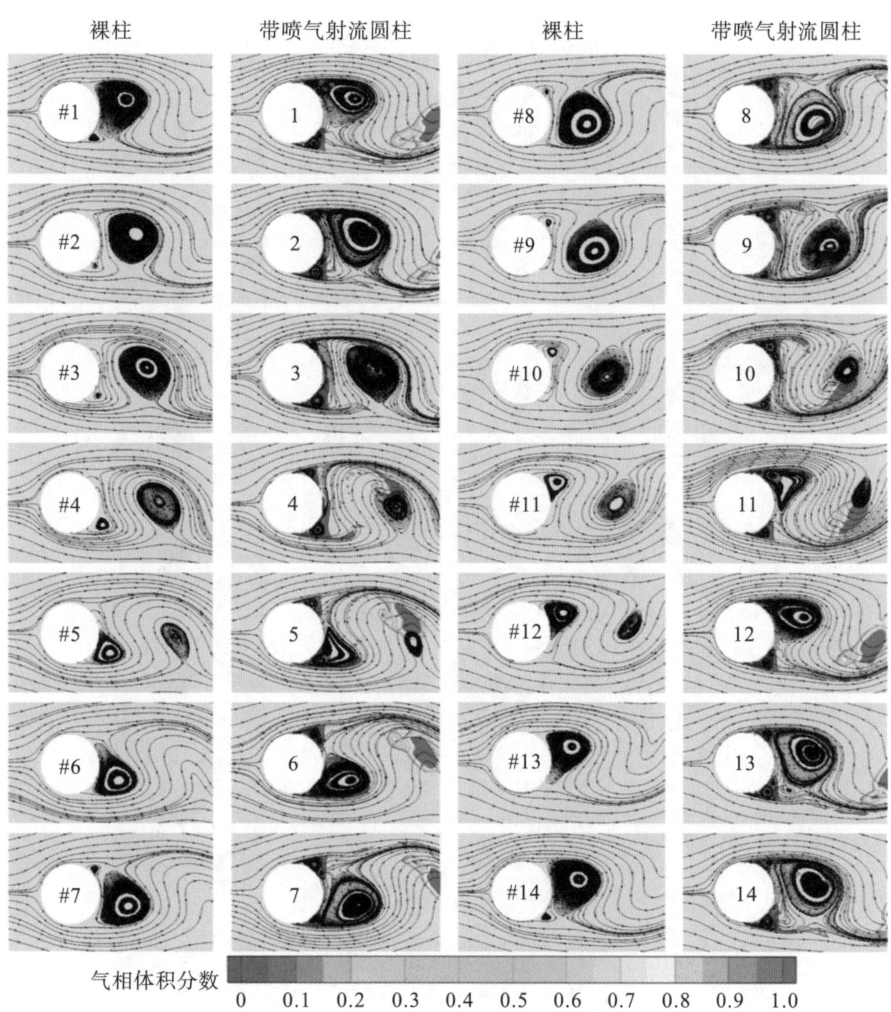

图 4.8　流线与气相体积分数演变图(u_{jet}/u_{in}=1，U_r=2)

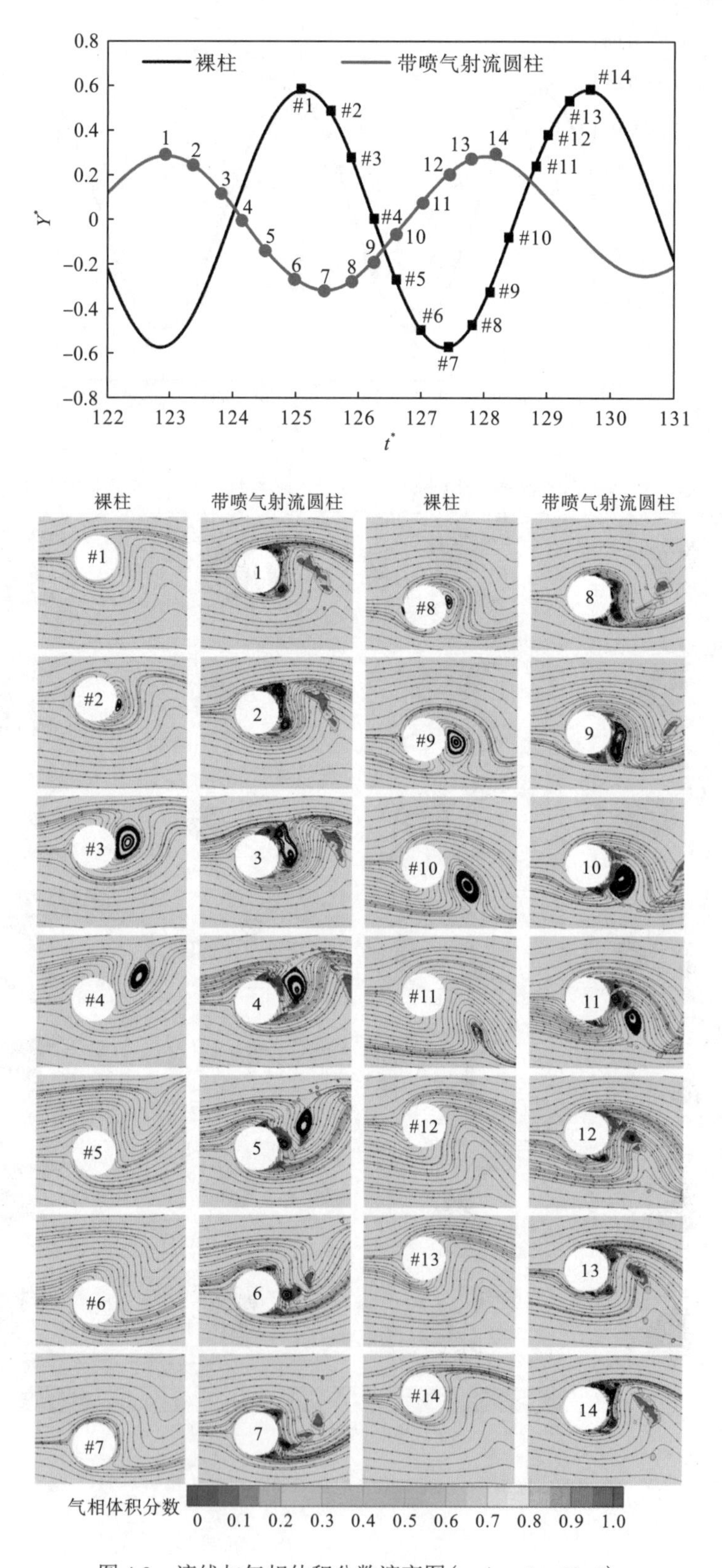

图 4.9 流线与气相体积分数演变图(u_{jet}/u_{in}=1，U_r=5)

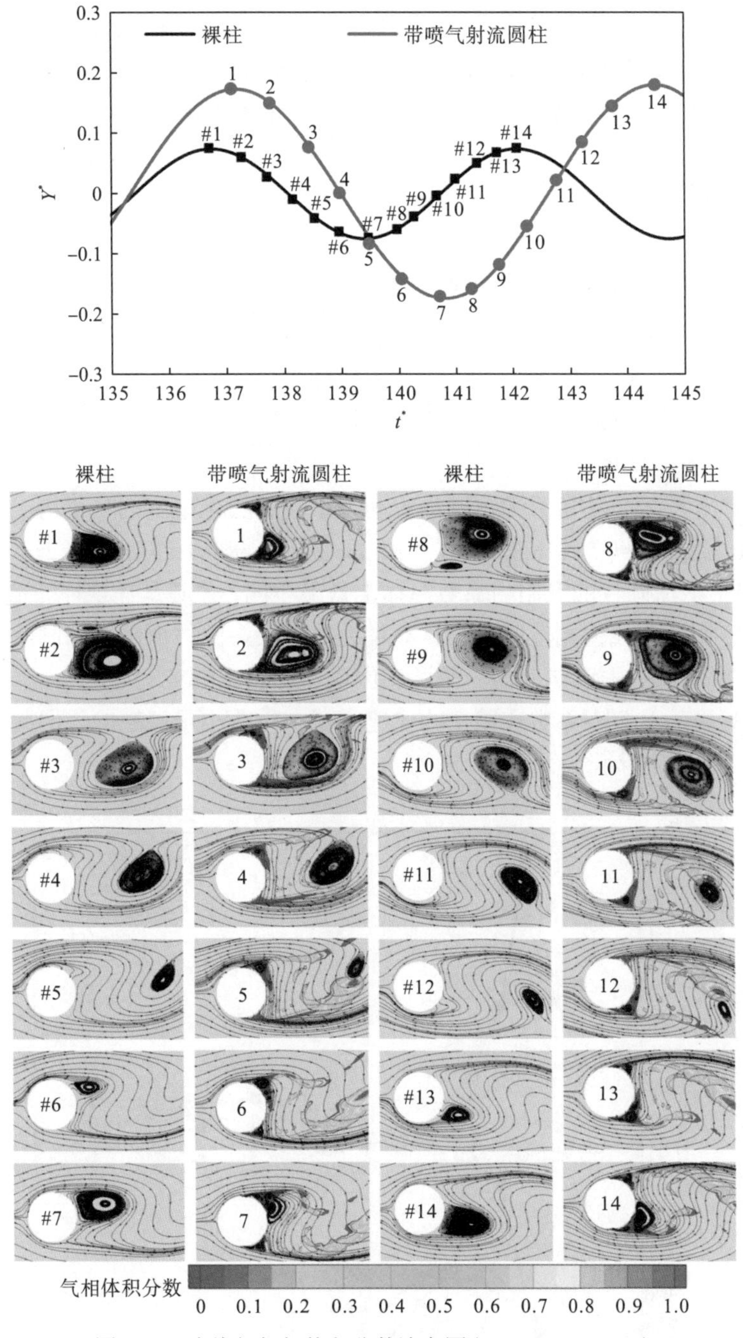

图 4.10　流线与气相体积分数演变图(u_{jet}/u_{in}=1，U_r=12)

如图 4.9 所示，当 U_r=5 时，由于圆柱振动剧烈，在旋涡发展过程中，圆柱与旋涡间的横向距离动态变化。与 U_r=2 相比，剧烈振动的圆柱形成的尾迹更宽，气体在流场中更加分散。如 3 时刻和 9 时刻所示，圆柱两侧表面的小尺寸旋涡相互连接在一起，而后在 4 时刻和 10 时刻，小尺寸旋涡合并形成大尺寸旋涡从圆柱表面脱落并迁移至下游。这种连接与合并现象正是引起升力系数减小并呈现多频分布的主要原因。

如图 4.10 所示，U_r=12 与 U_r=2 的演变过程类似，但由于结构固有频率更小，而且气体喷射为剪切层注入了动量，最终使得旋涡脱落位置后移，减小了旋涡脱落频率。另外，剪切层被推向外侧，尾迹加宽，从而增大了结构振动响应。

4.1.4 喷射速度的影响

这里采用动量系数评估喷射速度对圆柱振动的影响，其表达式为

$$C_{\mu}=\frac{2\rho_{g}u_{jet}^{2}d}{\rho_{w}u_{in}^{2}D} \tag{4.1}$$

式中，ρ_g 为气体密度；u_{jet} 为气体喷射速度；d 为喷射口直径；ρ_w 为液体密度；u_{in} 为液体来流速度；D 为圆柱直径。

图 4.11 对比了 3 个动量系数下圆柱水动力系数随约化速度的变化情况，动量系数分别为 2.181×10^{-5} (u_{jet}/u_{in}=0.5)、8.722×10^{-5} (u_{jet}/u_{in}=1)、3.488×10^{-4} (u_{jet}/u_{in}=2)。在 $U_r\leqslant7$ 时，与裸柱相比喷气射流圆柱的升阻力系数总体上是减小的，尤其是在裸柱峰值点处，与之对应的图 4.12 中振幅曲线也相应减小，且动量系数越大，圆柱振动的抑制效果越明显，表明动量系数是影响圆柱振动响应的一个敏感因素。在 $C_\mu=3.488\times10^{-4}$ (u_{jet}/u_{in}=2) 工况下，可以看到图 4.11 中的升阻力系数在整个约化速度范围内是小于裸柱的，因此极大地抑制了结构振动，如图 4.12 所示。

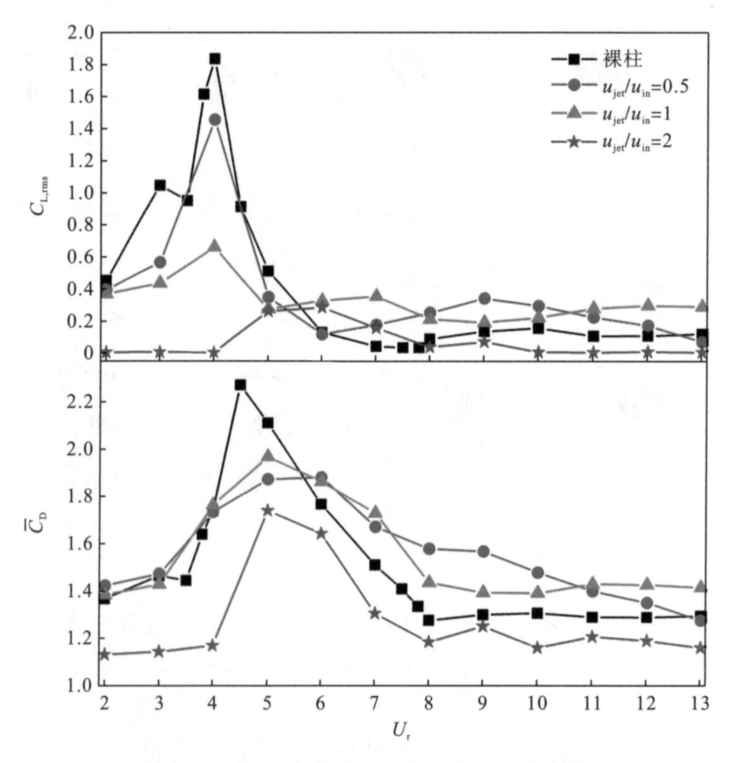

图 4.11 水动力系数随约化速度变化曲线图

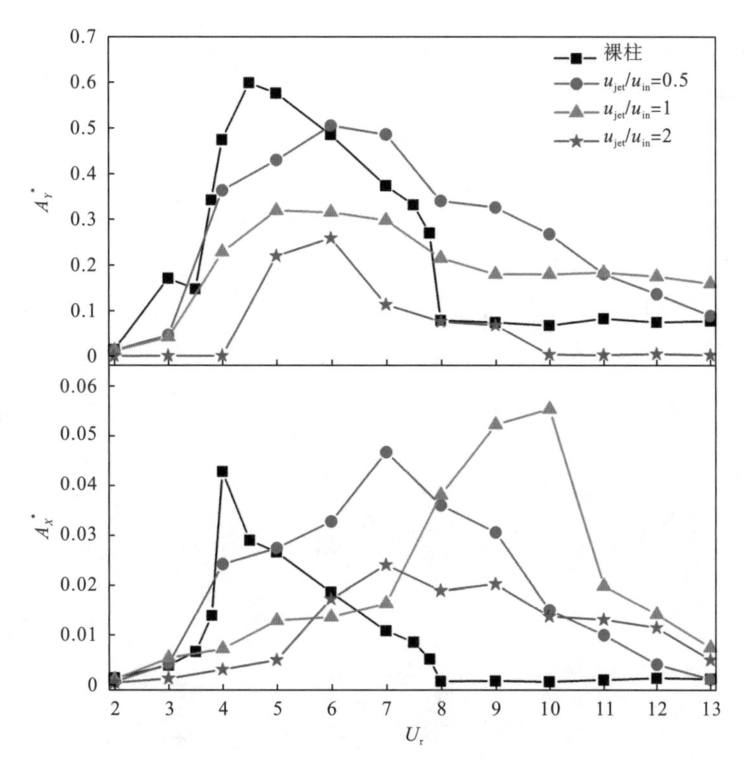

图 4.12　振幅随约化速度变化曲线图

如图 4.13 所示，f_Y^* 为无量纲的横向振动频率，在 $2<U_r<5$ 内，振动频率沿 Sr_0=0.165 曲线变化，该频率为 Re=100 静止圆柱的旋涡脱落频率。对于裸柱，在 $5\leqslant U_r<8$ 内，圆柱振动频率锁定在结构固有频率附近，对应着涡激振动的下分支。加装喷气射流后，该锁定区范围变窄，且动量系数越大锁定区越窄。当 $U_r\geqslant 8$ 时，裸柱的频率响应脱离固有频率，继续沿 Sr_0=0.165 变化，对于喷气射流圆柱，由于喷气射流的影响，其频率响应曲线位于 Sr_0=0.165 曲线下方。

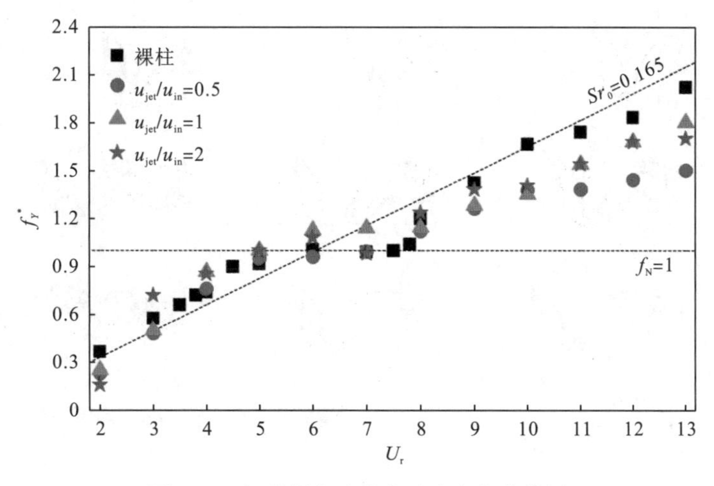

图 4.13　振动频率随约化速度变化曲线图

图 4.14 展示了圆柱周围流场的无量纲速度矢量u^*分布及边界层发展情况。图中所示均选自圆柱从位移波峰位置回到初始平衡位置时刻，黑色线条代表与来流速度相等的速度等值线。随注入动量的增加，喷气射流对边界层的影响愈加显著，即更多动量注入边界层中，导致边界层厚度减小。u_{jet}/u_{in}=2 和 u_{jet}/u_{in}=0.5 条件下，在 U_r=6 时，喷气孔到边界层最外侧的横向距离减小了约 27.55%，在 U_r=9 和 U_r=12 时分别减小了 26.52%和 6.01%，表明在去同步化区喷气射流的影响不如共振区的影响明显。在去同步化区，喷射气体的形状不仅在更远的距离上没有发生太大改变，而且旋涡形成长度加长，尾迹宽度变窄(图 4.15)。值得注意的是，喷射气体在喷口后方一定距离发生了卷曲，表明气体能量完全被边界层所吸收。

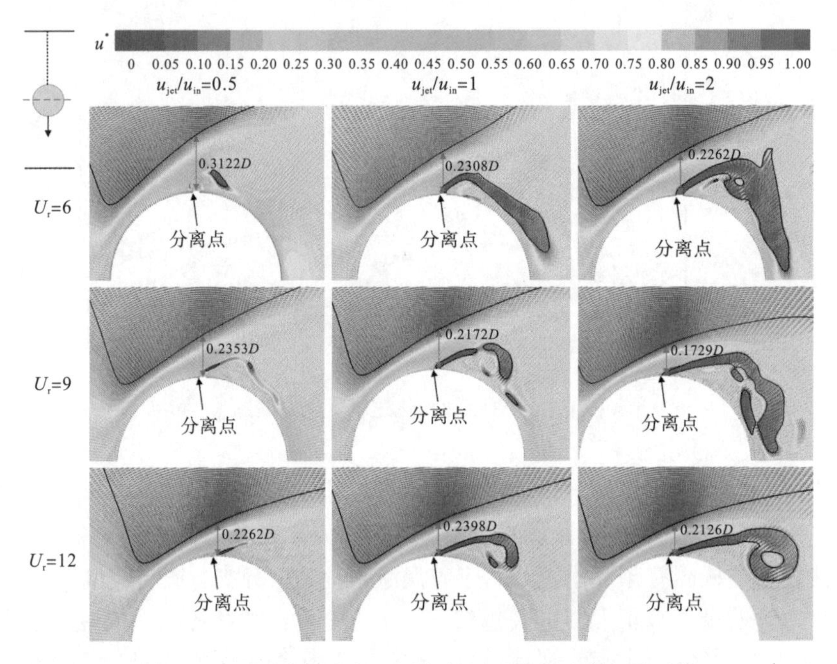

图 4.14 不同喷射速度下圆柱表面无量纲速度矢量对比

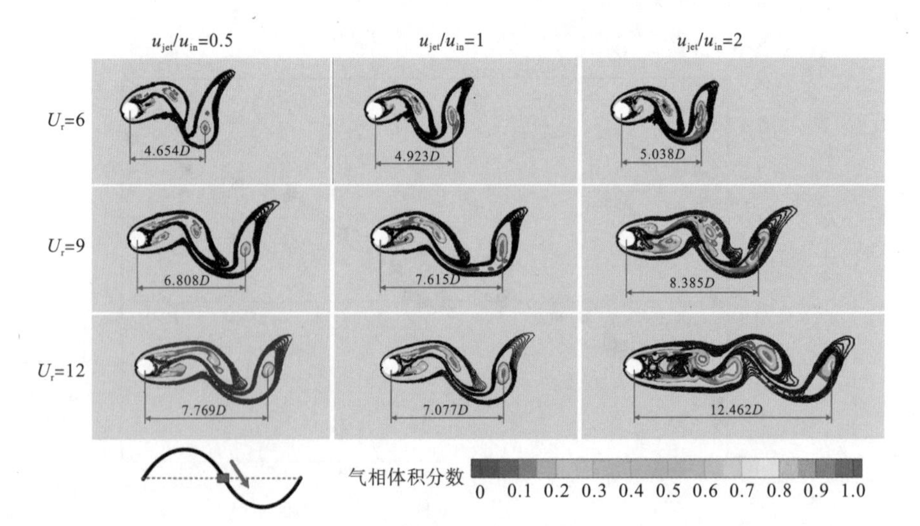

图 4.15 不同喷射速度下旋涡形成长度对比

图 4.16 描绘了气相体积分数的分布状况，图中所示均选自圆柱从位移波峰位置回到初始平衡位置时刻。可以看到，随注入动量的增加，旋涡形成长度和气团尺寸增大。而且，在气团与尾迹的强烈作用下，气团周围出现小气泡，两者阻碍、延迟了圆柱旋涡的形成和脱落，气团和小气泡尺寸越大，对圆柱的抑振效果越明显。

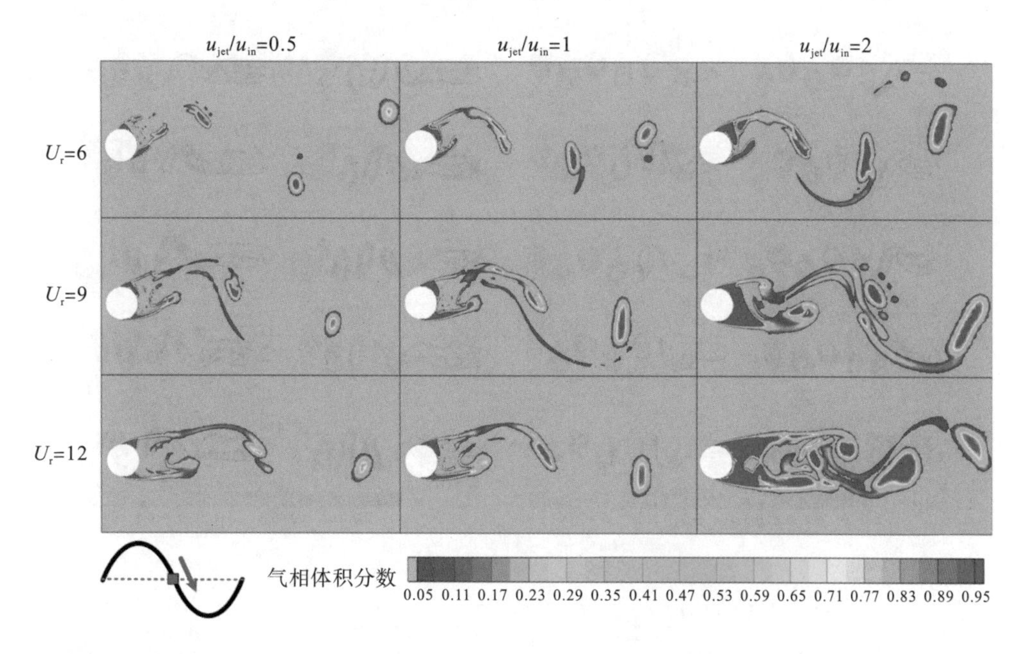

图 4.16　不同喷射速度下气相体积分数在尾涡中的分布对比

图 4.17 展示了气团迁移的两种模式。旋涡中心的低压区有利于气体的聚集，因此在大多数工况下，气团位于旋涡中心，随旋涡一同向下游迁移，称为迁移模式Ⅰ。而迁移模式Ⅱ是指在旋涡脱落后气团偏离旋涡中心，旋涡并不能携带气团一起迁移，这种迁移模式主要发生在结构固有频率相对偏小的高约化速度范围内。在迁移模式Ⅱ下，旋涡形成长度更长，旋涡脱落周期更大。且动量系数越大，出现迁移模式Ⅱ的约化速度越小，由于气团并没有被旋涡裹挟，而是反过来牵引着气团周围的液体，从而对脱落的旋涡施加干扰，发生黏性耗散，导致旋涡在下游被气团分散并且很快消失。这也解释了为何在模式Ⅱ中，圆柱的抑振效果更好。

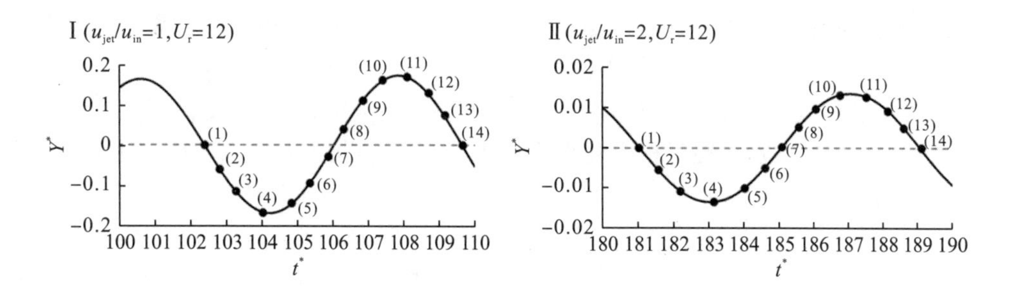

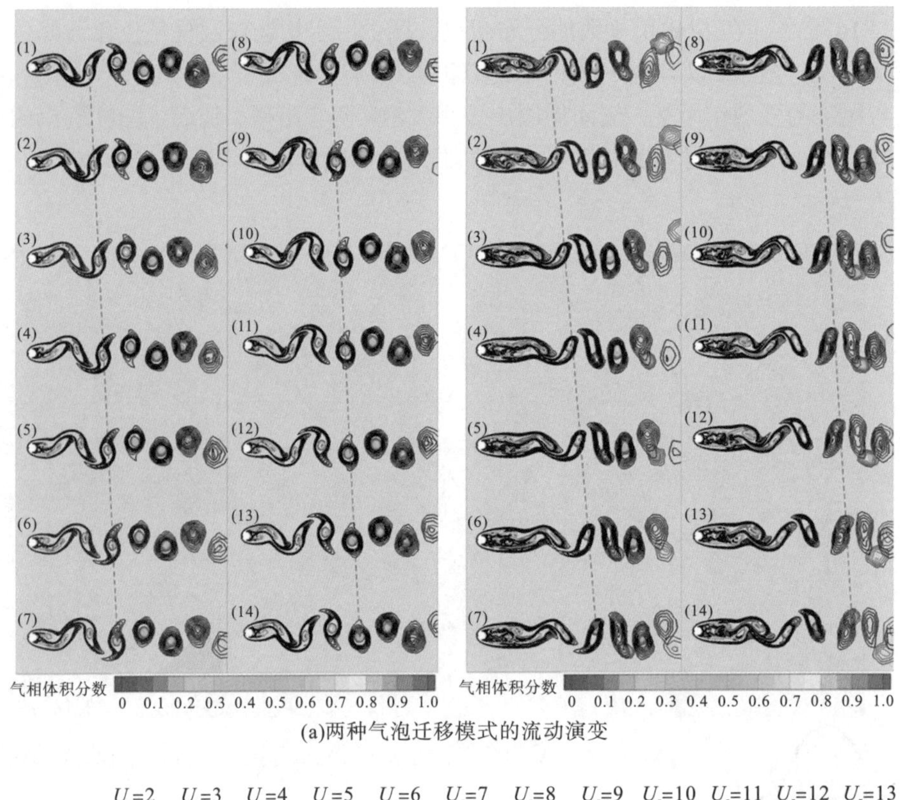

(a)两种气泡迁移模式的流动演变

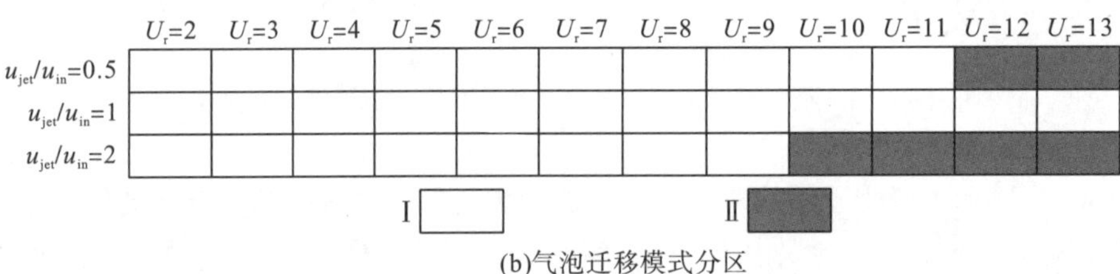

(b)气泡迁移模式分区

图 4.17 气泡以及旋涡在尾流中的迁移模式

4.2 平板分离盘被动控制涡激振动

分离盘是较早被研究与使用的涡激振动被动控制附加装置之一。分离盘套装于圆柱体之上，按照是否存在间隙可分为附着式和分离式两大类，学者们对于分离盘的研究主要集中于分离盘的位置、长度对控制效果的影响[11-21]。

国内外学者聚焦的分离盘大都为背流侧分离盘，通过分隔背流侧旋涡、推迟旋涡脱落位置、延长回流区等方式达到减阻和抑振效果，但在高约化速度时呈现出不稳定性[22-25]。对于迎流分离盘的研究大都为静止绕流，对前后双分离盘抑振的研究则更少。尾流分离盘不稳定性的内在因素是什么？迎流分离盘是否可以通过提前分隔来流达到减阻效果？前后双分离盘是否兼具两种分离盘的优点？基于这些疑问，本节研究了低雷诺数条件下，分离式尾流分离盘(后分离盘)、迎流分离盘(前分离盘)、前后双分离盘(双分离盘)对圆柱体振动响应的影响。

4.2.1　分离式分离盘被动控制的数值模型

本节利用二维数值模拟研究了 Re=120 时分离盘对圆柱体振动响应的影响。图 4.18 为前后均布置有分离式分离盘的物理模型示意图，D 表示圆柱直径，L_u 表示迎流分离盘(前分离盘)长度，L_d 表示尾流分离盘(后分离盘)长度。分离盘与圆柱体的间距 G=0.25D，分离盘厚度 δ=0.1D。圆柱设置为双自由度的质量-弹簧-阻尼系统，分离盘与圆柱刚性连接，两者同步运动。Govardhan 和 Williamson[11]指出柱体振动控制方程和该系统的质量-阻尼综合系数($m^*\zeta$)紧密相关，本书选用低质量阻尼系数，模拟参数见表 4.1。

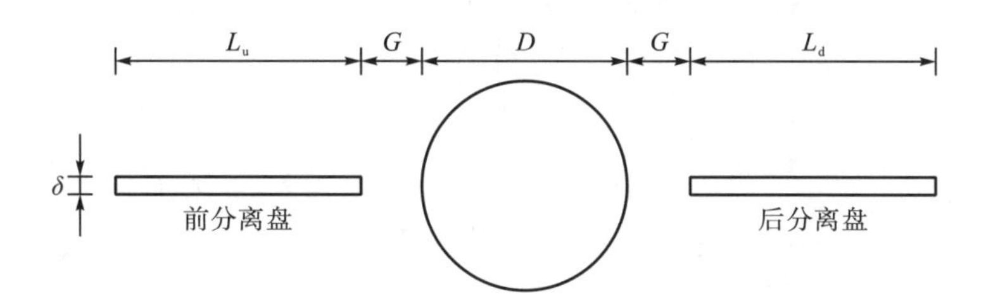

图 4.18　双分离盘物理模型示意图

表 4.1　数值模拟参数表

参数	值
质量比(m^*)	6.9
阻尼比(ζ)	0.01
迎流分离盘长度比(L_u/D)	1
尾流分离盘长度比(L_d/D)	1、1.5、2
分离盘距离圆柱的空隙长度比(G/D)	0.25
分离盘厚度比(δ/D)	0.1
约化速度(U_r)	3～18
雷诺数(Re)	120

Williamson[26]发现，当 Re＞180 时圆柱尾流会出现三维特性，不能采用二维模拟，Jiang 等[27]也证实了当 Re≤180 时可以采用二维模拟。因此，本节采用二维数值模拟研究了 Re=120 下分离盘对圆柱的振动响应影响。

如图 4.19 所示，计算域为 70D(流向方向)×40D(横向方向)的一个矩形区域，阻塞率为 2.5%，符合二维流致振动数值模拟阻塞率小于 5%的要求。圆柱中心距离入口边界和两侧对称边界均为 20D。入口边界采用的是均匀的速度入口(其中，$u=u_{in}$ 且 v=0，u 为 x 方向速度、v 为 y 方向速度)，出口边界为速度梯度为 0 的自由流出口($\partial u/\partial x$=0、$\partial v/\partial x$=0)，且出口的压力参考值设置为 0。两侧边界设置为对称边界($\partial u/\partial y$=0、v=0)，结构表面设置为无滑移边界(no-slip)。

为提高计算时网格更新效率以及满足捕捉结构周围流动细节的要求，将计算域划分为

3 个主要区域：随动区域、动网格区域和静止区域。如图 4.19 所示，靠近结构周围划分有一个直径为 $6D$ 的圆形区域，该圆形区域连接一个 $6D\times4D$ 的矩形尾流区域，矩形尾流区域用于捕捉时均化尾流区的流场细节，圆形区域和矩形尾流区域一同设置为随动区域，同结构振动响应保持一致。$25D\times20D$ 的矩形动网格区域包裹随动区域，该区域用于在每个时间步结束时更新网格。剩下的计算域均设置为静止区域，网格不随时间变化，且为了节约计算成本，均采用四边形网格填充。

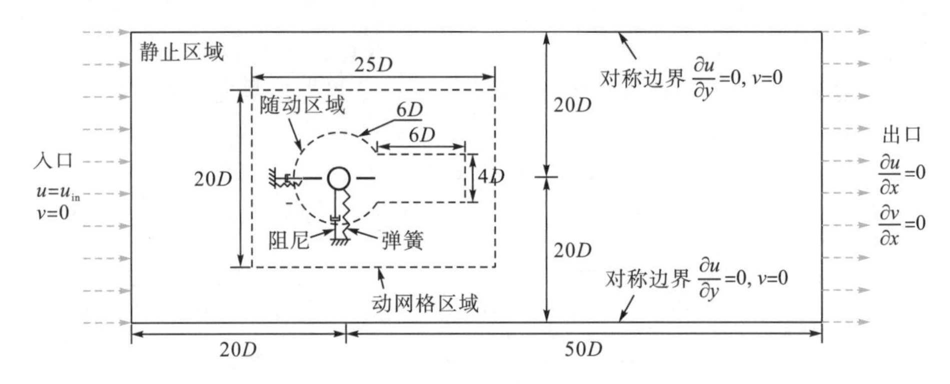

图 4.19 计算域与边界条件示意图

图 4.20 展示了模拟计算中所用到的网格。随动区域和静止区域采用结构化的四边形单元填充，剩下的计算域由非结构化的三角形网格镶嵌。网格划分时，圆柱圆周划分了 350 个节点，分离盘的厚度端划分了 20 个节点。边界层的分离和脱落是产生旋涡和引起结构振动的主要因素，所以对边界层的网格进行精细划分极为重要。由于绕流旋涡脱落最

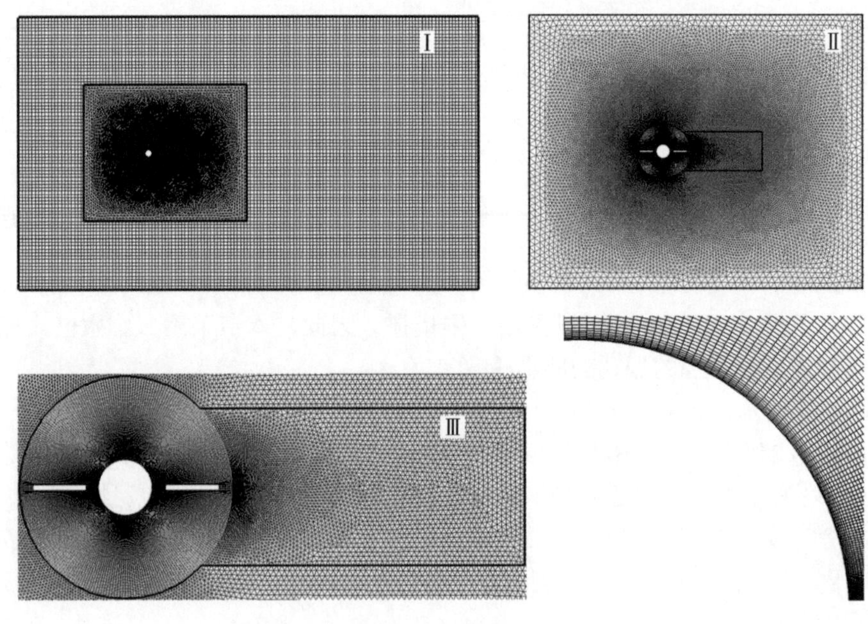

图 4.20 计算网格

核心的问题是边界层的发展和分离，因此，利用四边形网格可以更好地捕捉和计算流动边界层。结构壁面处的第一层网格满足 y^{+}=0.1，得到圆柱和分离盘表面的第一层网格高度为 0.0004D，径向增长率为 1.02。

4.2.2　尾流分离盘长度对结构水动力系数的影响

后分离盘长度从 1D 变化到 2D，其水动力系数曲线如图 4.21 所示。裸柱时均化阻力系数和升力系数均方根从 U_r=3 开始增长，随后时均化阻力系数在 U_r=6 时达到最大值、升力系数均方根在约化速度 U_r=5 时达到最大值，接着在约化速度继续增长到 8 的过程中急剧下降，最后时均化阻力系数和升力系数均方根在 U_r=8～18 范围内相对稳定。水动力系数的这种变化趋势与 Wu 等[28]、Borazjani 和 Sotiropoulos[29]、Bao 等[30]、Singh 和 Mittal[31]的研究结果吻合。附加尾流分离盘后，时均阻力系数显著减小，且分离盘越长，减阻效果

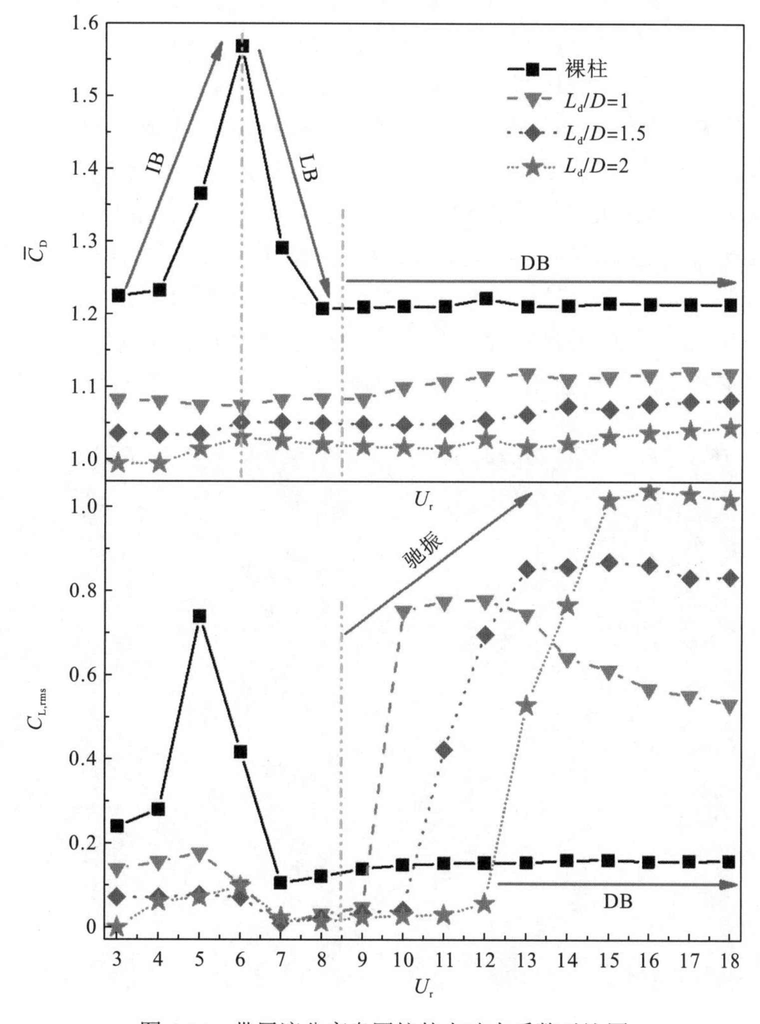

图 4.21　带尾流分离盘圆柱的水动力系数对比图

越佳。同时时均化阻力系数曲线峰值消失，得到相对于裸柱的最大减阻率，为 34.28%。此外，附加了后分离盘的圆柱升力系数均方根在 $U_r \leqslant 9$ 时显著减小。在后分离盘长度为 2D、$U_r=5$ 时相对于裸柱有最大的升力减小百分比，为 90.30%。然而，后分离盘结构的升力系数均方根并非始终像 $U_r < 9$ 区间那样相对稳定，在 $U_r=10 \sim 15$ 时出现急速攀升，且之后升力系数均方根相对于裸柱维持在一个较高的水平。这种升力系数强烈波动的现象意味着加装了后分离盘的柱体结构在较高约化速度范围内会出现水动力失稳现象，在 Assi[15]、Assi 和 Bearman[16]、Liang 和 Wang[20]等的研究结果中也观察到了同样的现象。可以发现 1D 后分离盘失稳起始点约化速度 U_r 为 9～10，1.5D 后分离盘为 $U_r=10 \sim 11$，2D 后分离盘为 $U_r=12 \sim 13$，从而得出规律：后分离盘结构水动力失稳的约化速度起始点会随后分离盘盘长的增加而延后，并且 1.5D 盘长和 2D 盘长结构的升力系数均方根增长速度相较于 1D 盘长缓慢(1D 盘长结构上升段跨越了 1 个约化速度，1.5D 盘长和 2D 盘长上升段跨越了 3 个约化速度)。然而尽管 2D 后分离盘结构的水动力失稳相对延后发生，但是其 $C_{L,rms}$ 获得了最大的峰值，表明在失稳情况下后分离盘越长产生的失稳脉动升力也越大。2D 盘长结构的最大 $C_{L,rms}$ 是同约化速度下裸柱的 6.53 倍，1.5D 盘长结构是裸柱的 5.44 倍。

图 4.22 选取 3 个特定约化速度下的时均化压力系数云图进行对比分析。发现结构的低压区形成位置位于圆柱后方，高压区位于圆柱正前方，故结构阻力产生的主要原因是柱体迎流侧和背流侧之间存在压差。进一步观察发现，在裸柱后方安装尾流分离盘后，局部低压区明显减小，即尾流分离盘不同程度地提升了背流侧负压区的压力，这是后分离盘结构减阻的主要原因。同时，当后分离盘长度从 1D 增长至 2D，负压区压力绝对值也随负压区变窄而减小。因此，长为 2D 的后分离盘具有最佳减阻效果，这与图 4.21 得到的结论一致。另外，在附加了后分离盘的圆柱中通过约化速度的横向对比可以发现，相较于 $U_r=4$ 和 $U_r=8$，低压区在 $U_r=15$ 时会增大，这与上文阐述的高约化速度时水动力失稳现象相关。

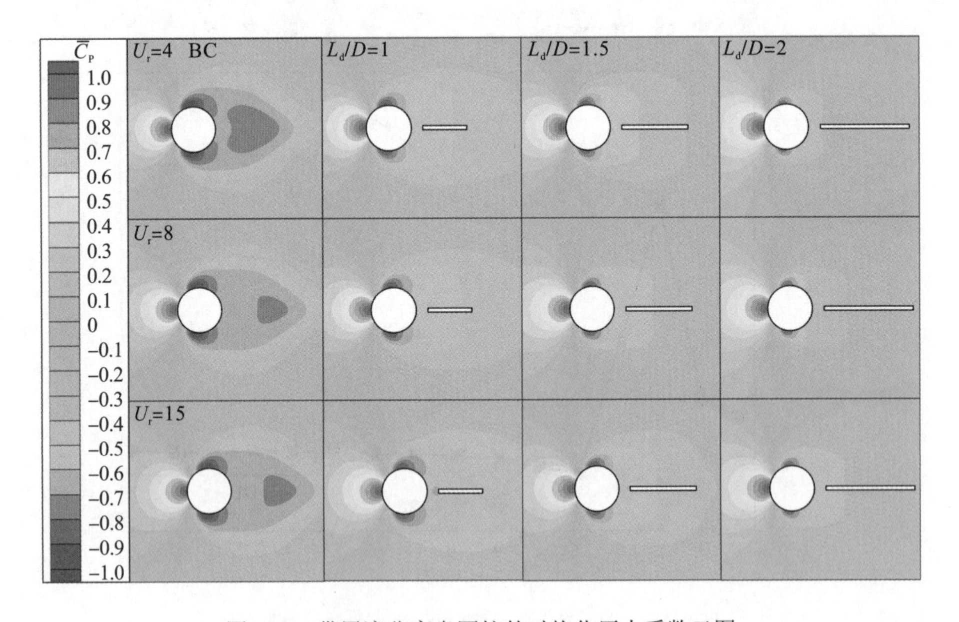

图 4.22 带尾流分离盘圆柱的时均化压力系数云图

结构背流侧的低压区部分或者全部包覆着分离盘，有助于提高作用在分离盘表面的升力，因此背流侧低压区面积的扩大是导致升力系数增大的原因之一。图 4.23 展示了 U_r=5 和 U_r=13 时 3 种尾流分离盘结构的升力系数时程曲线和频谱图，在未发生水动力失稳的低约化速度下，升力系数相对稳定，呈现规律的三角函数曲线，升力变化频率为单频；而在高约化速度下，作用于结构的升力呈现不稳定性，升力出现大小幅值，频谱图转变为双频共存、低频主导，表明此时出现了水动力失稳现象。

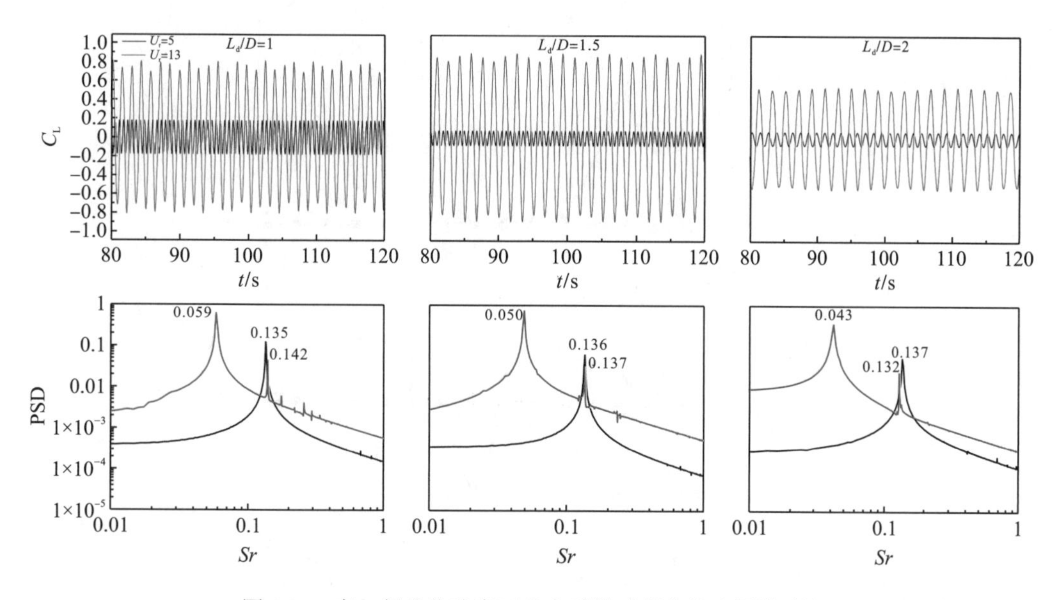

图 4.23　高、低约化速度下升力系数时程曲线及频谱对比

4.2.3　尾流分离盘长度对结构振动响应的影响

图 4.24 为后分离盘结构振幅随约化速度的变化曲线。裸柱的涡激振动初始分支位于 U_r=3～6、下分支位于 U_r=6～8，与阻力曲线变化趋势吻合(图 4.21)，当 U_r=9～18 时，裸柱的振动响应进入去同步化分支(DB)。加装尾流分离盘后，初始分支和下分支幅值显著降低，基本不再出现涡激振动区间的共振峰值，导致加装了后分离盘的结构在流向上最大振幅抑制率高达 99.57%、在横向上最大振幅抑制率高达 95.84%。证明加装尾流分离盘可以有效地抑制涡激振动。但是在更高约化速度范围(U_r≥9)内，无论是流向振幅还是横向振幅均会出现急剧增大，这是由水动力失稳引起的。这种随约化速度增长而出现振幅急速增大的现象称为驰振[32]。不同盘长的后分离盘结构出现驰振的启动约化速度不同，尾流分离盘越长，结构的驰振启动约化速度越滞后，1D 分离盘的启动约化速度为 9，1.5D 分离盘为 10，2D 分离盘为 12，在各自驰振启动约化速度处同样伴随着升力系数的急剧增大(图 4.21)，水动力失稳是触发驰振的重要原因。另外，虽然 2D 分离盘结构的启动约化速度为 12，但振幅增长率最大，这是由于此时升力系数波动更加剧烈。

图 4.25 对比了裸柱和不同盘长后分离盘结构的振动响应频率。裸柱的横向振动频率在涡激振动初始分支(3≤U_r<6)沿斯特劳哈尔数曲线 Sr_0=0.153 上升、在下分支(6≤U_r≤8)

锁定在结构的固有频率附近（$f_Y^*=1$），进入去同步化分支段(DB)后，裸柱的横向振动频率继续沿 Sr_0=0.153 上升，说明此时裸柱振动脱离了锁定区间。裸柱的流向振动频率变化趋势与横向频率一致，但大小为横向频率（$f_X^* = 2f_Y^*$）的 2 倍。

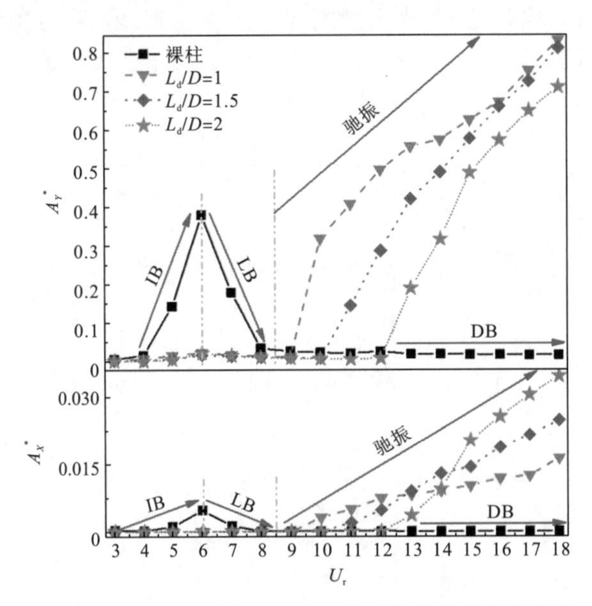

图 4.24 带尾流分离盘圆柱随约化速度变化的振幅曲线

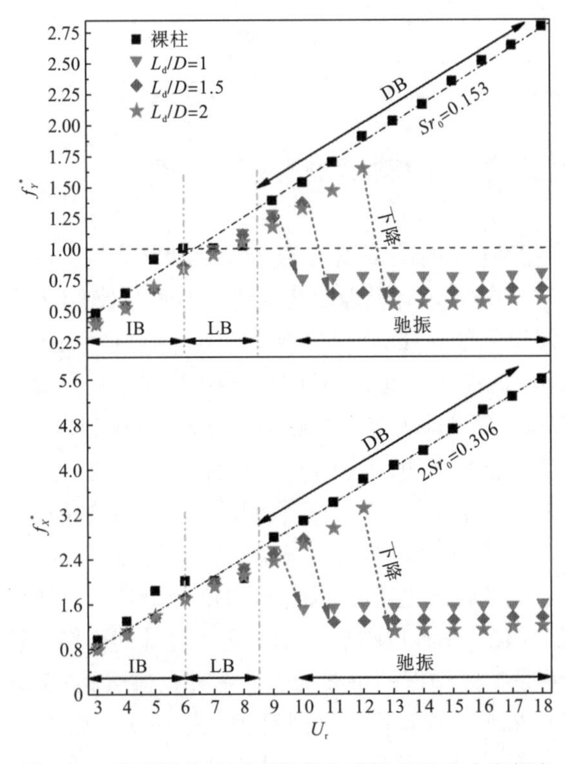

图 4.25 带不同盘长尾流分离盘圆柱的振动响应频率

李萨如图形(图 4.26)同样佐证了两个方向振动频率的 2 倍关系。加装尾流分离盘后，两个方向的频率均发生了明显变化。在振动频率超过固有频率之后，3 种后分离盘结构并无锁定现象，而是沿着斯特劳哈尔频率变化，说明加装后分离盘会导致锁定区域消失，从而抑制涡激振动。1*D* 后分离盘结构频率沿斯特劳哈尔频率变化一直到 U_r=9，1.5*D* 后分离盘结构持续到 U_r=10，2*D* 后分离盘结构持续到 U_r=12，随后频率骤降，这与水动力失稳的起始约化速度契合。后分离盘结构骤降的振动响应频率比结构固有频率低，进一步证实此时出现了驰振现象。后分离盘越长，驰振后的振动响应频率越低，这与 Sahu 等[33]的研究结果一致。从图 4.26 可以看出，在相位差和倍频的影响下，结构轨迹在规则和不规则的“8”字形之间转换，总体来说，相对较规则的“8”字形轨迹集中在下分支(LB)，而在驰振区则演变成了 C 字形。

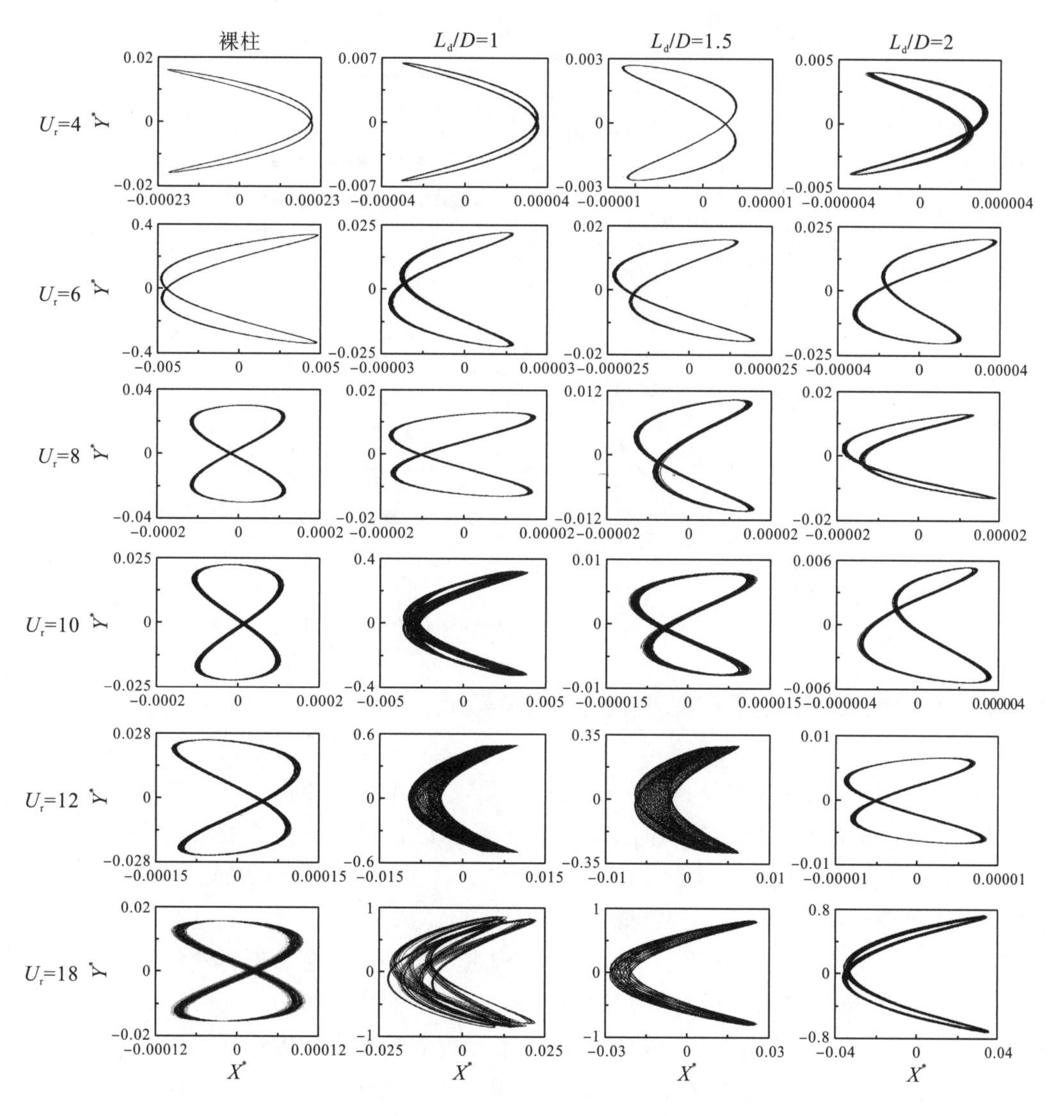

图 4.26　带尾流分离盘圆柱的利萨如图形

图 4.27 为附加质量系数(C_a)随约化速度的变化曲线。图中显示，附加质量系数(C_a)在初始分支(IB)随约化速度增加而急剧减小，并在下分支(LB)处减小到 0，与之对应的相位差(ϕ)从 0° 转变为 180° 。之后，附加质量系数(C_a)变为负值，并在去同步化分支(DB)随约化速度增加而继续减小。与之差异较大的是驰振区域，后分离盘 3 种结构的附加质量系数(C_a)重新变为正值，此时相位差从 180° 转变为 0° 。这种附加质量系数(C_a)与相位差(ϕ)的变化规律同 Xu 等[34]和 Song 等[35]的研究结果一致。

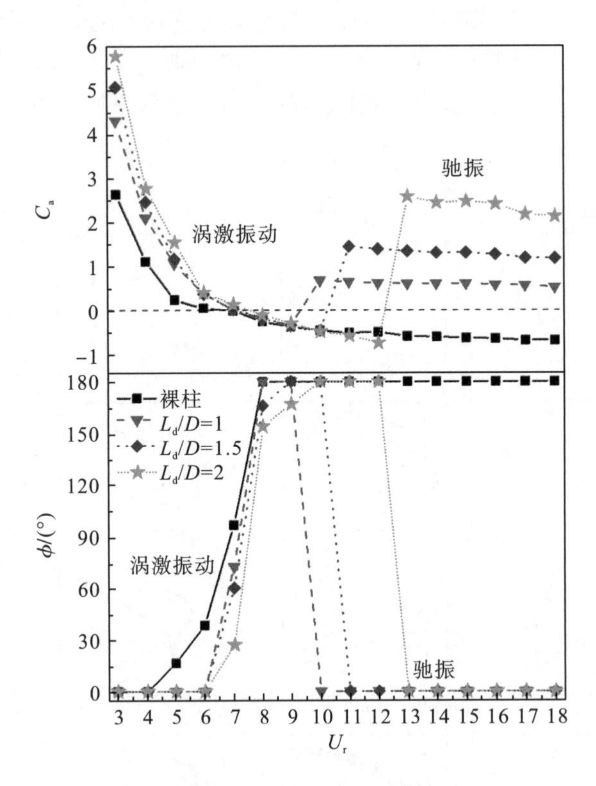

图 4.27 附加质量系数(C_a)随约化速度的变化曲线

4.2.4 尾流分离盘长度对结构尾流场的影响

为进一步解释后分离盘结构产生的驰振现象，图 4.28 绘制了 3 个典型约化速度下(U_r=10、11、18)后分离盘结构在向上运动返回平衡位置时的 x 向速度双色云图和后分离盘表面的压力系数曲线图。图示的 x 向速度双色云图分界线为 u=0 曲线，其中 $u<0$ 表示回流区(蓝色表示)，$u>0$ 表示外部顺流区(红色表示)。

在 U_r=10 时，只有 1D 长度的后分离盘结构进入了驰振，而另外两种分离盘结构仍然处于去同步化分支段(DB)，可对于 L_d/D=1.5 和 L_d/D=2 的两种结构其回流区域(蓝色区域)近似关于尾流分离盘(或是尾流中轴线)对称，表示旋涡的形成被推延到了尾流分离盘后缘的下游位置。此外，其尾流分离盘上下表面的压力系数曲线相似，所以在横向上产生的流体力接近于 0。而 L_d/D=1 结构的回流区不再关于尾流分离盘对称，从而在分离盘表面产生了额外的水动力[15,20]，正是这一额外流体作用力的出现加强了振动。振动结构和来流之间的攻角不断变化，导致剪切层交替地二次附着，这种剪切层的交替地二次附着引发了水动力失稳，产生了驰振现象。

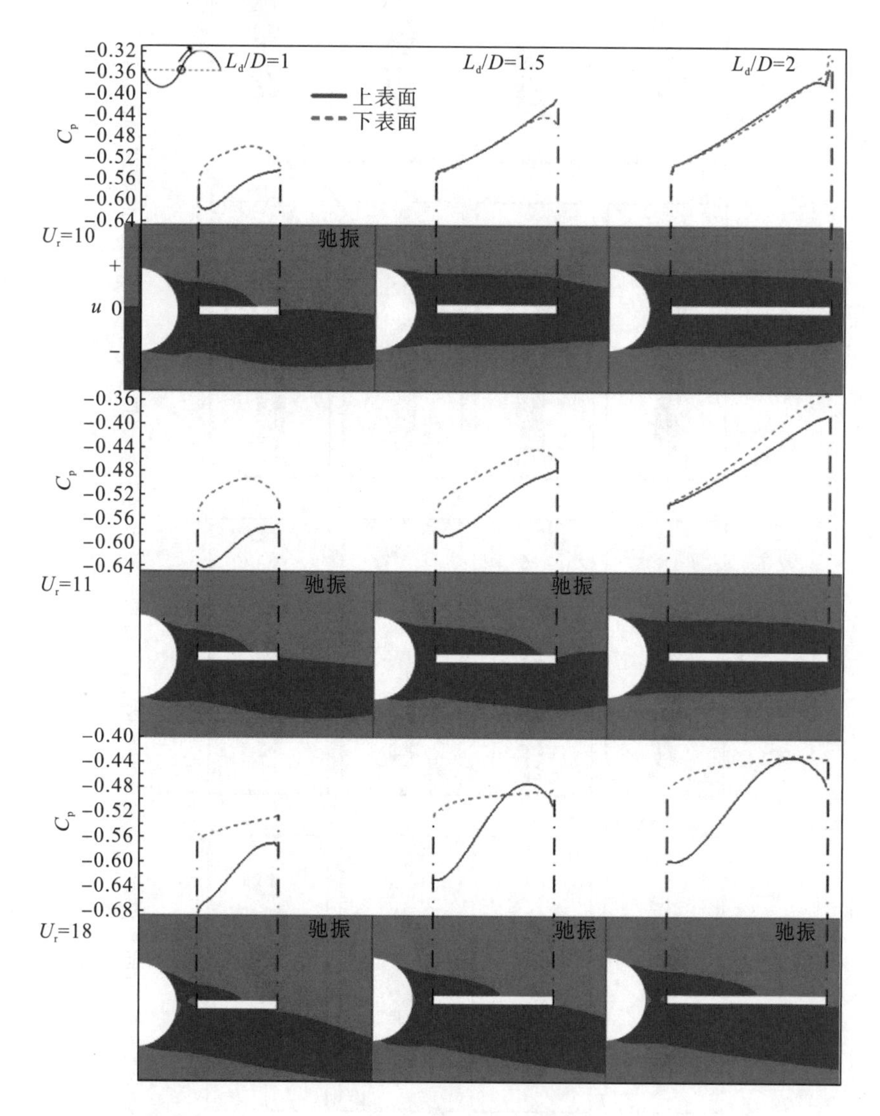

图 4.28　3 个典型约化速度下(U_r=10、11、18)带尾流分离盘圆柱在平衡位置时的流向速度双色云图及分离盘表面的压力系数曲线图

对于 1.5D 后分离盘结构，上方剪切层的二次附着和尾流分离盘两侧对应的非对称压力分布均出现在 U_r=11 处，这是 1.5D 分离盘结构开始出现驰振的启动约化速度。所以在 U_r=18 时，3 种分离盘结构观察到了同样的现象。另外，对于 1D 盘长结构，剪切层的二次附着点随 U_r 增大而向上游移动，导致尾流分离盘两侧的压差再次增大，这与图 4.24 中 1D 分离盘振动逐渐增强的现象吻合。

图 4.29 为裸柱和附加了不同长度尾流分离盘结构在同一时刻(从下往上运动到平衡位

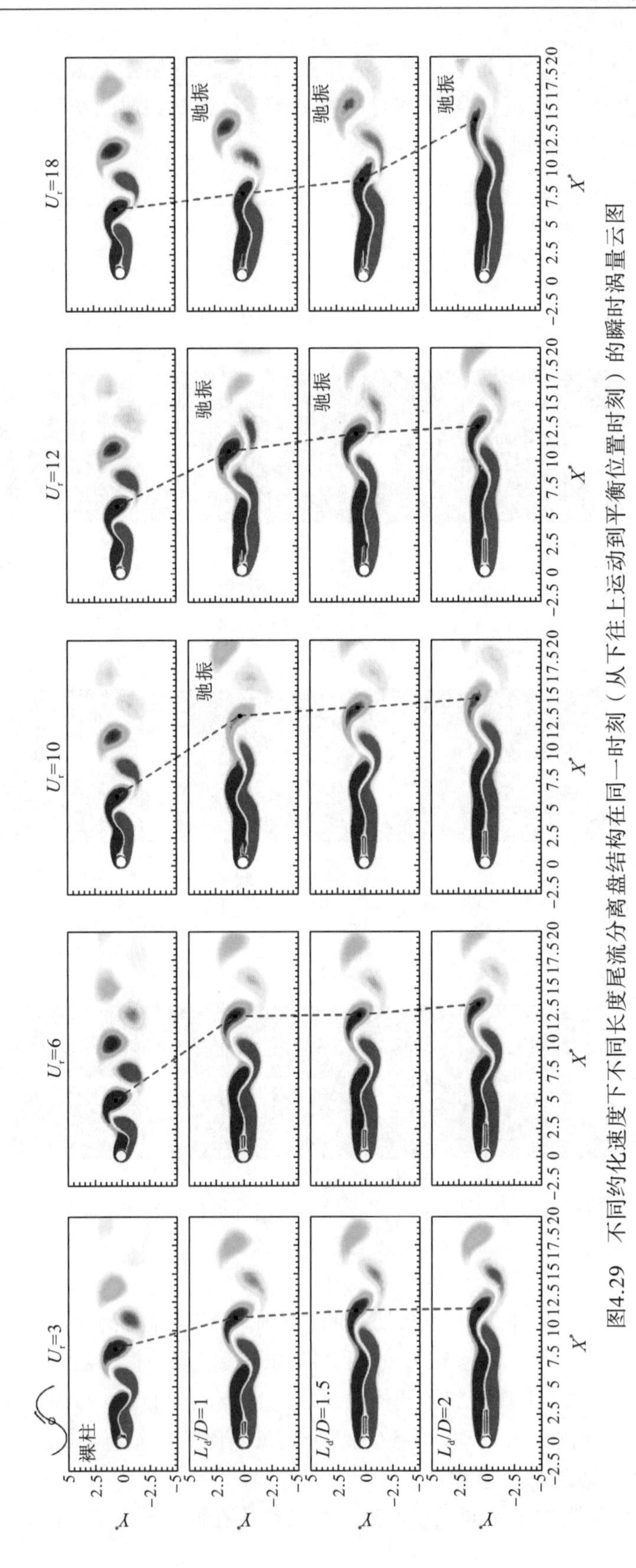

图4.29 不同约化速度下不同长度尾流分离盘结构在同一时刻（从下往上运动到平衡位置时刻）的瞬时涡量云图

置时刻)的瞬时涡量云图。可以发现，无论是裸柱还是附加了尾流分离盘的结构在低雷诺数工况下其旋涡脱落模式均为 2S。对比旋涡形成长度发现，下分支区间(LB)的旋涡形成长度明显小于初始分支段(IB)和去同步化分支段(DB)，所以在下分支段柱体有更大的振动响应。加装尾流分离盘后，剪切层被显著拉长，从而使旋涡形成点延后。图 4.29 中标记的红色虚线为将要从上剪切层脱落的顺时针旋涡的涡心连线，它的变化表明尾流分离盘越长，旋涡形成的长度也越长。后分离盘结构在低约化速度范围内时，结构两侧的剪切层对称地通过尾流分离盘，表明此时尾流稳定。而当后分离盘结构出现驰振现象时，对比 U_r=10 时的 1D 结构与其他两种后分离盘结构发现，尾流分离盘向上运动时会被包裹在上剪切层中，此时后分离盘通过对剪切层的扰动，改变了剪切层分离点和旋涡脱落点，导致旋涡分离出现在相对靠前的位置。

为定量分析尾流分离盘对旋涡结构形成的影响，图 4.30 对比了裸柱和 3 种尾流分离盘结构的流向速度均方根($u^*_{rms}=u_{rms}/u_{in}$)云图和 u_{mean}=0 的等值线。回流区长度($L^*_r=L_D/D$)由 u_{mean}=0 等值线确定[36]，而流向速度均方根 u^*_{rms} 关于尾流中轴线对称分布的两个峰值确定了剪切层卷曲的位置，即结构背流侧第一个旋涡形成位置，因此圆柱中心到剪切层卷曲位置之间的流向距离定义为旋涡形成长度 L^*_f($L^*_f=L_f/D$)，流向速度均方根 u^*_{rms} 关于尾流中轴线对称分布的两个剪切层卷曲位置之间的横向距离定义为尾迹宽度 W^*($W^*=W/D$)[37]。图中显示，加装了尾流分离盘的柱体其旋涡形成长度和回流区长度明显增加，且尾流分离盘越长，两者的长度越长。证明了尾流分离盘的确可以有效延迟旋涡脱落，降低旋涡脱落频率。在 U_r=6 时，加装了尾流分离盘的结构相对于裸柱其尾迹宽度明显减小，且尾迹宽度随分离盘长度的增加而逐渐减小。旋涡形成长度的增加和尾迹宽度的减小会减小水动力

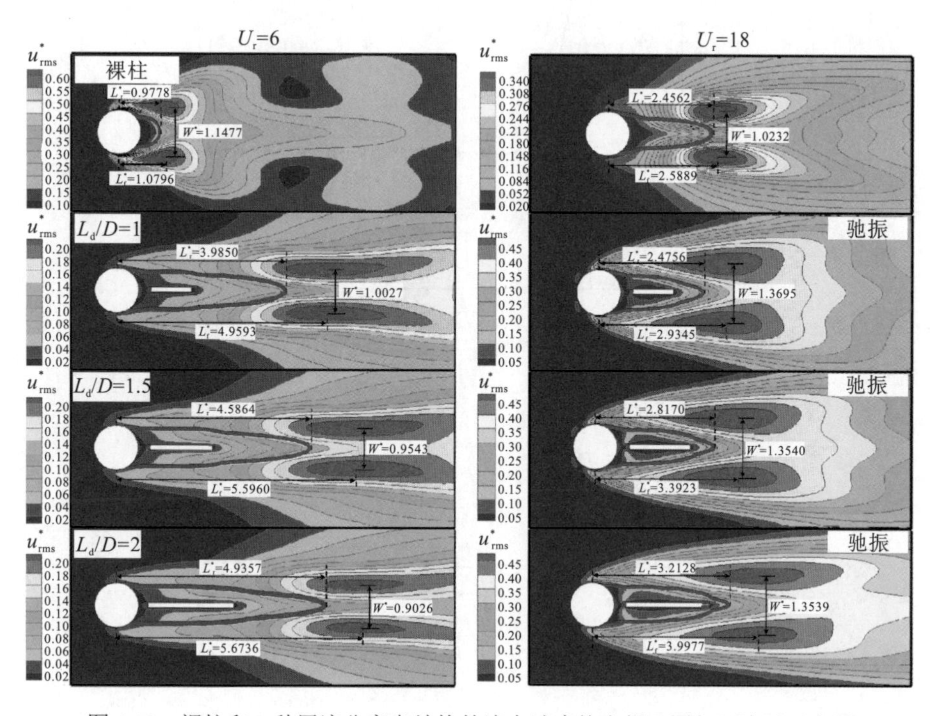

图 4.30　裸柱和 3 种尾流分离盘结构的流向速度均方根云图与回流区示意图

作用，从而达到抑制涡激振动的效果。相反，在 U_r=18 时，加装了后分离盘的结构相对裸柱来说其尾迹宽度显著增加，虽然此时其旋涡形成长度比裸柱稍大，但却比 U_r=6 时的旋涡形成长度小很多。例如，对 1D 后分离盘结构而言，U_r=18 时的旋涡形成长度比 U_r=6 时的旋涡形成长度减小了约 40%，高约化速度时的旋涡形成长度和尾迹宽度的变化与驰振密切相关。

4.2.5 分离盘布置位置对结构水动力系数的影响

由上文分析可知，1D 长度的尾流分离盘结构的驰振启动约化速度明显小于其他两种尾流分离盘结构，故本节选取 1D 盘长结构，探究分离盘布置形式对柱体水动力特性及振动响应的影响。

图 4.31 对比了柱体附加后分离盘结构、前分离盘(又称迎流分离盘)结构与双分离盘结构的水动力系数。发现水动力系数呈现 3 种不同的变化趋势，虽然加装分离盘能有效减小时均阻力系数，但是当只附加迎流分离盘时，其时均阻力系数曲线的上升与下降更为明显。而附加后分离盘或者双分离盘的圆柱，其时均阻力系数在 U_r=3～18 内始终相对稳定，与后分离盘相比，双分离盘进一步减小了时均阻力系数，最大减小百分比为 37.82%。尽管附有迎流分离盘的柱体相对于裸柱其升力系数均方根 $C_{L,rms}$ 减小，但总体发展趋势与裸柱无异。而双分离盘结构的 $C_{L,rms}$ 值相对于裸柱大幅度减小，说明通过在后分离盘结构上附加迎流分离盘可以消除尾流分离盘引起的水动力失稳现象。

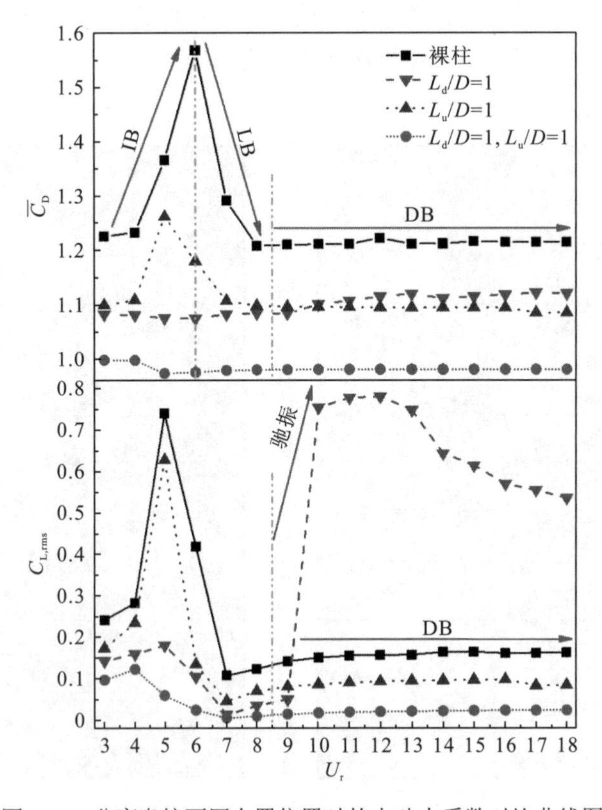

图 4.31 分离盘按不同布置位置时的水动力系数对比曲线图

图 4.32 为不同布置方式的分离盘结构周围的时均化压力系数云图。相较于裸柱，附加迎流分离盘结构背流侧低压区的面积变化不明显，但负压绝对值显著减小，说明迎流分离盘同样具有增大负压区压力的作用。此外，由冲击引起的局部高压区不再聚集在圆柱体前驻点，而是移动至迎流分离盘前缘，且高压区面积明显缩小，造成前分离盘结构的迎流面和背流面之间的压差减小，从而导致阻力系数减小(图 4.29)。除迎流分离盘的影响之外，由上文可知，无论是在涡激振动还是驰振区间，加装尾流分离盘都能有效控制圆柱体背流侧的低压区，这正是双分离盘在减小水动力方面有着最佳性能的原因。

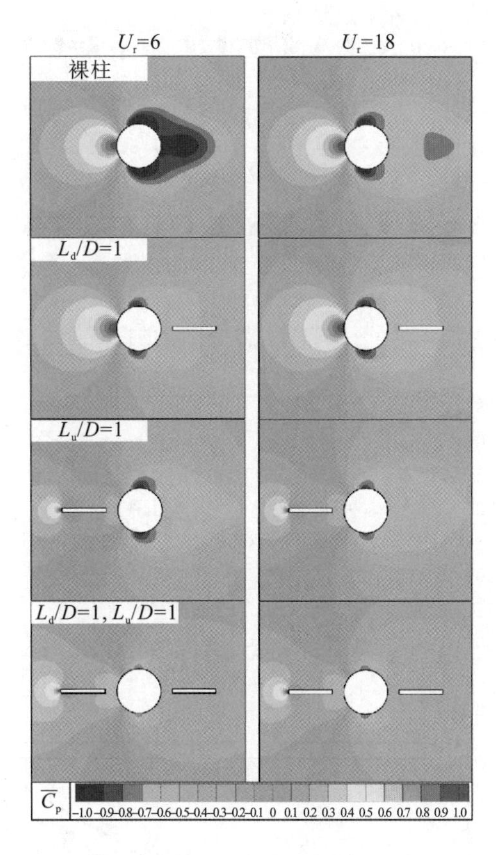

图 4.32　不同布置方式的分离盘结构时均化压力系数云图

4.2.6　分离盘布置位置对结构振动响应的影响

图 4.33 和图 4.34 对不同布置形式的分离盘振幅和频率进行了对比。与尾流分离盘结构不同，圆柱只附加迎流分离盘结构时，振幅和频率与裸柱发展趋势一致，并且流向和横向振幅与水动力系数曲线保持一致，其锁定区域均在 U_r=6～8 内。前分离盘与后分离盘结构最大的不同是，前分离盘结构无论是流向振幅还是横向振幅均小于裸柱，抑振效果明显。而双分离盘结构则具有最佳抑振性能，在 U_r=3～18 内，其流向振幅数量级仅为 $10^{-6}D$、横向仅为 $10^{-3}D$。而且，双分离盘结构的振动响应频率始终略低于斯特劳哈尔数曲线的变化。

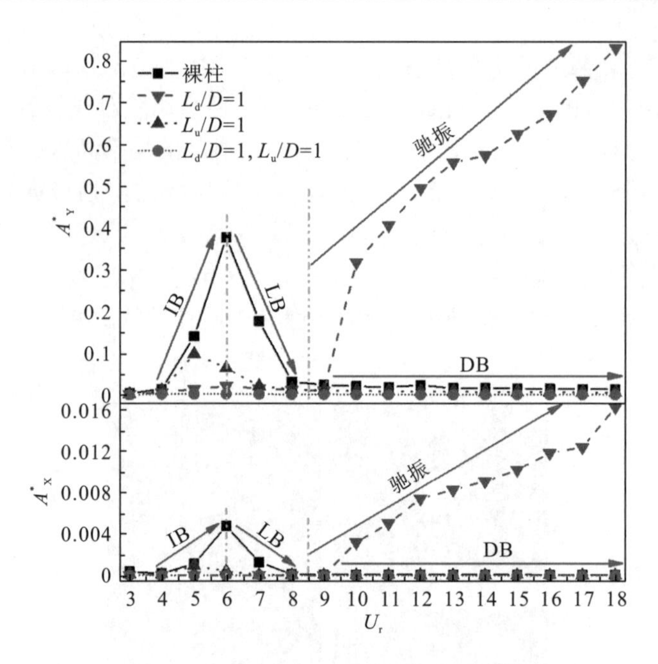

图 4.33　不同布置位置分离盘的振幅曲线

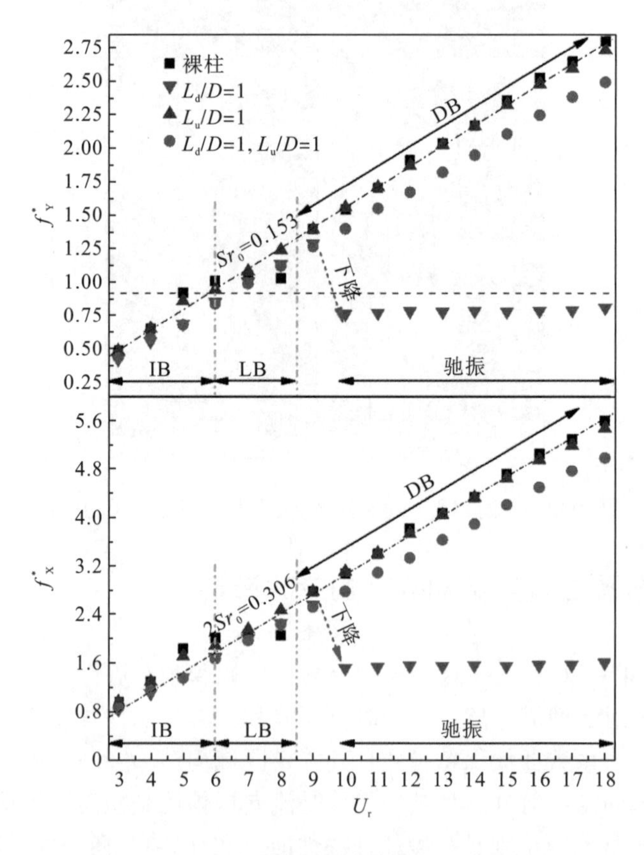

图 4.34　不同布置位置分离盘的振动响应频率

4.2.7　分离盘布置位置对结构尾流场的影响

图 4.35 对比了裸柱和附加了不同布置方式分离盘的结构在同一时刻(从下往上运动到平衡位置时刻)的瞬时涡量云图。与裸柱相比，前分离盘结构的剪切层首先形成于迎流分离盘上，同时剪切层在柱体表面的分离位置向下游迁移，推迟了旋涡脱落。双分离盘结构可以使旋涡的脱落进一步向下游移动，延缓旋涡的形成。此外，即使在高约化速度下，双分离盘结构中圆柱上下两侧的剪切层仍关于尾流中轴线近似对称，并不存在剪切层包覆现象，这也是驰振现象消失的原因。

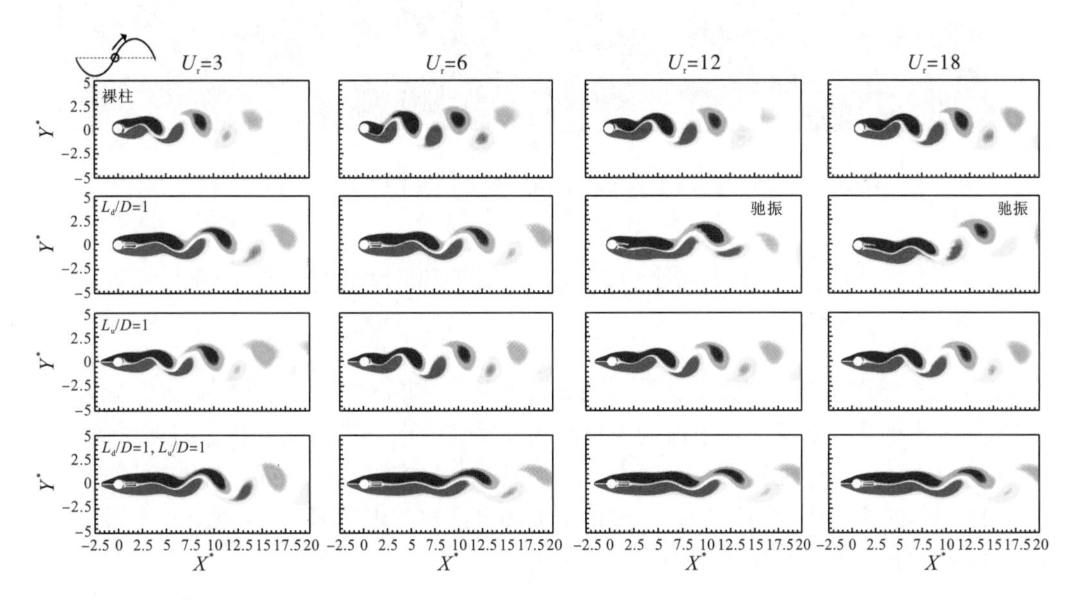

图 4.35　裸柱和不同布置方式分离盘在同一时刻(从下往上运动到平衡位置时刻)的瞬时涡量云图

图 4.36 定量对比了裸柱和 3 种不同布置方式分离盘结构的流向速度均方根($u^*_{rms}=u_{rms}/u_{in}$)云图和 u_{mean}=0 等值线图。与裸柱相比，前分离盘结构的回流区长度和旋涡形成长度都有一定程度增加、尾迹宽度变窄，佐证了前分离盘结构的升阻力减小(图 4.31)，振动得到抑制(图 4.33)。而双分离盘结构由于两侧板同时作用，旋涡的形成推向下游位置，同时尾迹宽度显著减小，且在个别约化速度下(高约化速度同样适用)，双分离盘结构的旋涡形成长度大于前分离盘和后分离盘结构对应长度之和，如在 U_r=18 时，双分离盘结构的旋涡形成长度是裸柱的 2.43 倍，尾迹宽度缩短了 10.59%。因此，圆柱体附加双分离盘可以实现最佳振动抑制效果。

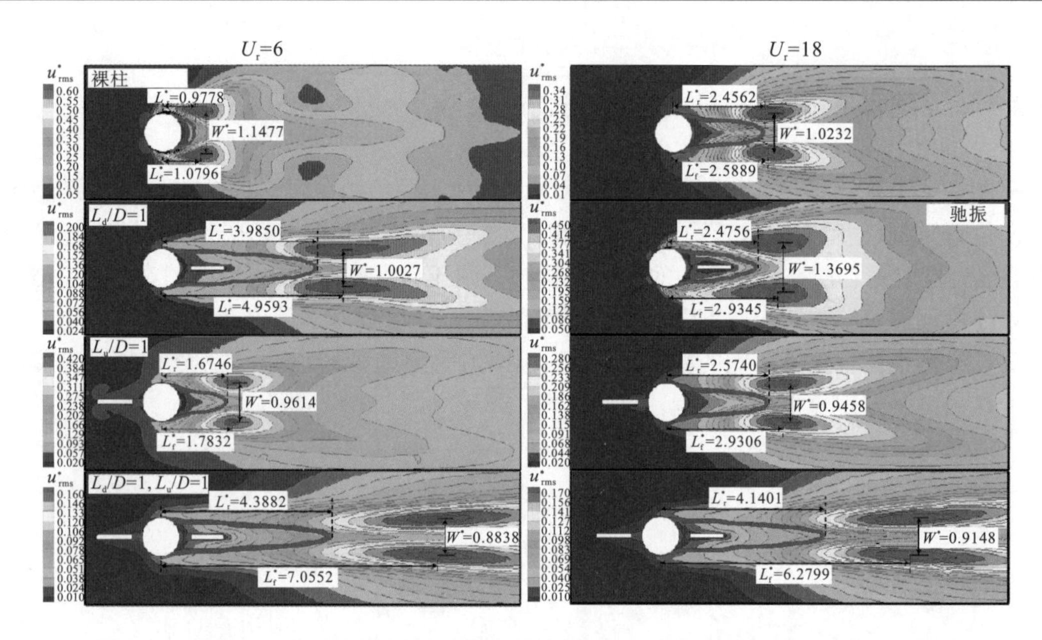

图 4.36 裸柱和 3 种不同布置方式分离盘结构的流向速度均方根云图和回流区示意图

4.3 波浪形分离盘被动控制涡激振动

已有关于分离盘的研究大多为刚性分离直板[38-42]和柔性分离板[43-52]。柔性分离板在结构振动过程中会不断变形，沿流向变形后大多呈波浪形，易激发不稳定的驰振现象。

本节提出了一种刚性波浪形分离盘，采用具有良好减阻、降升效果的波浪形分离盘，在 2～20 约化速度范围内对附加了该波浪形分离盘圆柱的水动力系数、振幅和频率、升力和横流振幅的相位差以及尾流结构进行了分析。

4.3.1 波浪形分离盘被动控制的数值模型

本节采用二维数值模拟研究了 Re=150 时($Re=\rho uD/\eta$，ρ 为流体密度，u 为自由来流速度，D 为特征尺寸，η 为动力黏度)附加波浪分离盘对圆柱振动及流场的影响。

如图 4.37 所示，采用的矩形计算域流向长度为 90D(D 为圆柱直径)，横向长度为 60D，圆柱中心距上游速度入口边界 30D，距两侧对称边界各 30D，距下游自由出流边界 60D，阻塞率为 1.667%。上游速度入口边界定义为流向 x 方向速度分量 $u=u_{\text{in}}$，横向 y 方向速度分量 v=0；自由出流边界定义为$\partial u/\partial x=0$、$\partial v/\partial x=0$；对称边界定义为$\partial u/\partial y=0$、v=0；圆柱及波浪分离盘表面无滑移条件定义为 u=0、v=0。圆柱直径为 D，波浪板波长为 $L_{\text{w}}=3D$，波浪板长度为 $L=1.5D$，板厚 $\delta=0.05D$。

如图 4.38 所示，在圆柱外侧设置一直径为 5D 的同心圆作为包裹区随圆柱一同运动。包裹区内采用四边形网格，在迭代更新过程中不发生拉扯变形。圆柱体表面采用等距节点离散，紧挨圆柱表面的第一层网格满足 $y^+<0.8$，径向增长率小于 1.02。包裹区外侧采用

三角形网格，在计算过程中发生动网格变形为下一迭代步完成网格更新。包裹区与变形区通过两者的交界面进行数据传递。

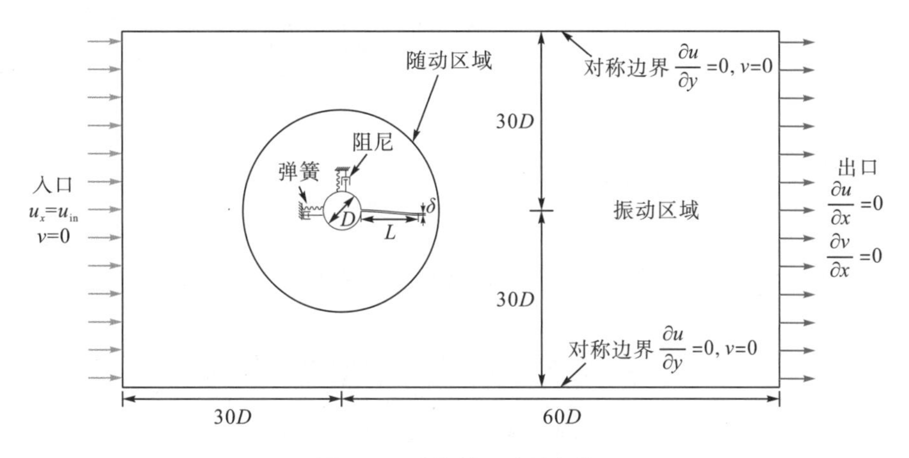

图 4.37　计算域及边界条件

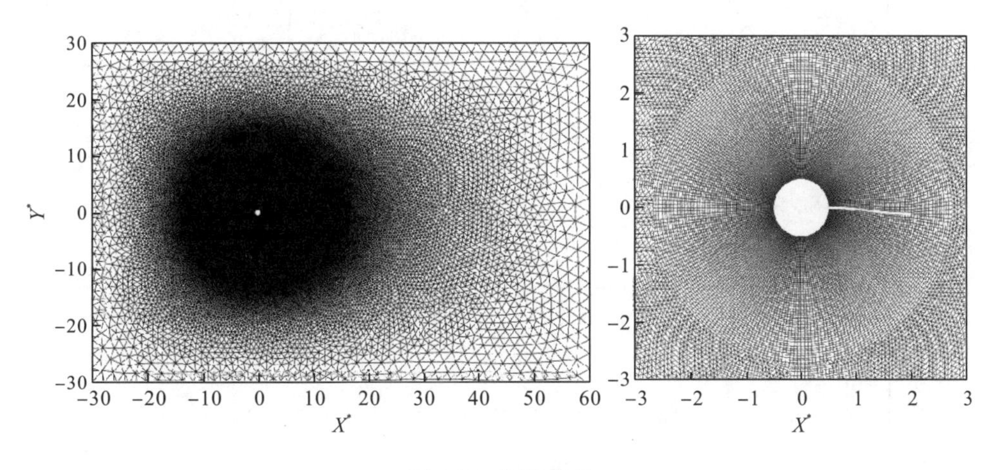

图 4.38　网格划分

4.3.2　波浪形分离盘对水动力系数的影响

图 4.39(a)对比了裸柱与带波浪分离盘圆柱的时均阻力系数随约化速度的变化。在 $2<U_r<7$ 时，裸柱的阻力系数先急剧上升然后下降，在 $U_r=5$ 时出现最大值，为 2.029，这与 Wu 等[28]的研究结果一致，而当 $U_r>8$ 时，时均阻力系数变化平稳。圆柱表面压力系数分布可以用来解释时均阻力系数的变化。如图 4.39(b)所示，当 $U_r=5$ 时，圆柱背流面上的压力最小，所以柱体前后压差最大，此时阻力最大。压力系数在 $U_r>8$ 时无明显变化，因而时均阻力系数随约化速度的变化不明显。

约化速度对带波浪分离盘圆柱的时均阻力系数影响不大。约化速度从 4 增加到 5 时，时均阻力系数仅增长 4.6%，为裸柱的 54%。随约化速度进一步增加到 8，时均阻力系数

逐渐减小到与 U_r=4 时相当的水平，当 8≤U_r≤15 时略有增大，而后保持稳定。与裸柱相比，加装波浪分离盘后，柱体的时均阻力系数显著降低。

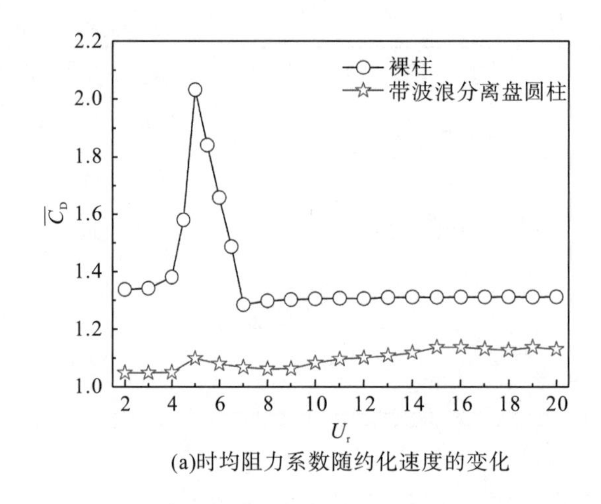

(a)时均阻力系数随约化速度的变化

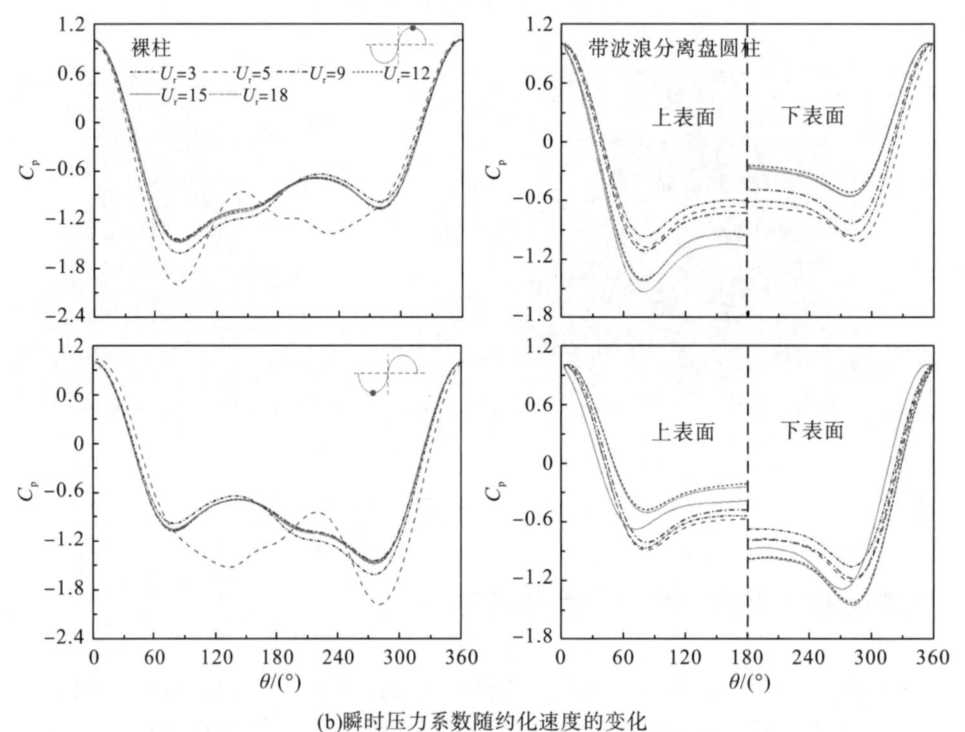

(b)瞬时压力系数随约化速度的变化

图 4.39 时均阻力系数与瞬时压力系数随约化速度的变化

从图 4.39(b)可以看出，在圆柱和波浪分离盘连接处，圆柱上下表面的压力系数明显不同，且两者的差异随约化速度变化明显。在 U_r=3 和 U_r=5 时，该差异值相对较小，而在 U_r≥12 时，该值变大，表明波浪分离盘在高约化速度下能显著改变柱体表面的压力分布，进一步影响升力系数。如图 4.40(a)所示，在 U_r≤8 时，带波浪分离盘圆柱的升力系数脉动幅度小于裸柱且平稳变化，$8<U_r<10$ 时，该值急剧增大到与裸柱的升力系数脉动幅度峰值相当的水平，而后继续以远大于裸柱的平稳趋势变化。升力系数脉动幅度的变化与结构上下两侧的压差密切相关。如图 4.40(b)所示，在 U_r=5 时，裸柱上下表面具有明显不同的压力分布，这将导致较大的压差，进一步形成较大的升力值。而当波浪分离盘连接到圆柱上时，这种压力差异明显减小，因而升力系数脉动幅度减小。而在 U_r≥9 时，带波浪分离盘圆柱上下表面的压差大于裸柱，从而引起升力系数脉动幅度增大。

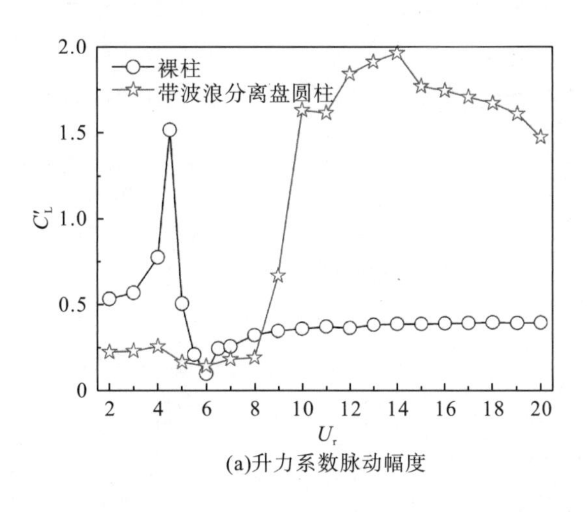

(a)升力系数脉动幅度

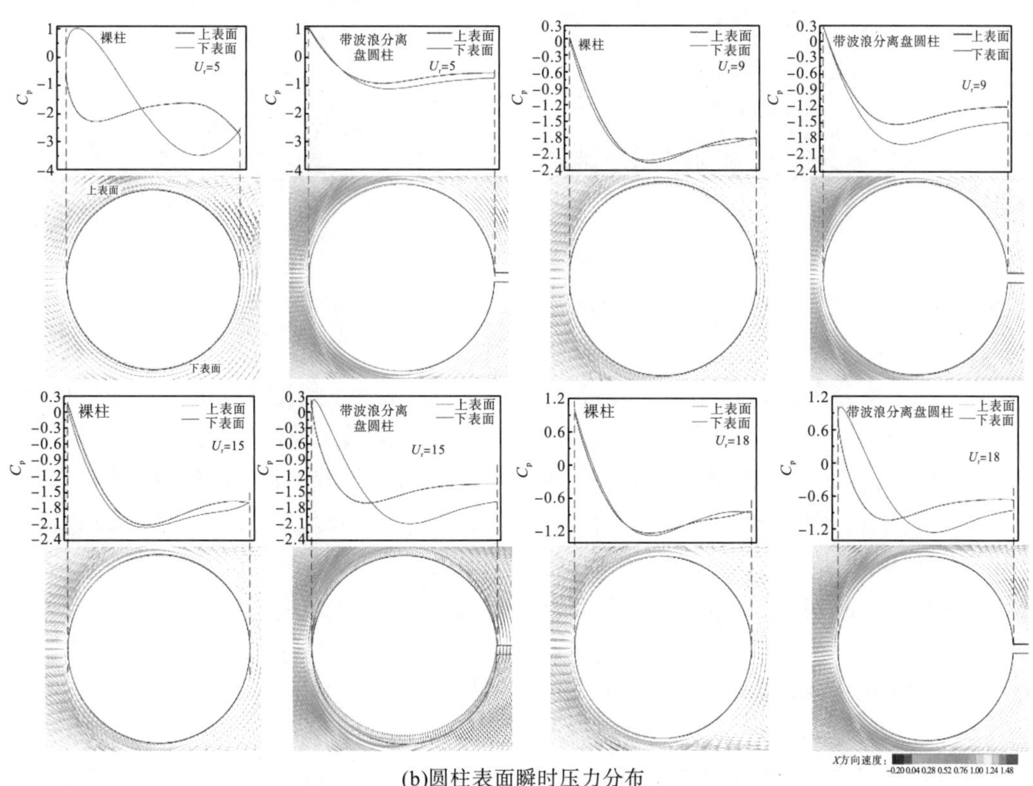

(b)圆柱表面瞬时压力分布

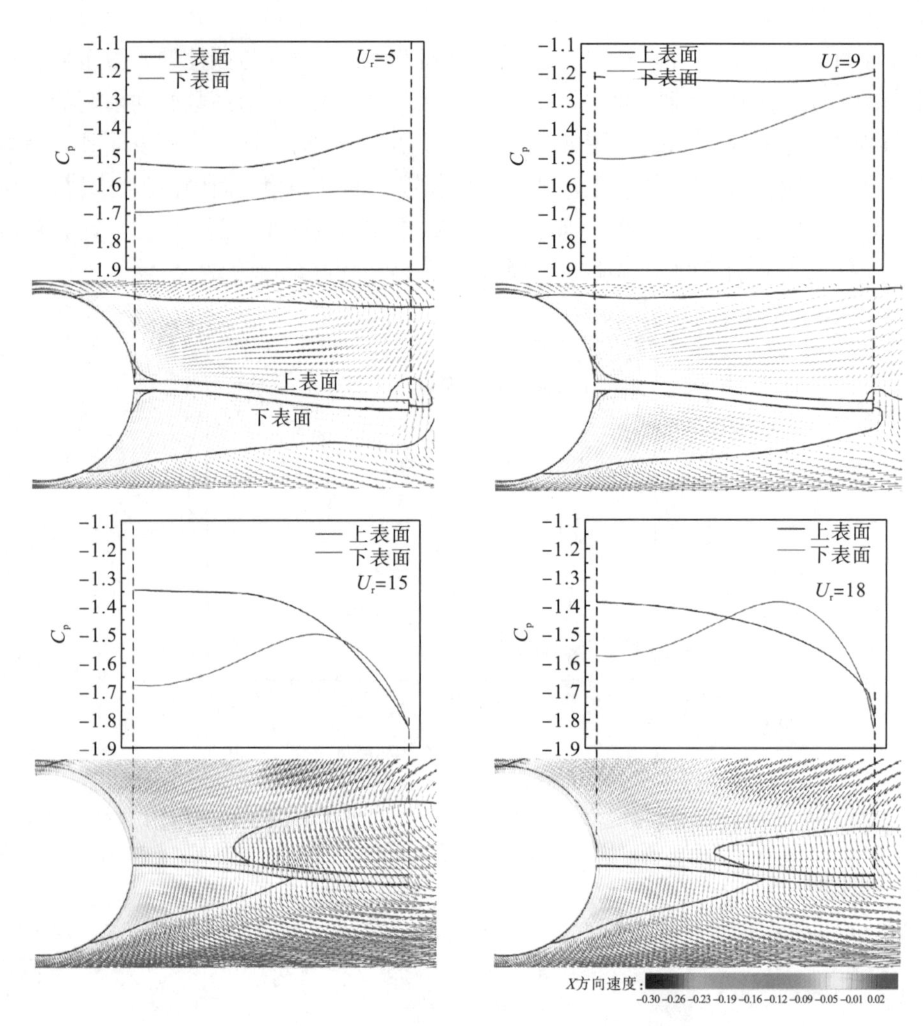

(c)波浪分离盘表面瞬时压力分布

图 4.40　升力系数脉动幅度与瞬时压力系数的变化

此外，波浪分离盘上下表面的压差也会造成压力系数脉动幅度的变化。如图 4.40(c)所示，在 U_r=5 和 U_r=9 时，从圆柱体上发展的剪切层重新附着在波浪分离盘顶端，波浪分离盘处于回流区内部，两侧的压力差相对较小。而在 U_r=15 和 U_r=18 时，剪切层则会重新附着在波浪分离盘表面，导致两侧压差增大，进而引起较大的升力系数，Assi 和 Bearman[54]、Assi [15]和 Liang 等[20, 49]在其研究中也观察到了这种由于附着现象引起的升力变化。与裸柱相比，这种附加压差一定程度上增大了带波浪分离盘圆柱的升力系数脉动幅度。

4.3.3　波浪形分离盘对圆柱振动响应的影响

图 4.41 对比了带波浪分离盘圆柱和裸柱的响应振幅和频率，定义流向和横向的无量纲振幅和频率分别为 A_X^*、 f_X^* 和 A_Y^*、 f_Y^*。对于裸柱，振动响应区间可分为初始分支、下

分支和去同步化区。在实际工程中，横向振动是引起结构物疲劳损伤的主要方式，在此重点讨论结构的横向振动响应。在初始分支 $U_r \leqslant 5$ 时，随约化速度增加，横向振幅增加并在 $U_r=5$ 时达到最大值($0.52D$)，而后经历下分支不断减小，在 $U_r=8$ 时进入去同步化区，横向振幅接近于 0 且几乎无变化，表明此时结构的振动十分微弱。裸柱的横向振动响应频率沿 $Sr=0.18$ 变化，在 $U_r=5$ 附近处于共振区间，其频率接近结构自振频率。而流向振动频率为 2 倍的横向频率，沿 $2Sr$ 变化。

在加装波浪分离盘后，柱体的振动响应模式完全发生改变。在 $U_r \leqslant 8$ 内柱体的振动响应得到抑制，振幅明显减小，尤其在 $U_r=5$ 时，与裸柱相比横向振幅降低百分比高达 92.44%，具有比平直分离盘更佳的抑振效果[20, 49]，其频率沿 $Sr=0.18$ 变化。而在 $U_r \geqslant 8$ 时，振幅呈线性快速增大，振动也以低频为主，这种低频高振幅的振动响应符合驰振模式，Yayla 和 Teksin[52]、Liang 等[20, 49]、Assi 和 Bearman[54]在刚性平直分离盘中也观察到同样的现象。安装波浪分离盘后，圆柱体原本的对称性遭到破坏，流动更加不稳定导致了较大的波动力(图 4.40)，从而激发了驰振。但这种驰振出现在涡激振动的下分支之后，属于 Mannini 等[32]提出的第一类涡激振动——驰振响应。在 $U_r=20$ 时，带波浪分离盘圆柱的横向振幅达 $1.115D$，是涡激振动阶段振幅峰值的 2.14 倍，这暗示了可观的振动能量捕获潜力。

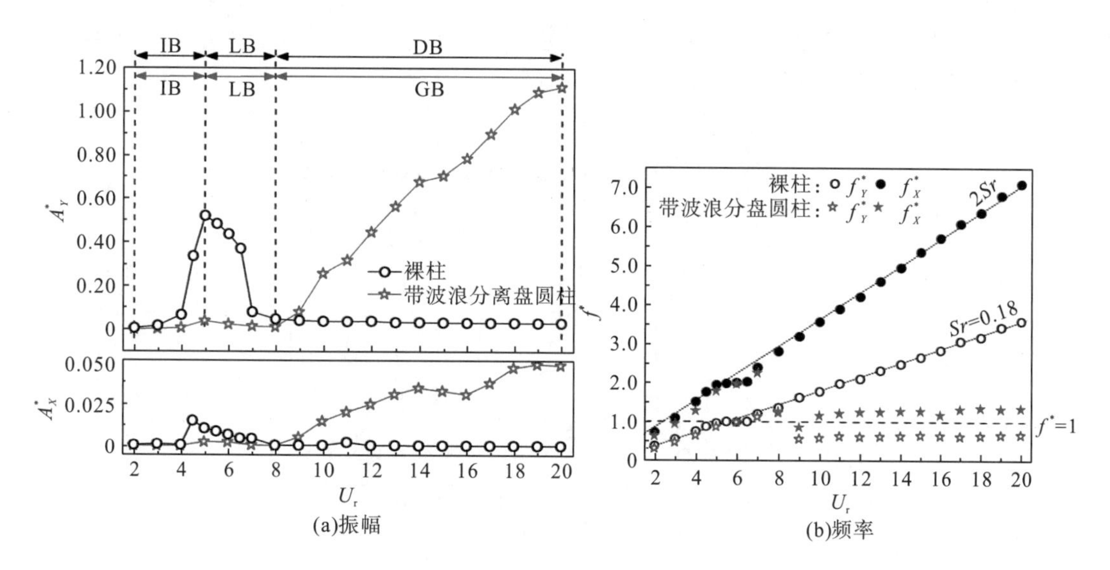

图 4.41　振幅和频率随约化速度的变化

图 4.42 绘制了带波浪分离盘圆柱与裸柱的振动轨迹随约化速度的变化。裸柱和带波浪分离盘圆柱都以规则或不规则的“8”字形轨迹运动，表明 $f_X^* = 2f_Y^*$。在裸柱振动下分支区间，结构振动呈现规则的“8”字形运动轨迹，而带波浪分离盘圆柱此时为驰振响应，随约化速度增加，由于驰振的不稳定特性，其运动轨迹变得更加不规则。

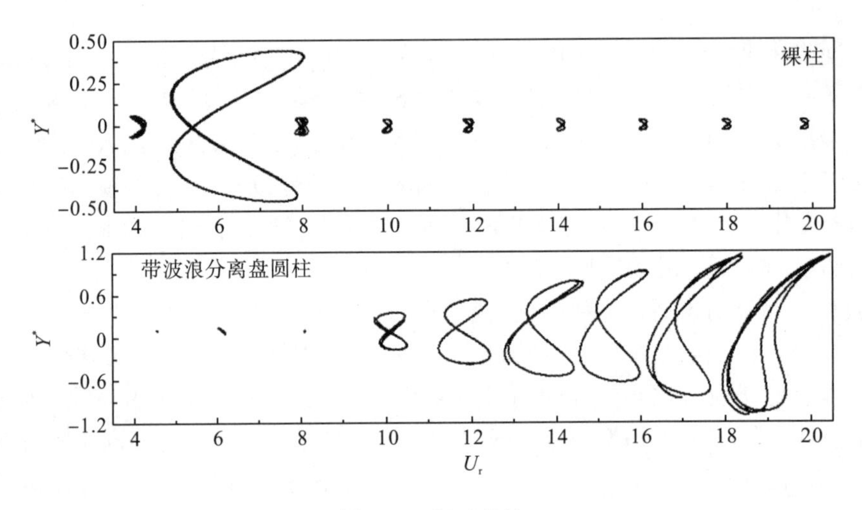

图 4.42 运动轨迹

升力和横向振幅间的相位差变化如图 4.43 所示。对于裸柱，当振动响应从初始分支过渡到下分支时，相位发生 180° 跃变，而后保持不变[55-58]。带波浪分离盘圆柱在响应振幅从初始分支转变到下分支时，出现了与裸柱相同的相位跃变。但在 U_r=9 时，相位差再一次跳跃回到 0°，进入驰振阶段。然而，对于带平直刚性分离盘的圆柱体，Assi 和 Bearman[16]没有观察到任何相位跳跃现象，其原因主要是由于涡激振动与驰振部分重叠，驰振覆盖了涡激振动的下分支提前出现了。

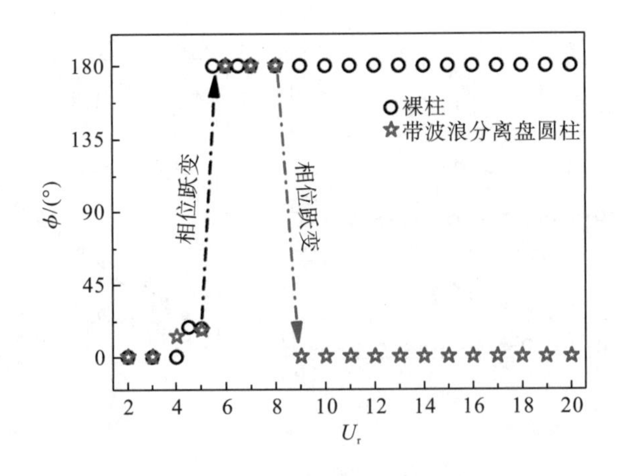

图 4.43 升力和横向振幅相位差

图 4.44 选取振幅波峰和波谷两个典型时刻，对比了带波浪分离盘圆柱与裸柱的尾涡结构。裸柱的旋涡脱落为 2S 模式[55]，当 U_r 从 3 增加到 5 时，旋涡从单排结构演变为双排结构，产生了更宽的尾迹。随 U_r 进一步增加，尾涡脱落变为单排，对应于涡激振动下分支到去同步化区的转换。安装波浪分离盘后，U_r=5 与 U_r=3 处的尾涡保持单排 2S 脱落模式，但由于圆柱产生的两个剪切层被波浪板分割，尾涡的形成长度显著延长。进入驰振阶段后，流动尾迹发生明显变化，从圆柱上发展的剪切层交替地在波浪分离盘表面重

新附着。盘端具有切割剪切层的作用，这有助于形成涡流，此时的旋涡演变为 P+S 脱落模式。剪切层在分离盘表面重新附着和非对称涡结构引起了不稳定的流体力，使得结构产生剧烈振动[52, 56]。

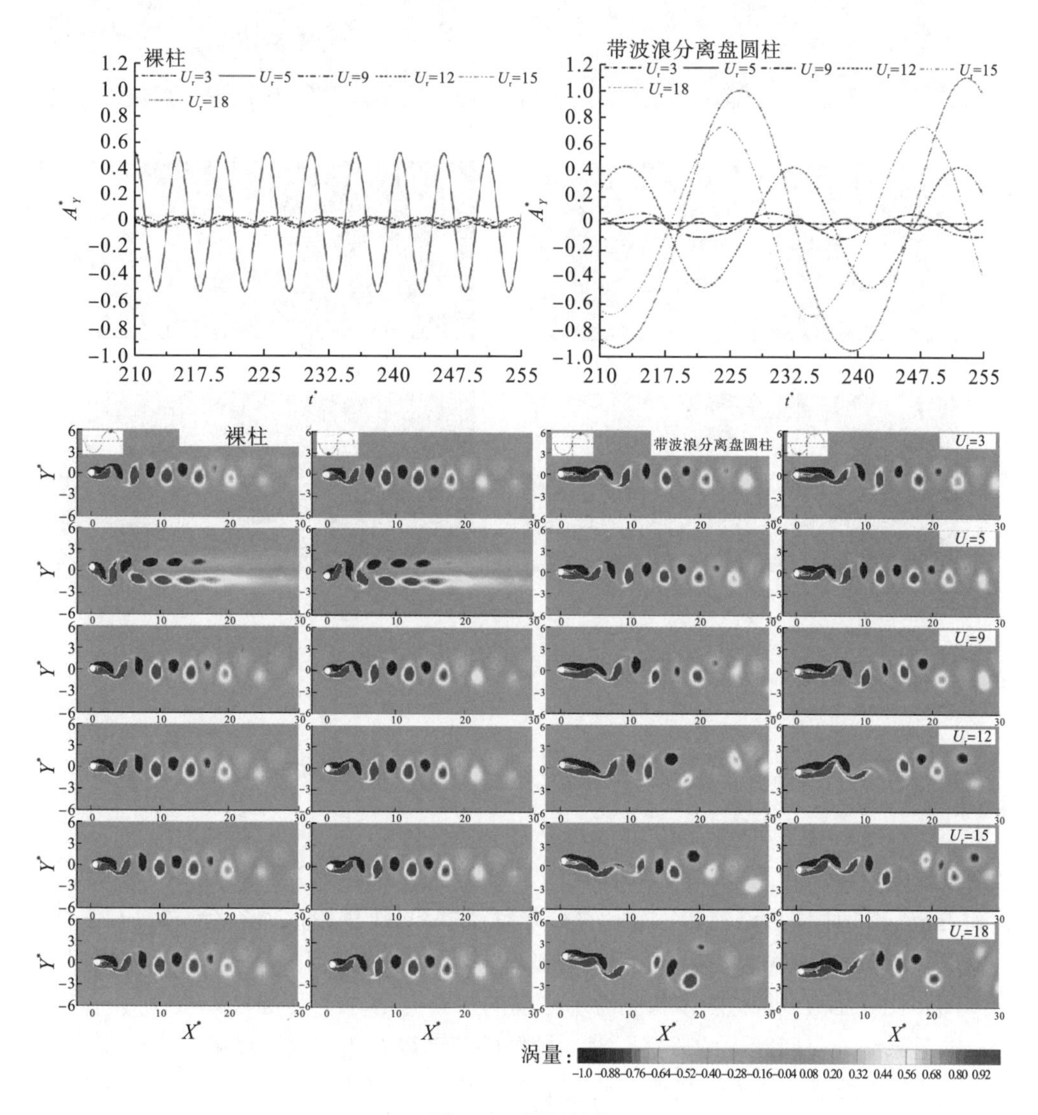

图 4.44 尾涡结构

图 4.45 对比了裸柱和带波浪分离盘圆柱的流向速度均方根分布。在 U_r=5 时，裸柱的尾迹宽度 W^*=1.1403，而安装波浪分离盘后尾迹宽度减小到 1.0628。此外，与裸柱相比，带波浪分离盘圆柱的旋涡形成长度显著延长，表明了对涡激振动的抑制作用，进入驰振后，其尾流变宽，加剧了振动。

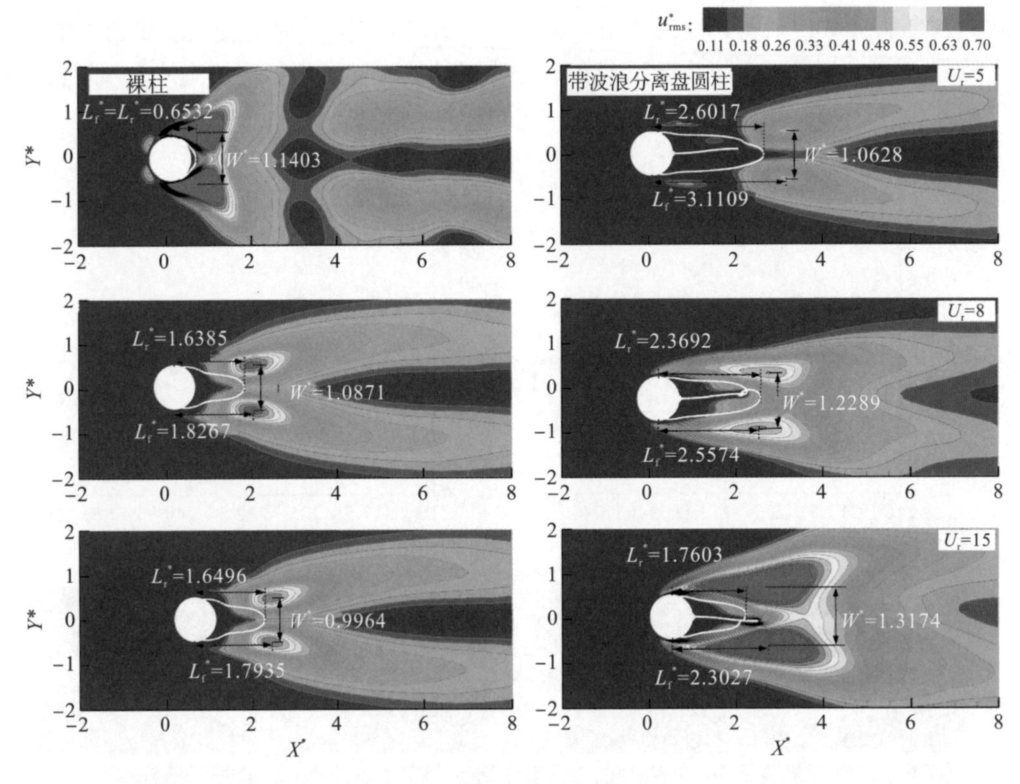

图 4.45　均方根流速（u^*_{rms}）云图

4.4　C 形整流罩被动控制涡激振动

近尾稳定器可防止圆柱体两侧剪切层之间的相互作用，如整流罩[57, 58]和分离盘[15, 59]。Law 和 Jaiman[47]对 U 形整流罩、连接的 C 形整流罩和带间隙的 C 形整流罩进行了性能评估。发现 C 形整流罩可以有效防止驰振的发生，并认为连接板不是必需的。在他们的研究中，间距比 L/D（L 是圆柱体和整流罩之间的中心间距，D 是圆柱体直径）仅仅固定为 1.5D，缺乏系统地对间距比的研究，对间隙中的流动以及相应的振动响应影响尚未明晰。因此，本节采用数值模拟方法研究了带有 C 形整流罩的圆柱体在 Re=100 时 4 个不同间距的振动响应。从流体力系数、振幅、响应频率、相位差和流动结构等方面讨论了间距比和约化速度的影响。

4.4.1　C 形整流罩被动控制的数值模型

如图 4.46 所示，选择 40D×20D 的矩形计算域进行模拟计算，坐标原点位于圆柱体中心，x 和 y 分别表示流向和横向。圆柱体距离入口 10D，距离出口 30D，距离横向边界 10D。保证了阻塞率为 5%[53, 60-62]。C 形整流罩置于圆柱后方，开口朝向下游。C 形整流罩的厚度 δ=0.025D，与圆柱体刚性连接组成质量-弹簧-阻尼系统，该系统在流向和横向均可自由振动。C 形整流罩的直径与圆柱体相同，中心角为 180°。本书考虑 4 个典型的流向间距比 L/D=1.5、3.0、4.5、6.0。

不可压缩流从入口以 $u=u_{\text{in}}$ 的均匀速度进入计算域(u 为 x 方向的速度分量)，到达出口时，流速满足$\partial u/\partial x=0$、$\partial v/\partial x=0$，其中 v 是 y 方向上的速度分量。横向边界为对称边界条件($\partial u/\partial y=0$、$v=0$)，结构表面为 $u=0$ 和 $v=0$ 的无滑移条件。

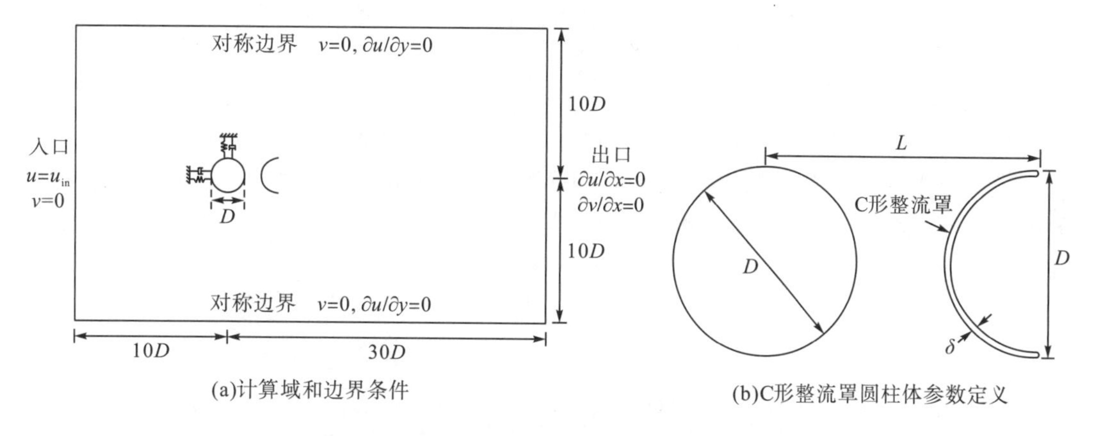

(a)计算域和边界条件　　(b)C形整流罩圆柱体参数定义

图 4.46　C 形整流罩圆柱体示意图

如图 4.47 所示，圆柱体和 C 形整流罩外侧设一包裹区，将计算域分为随动区和动网格变形区。圆柱周围的四边形网格随结构运动，同时在每个时间步长内更新动态网格区域中的网格。包裹区由结构化的四边形网格填充，第一层网格高 0.005D，圆柱体周向等分 400 个节点，其径向增长率低于 1.1。在数值模拟中，当网格尺寸大于 0.08D 时，动态网格区域中的网格将分解成两个小尺度网格，而当两个网格均小于 0.001D 时，两个网格将合并为一个大尺寸网格。

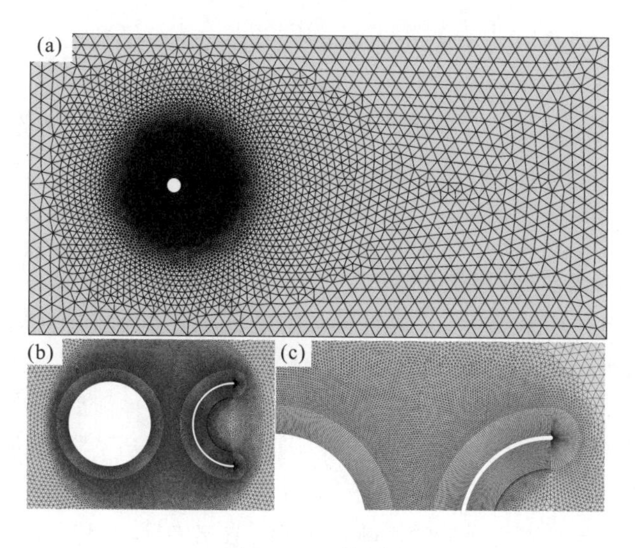

图 4.47　网格划分

4.4.2 C 形整流罩对水动力系数的影响

图 4.48 展示了时均阻力系数($\bar{C}_{\mathrm{D}}$)和升力系数均方根($C_{\mathrm{L,rms}}$)的变化，其中时均阻力系数定义为

$$\bar{C}_{\mathrm{D}} = \frac{1}{N}\sum_{i=1}^{N}\frac{2F_{\mathrm{D}}(t)}{\rho u_{in}^{2}D} \tag{4.2}$$

式中，$F_{\mathrm{D}}(t)$ 为阻力。

相较于裸柱，L/D=1.5 结构的阻力和升力几乎不随约化速度变化，维持一个相对较低值。当间距比增加到 3.0 时，在 U_{r}=5 处观察到水动力的减小，而 $U_{\mathrm{r}}\geqslant 5$ 时作用在结构上的阻力和升力均大于裸柱。L/D=4.5 结构同样如此，只是约化速度前移至 U_{r}=4，这与结构周围的压力分布密切相关。

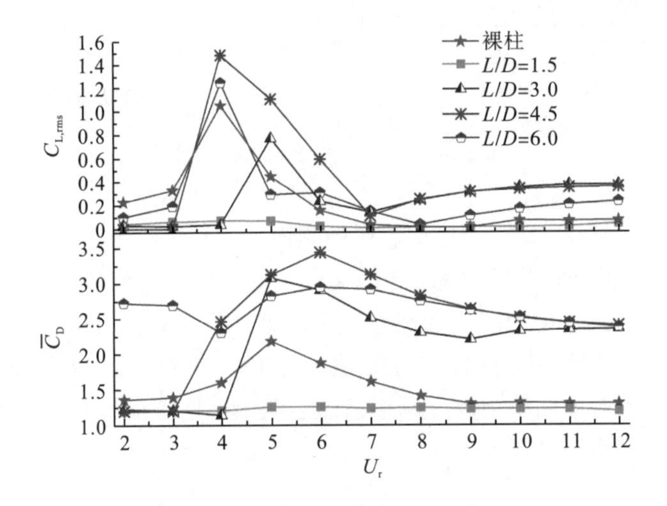

图 4.48 C 形整流罩圆柱流体力对比

图 4.49 比较了 4 个典型约化速度下的压力系数(C_{P})云图。C_{P} 定义为

$$C_{\mathrm{P}} = \frac{p - p_{\infty}}{\frac{1}{2}\rho u_{in}^{2}} \tag{4.3}$$

式中，p 为流场压力；p_{∞}为入口参考压力。

引入 L/D=1.5 的 C 形整流罩后，圆柱体后面的低压区明显变窄，并且迎流面和背流面之间的压力差也减小，因而作用于结构上的流体力显著减小。对于 L/D=3.0 结构，在 U_{r}=4 时圆柱体后方的负压约为裸柱的一半，然而当 $U_{\mathrm{r}}\geqslant 5$ 时，柱体前后压差和柱体后方低压区明显增加，增大了流体力。L/D=4.5 和 L/D=6.0 结构观察到了同样的现象。尽管圆柱体周围的压力分布与裸柱无异，但 C 形整流罩后面的低压区域变宽，这主要是由于在大间距比下，C 形整流罩自身脱落涡旋的影响。因此，在 L/D=4.5 和 L/D=6.0 时，阻力增加明显。

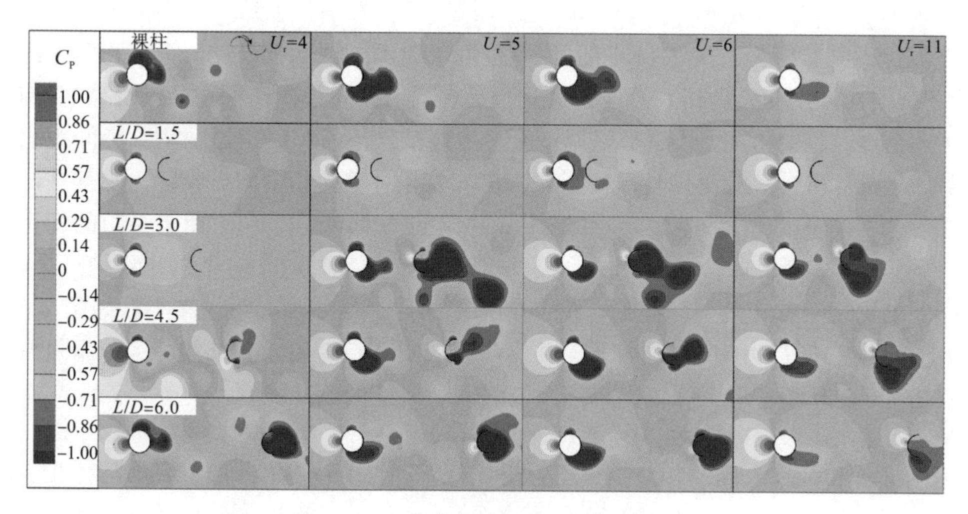

图 4.49　C 形整流罩圆柱压力分布对比

4.4.3　C 形整流罩对圆柱振动响应的影响

图 4.50 对比了 C 形整流罩圆柱和裸柱的振动响应幅度和频率。当约化速度从 2 增大到 5 时，裸柱的横向振幅迅速增加，响应频率（$f_Y^* = f_Y / f_n$，振动频率与固有频率之比）沿斯特劳哈尔数 Sr=0.154 变化，具有涡激振动初始分支的特征。振幅在 U_r=5 处达到峰值后，随约化速度增大到 10 后逐渐减小，频率接近固有频率，表明此时振动响应处于下分支。随约化速度进一步增加，振幅逐渐稳定并且频率重新沿斯特劳哈尔数变化，这具有去同步化分支的特性。低雷诺数下裸柱的三分支振动响应曲线与 Wang 等[59]、Zhao[63]的研究吻合，进一步证实了数值模型的准确性和适用性。

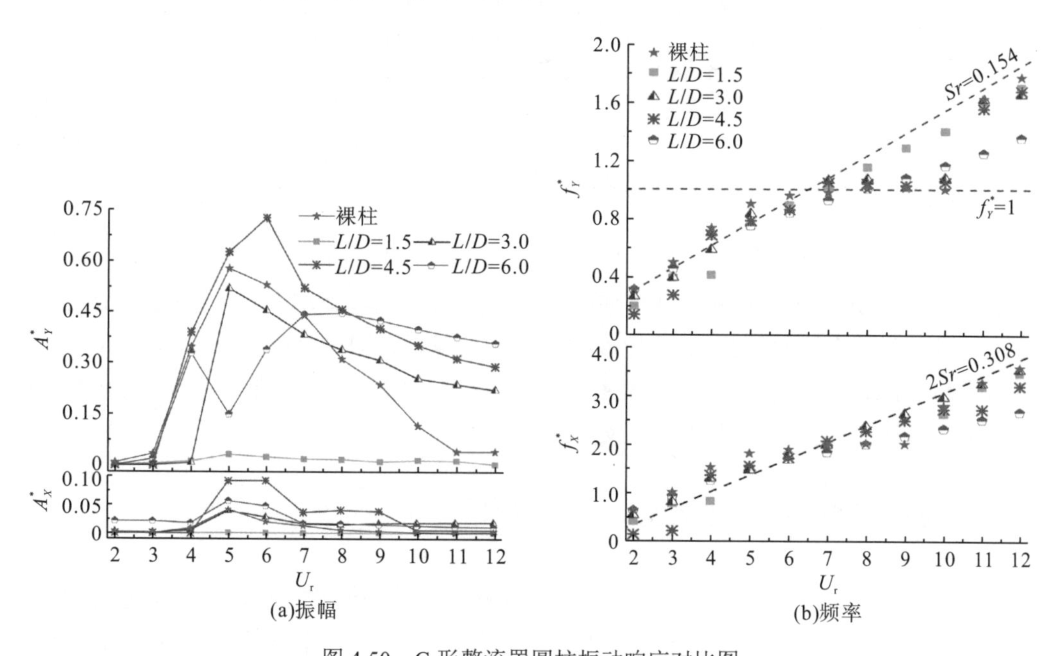

图 4.50　C 形整流罩圆柱振动响应对比图

与流体力系数相似，$L/D=1.5$ 的 C 形整流罩在涡激振动下分支，流向和横向振幅均减小，相应的锁定区也消失。在整个约化速度范围内，流向和横向频率分别遵循 $2Sr=0.308$ 和 $Sr=0.154$ 曲线变化，表明 C 形整流罩能有效调节尾流，抑制涡激振动。当间距比增加到 3.0 时，振幅和频率的变化与裸柱无异，在 $U_r \geqslant 8$ 时流向和横向振幅都大于裸柱，表明 C 形整流罩失去抑振功能。当 $L/D=4.5$ 时，振动进一步加强，与升阻力系数的变化趋势保持一致。当 $L/D=6.0$ 时，在横向曲线中发现了两个振幅峰值，$U_r=4$ 处出现第一个峰值，在 $U_r=8$ 处出现第二个峰值，之后，横向振幅随约化速度增加而缓慢减小。如图 4.50(b) 所示，横向频率在 $U_r>8$ 时缓慢增加，并始终略低于斯特劳哈尔数曲线。尽管流向振幅曲线在 $L/D=6.0$ 时没有多个峰值出现，但依然大于裸柱的流向振幅。此外，流向频率与横向频率变化趋势一致，但数值为横向频率的 2 倍。

横向幅度和升力之间的相位差(ϕ)如图 4.51 所示。裸柱和 C 形整流罩圆柱在涡激振动初始分支处，振幅和升力的相位差均为 0°，表明两者同相，圆柱从流体中获得能量，从而促使振幅增长。当约化速度从 3 增加到 5 时，$L/D=6.0$ 结构会发生相位差跳跃，导致初始分支中的横向振幅变小。

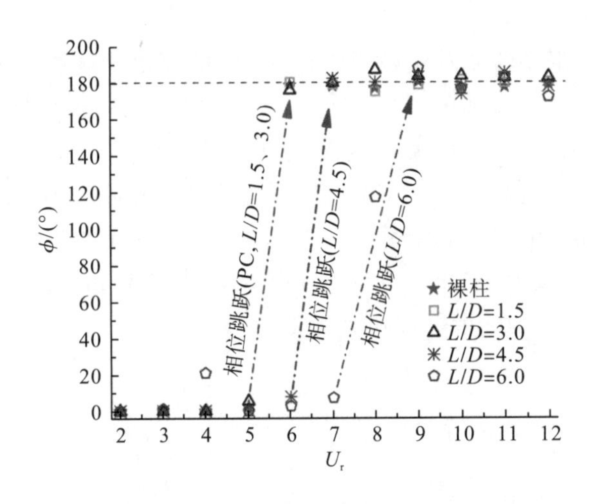

图 4.51 振幅和升力间相位差的关系

裸柱的相位差从 0° 跳跃至 180° 发生在 $U_r=5\sim6$ 之间，对应于从初始分支到下分支的过渡。180° 相位角代表能量从圆柱传递到流体，进而导致振动减弱[64-65]。对于 $1.5D$ 或 $3D$ 的 C 形整流罩，柱体在相同的约化速度处发生相位跳跃；对 $L/D=4.5$ 和 $L/D=6.0$ 结构，180° 相位角推后到了较高的约化速度 $U_r=7$ 和 $U_r=9$。但 $L/D=6.0$ 结构的相位变化相对缓慢，对应于初始分支缓慢过渡到下分支。

4.4.4 C 形整流罩对圆柱尾流场的影响

图 4.52 对比了 $L/D=4.5$ 的 C 形整流罩圆柱旋涡脱落的演变情况，两个典型的约化速度 $U_r=4$ 和 $U_r=10$ 分别对应初始分支和下分支。在 $U_r=4$ 时，圆柱表面剪切层在#1 时刻形

成顺时针旋涡 A_1，同时 C 形整流罩的上剪切层产生一个小尺寸顺时针旋涡 A_2。当旋涡 A_1 在#2 时刻分离时，圆柱下侧产生一个新的小旋涡 B。同时，由于结构向上运动，C 形整流罩的上剪切层沿凹面卷起并分割为两部分 A_{2a} 和 A_{2b}，在整流罩下端的 A_{2b} 被局部的逆时针旋涡包裹，从而产生干扰。随后(时刻#3)，脱落的 A_1 重新附着在 C 形整流罩上，并与 A_2 连接。在#4 时刻，A_1 和 A_2 合并成一个较大的旋涡 A_3，此时的 A_3 旋涡几乎将 C 形整流罩包裹了起来。当结构向下移动时(#5 时刻)，旋涡离开整流罩的凹面并分割为两部分 A_{3a} 和 A_{3b}。旋涡 B 和 A_{3b} 逐渐发展，然后分别从圆柱体和 C 形整流罩中脱落。这种旋涡从 C 形整流罩以及圆柱上同时脱落的尾流模式称为同脱落模式(co-shedding)。在 U_r=10 时，由圆柱产生的旋涡在自由脱落之前重新附着在 C 形整流罩上，合并到 C 形整流罩的剪切层中，随后更大尺寸的旋涡从整流罩上脱落。这种尾流结构称为剪切层合并模式(shear-layer combination，SLC)模式。

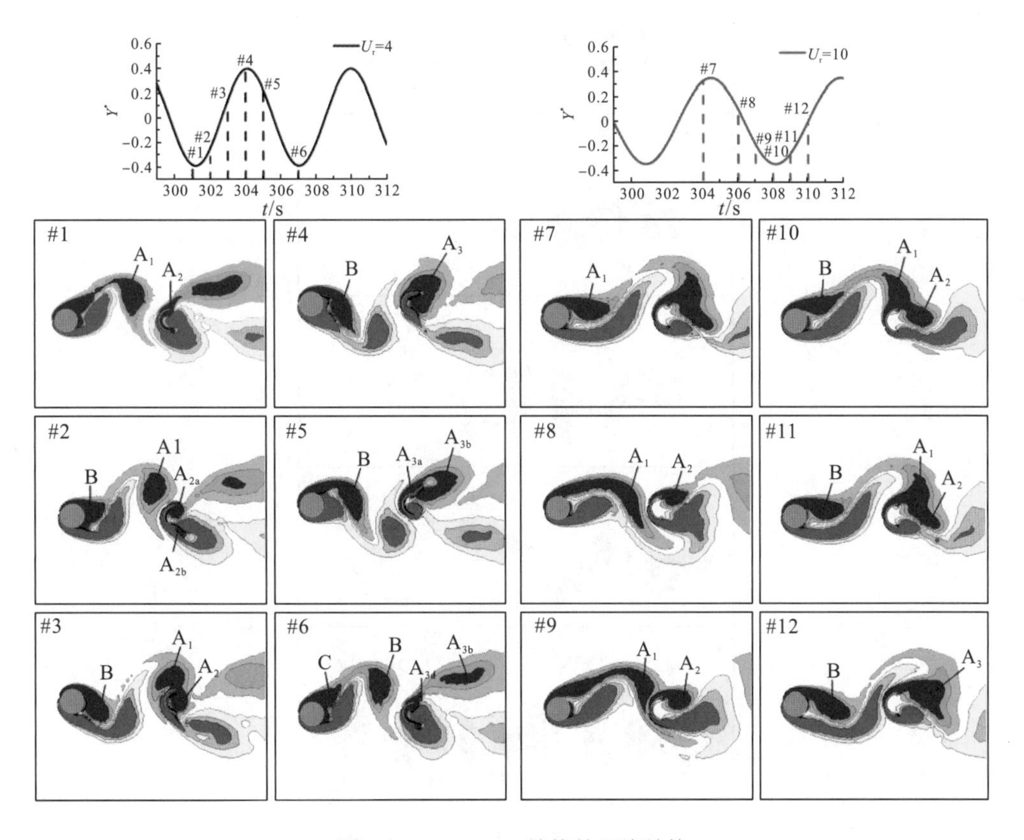

图 4.52　L/D＝4.5 结构的涡流结构

除约化速度外，尾流状态对圆柱与 C 形整流罩之间的间距也很敏感。图 4.53 总结了 5 种尾流结构，图 4.54 展示了 C 形整流罩圆柱的旋涡脱落云图。当中心间距等于 1.5D 时，圆柱产生的剪切层将越过 C 形整流罩，且间隙内流动几乎停滞，这种流动模式称为拓展体模式(overshoot，OS，模式 I)。与裸柱相比，该模式下的剪切层显著延长，因此旋涡形成长度加长，有效抑制了结构振动。当间距比增加到 3.0 时，圆柱一侧的剪切层被卷起，另一侧的剪切层重新附着在 C 形整流罩上，这种剪切层重新附着并交替发生的模式称为迎流面附着模式(front-face reattachment，FFR，模式Ⅱ)。此时尾流变宽，引起更大的升力和更强的振动响应。随着间距比进一步增加到 4.5，在 $U_r \geqslant 4$ 时圆柱的两个剪切层都具有足够的空间可以卷曲形成旋涡，但却存在两种不同的模式：①剪切层合并模式(shear-layer combination，SLC，模式Ⅲ)出现在 U_r=7～12 内，与 FFR 模式相比，尾流宽度进一步增加；②共同脱落模式，发生在 U_r=4～6 内，从圆柱上脱落的旋涡交替撞击在 C 形整流罩的凸面上，与整流罩上的旋涡合并后，在整流罩尾部形成了两排平行的旋涡，因此称为双排涡共同脱落模式(two-row co-shedding，TRCS，模式Ⅳ)，该模式下的尾流宽度达到最大，对应着图 4.50 中的最大振幅，也与 Wang 等[51, 59]的观察一致。

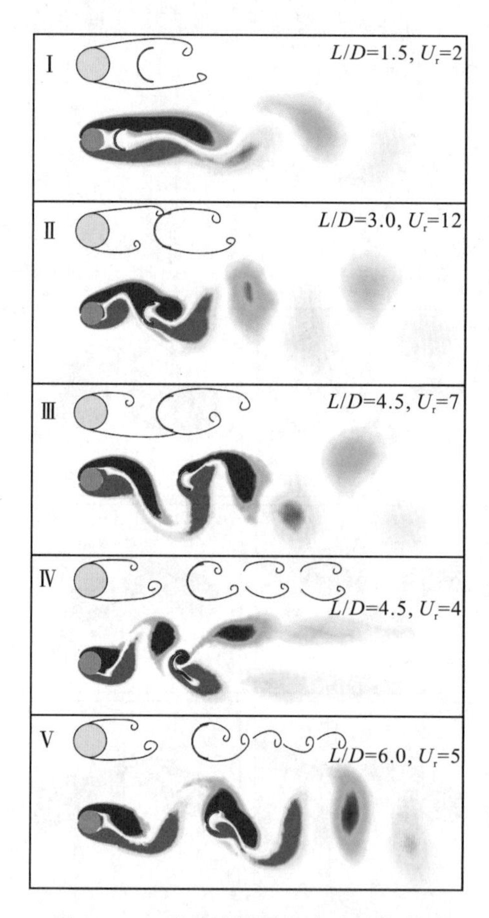

图 4.53 C 形整流罩圆柱流动结构类型

当间距比达到 6.0 时，会发生另一种共同脱落模式，其尾流结构为单排旋涡，称为单排涡共同脱落模式(one-row co-shedding，ORCS，模式Ⅴ)。与 TRCS 模式相比，ORCS 模式具有较窄的尾流宽度，主要在初始分支中。TRCS 模式在 U_r=4 处出现并导致初始分支的波动，而振动响应从初始分支过渡到下分支，尾流模式也从 ORCS 模式演变为 SLC 模式。通常，振动响应分支的过渡和响应幅度的波动与旋涡脱落方式的改变密切相关，而图 4.55 则详细展示了尾流模式分区情况。

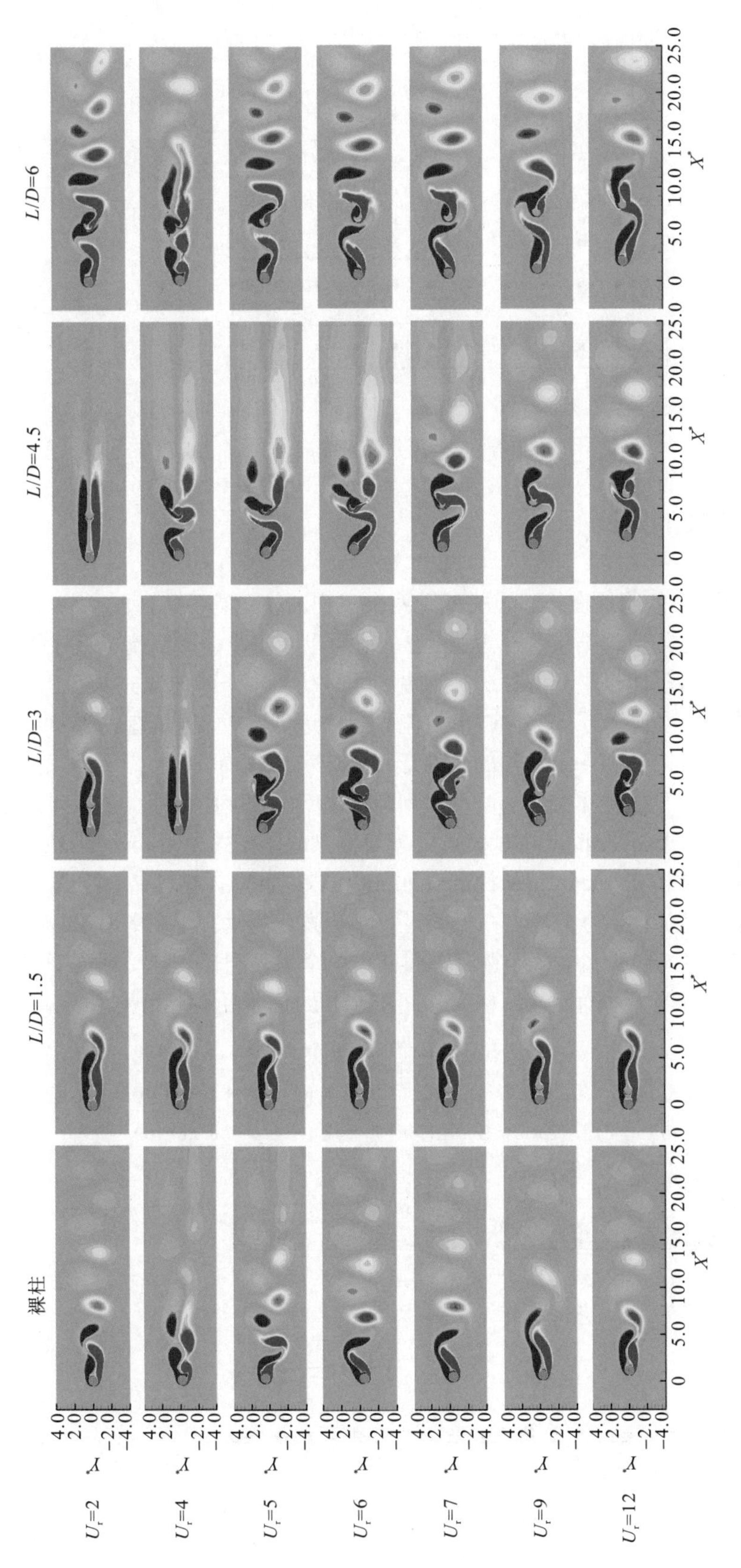

图4.54　C形整流罩圆柱旋涡脱落云图

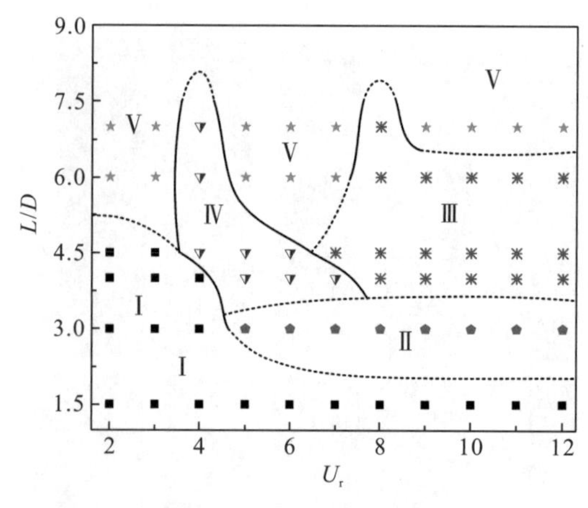

图 4.55 尾流模式分区图

4.4.5 与串列双圆柱的对比

尾部带有 C 形整流罩的圆柱在构造上类似于两个串列圆柱，基于此，图 4.56 对比了当前结果和两个串列圆柱的数值结果[63]。从图 4.56(a) 可以看出，C 形整流罩圆柱的升力系数和横向振幅变化趋势与两个串列圆柱一致。串列圆柱仿真中未考虑 4.5 的间距比，在此将 L/D=4.0 时的结果与当前 L/D=4.5 的 C 形整流罩圆柱进行比较，这是造成两者结果差异的主要原因。此外，雷诺数和下游结构的几何形状也应考虑在内。

尾流结构则显示出 C 形整流罩圆柱与两个串列圆柱之间的高度相似性。在串列圆柱结构中也观察到了拓展体模式(overshoot，OS 模式)、双排涡共脱落模式(two-row co-shedding，TRCS 模式)和剪切层合并模式(shear-layer combination，SLC 模式)，但其边界层与下游圆柱体的分离主要发生在背流面，且分离点在振荡过程中会发生移动，而在本书中，边界层分离发生在 C 形整流罩尖端。此外，C 形整流罩圆柱与两个串列圆柱一样受尾流干扰，其振动响应受尾流结构影响明显，而尾流结构又与间距比和约化速度紧密相关。

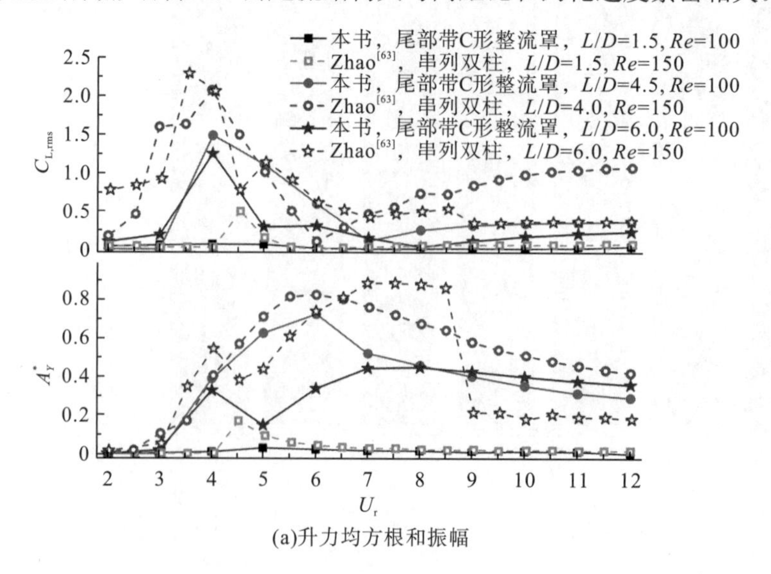

(a)升力均方根和振幅

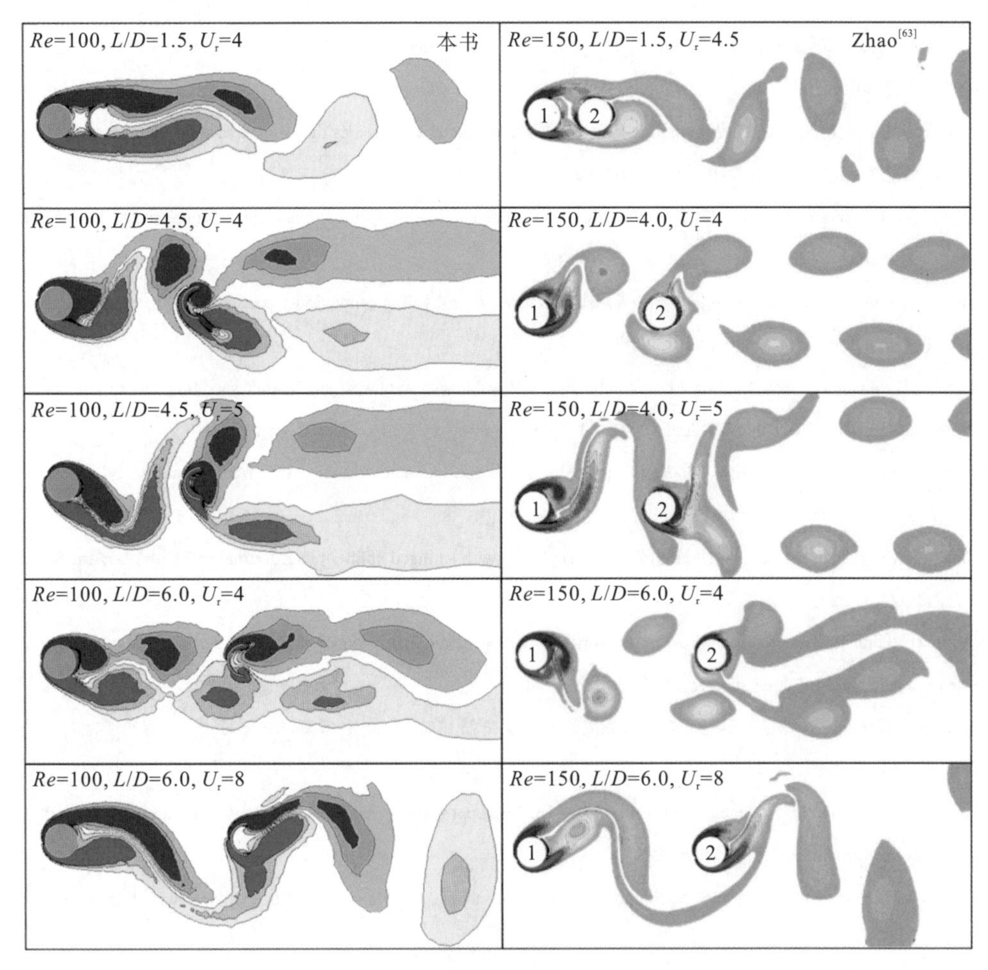

(b)涡量云图

图 4.56　C 形整流罩圆柱与两串联圆柱对比图

参 考 文 献

[1] Assi G R S, Franco G S, Vestri M S. Investigation on the stability of parallel and oblique plates as suppressors of vortex-induced vibration of a circular cylinder. Journal of Offshore Mechanics and Arctic Engineering, 2014, 136: 031802.

[2] Zhu H J, Yao J, Ma Y, et al. Simultaneous CFD evaluation of VIV suppression using smaller control cylinders. Journal of Fluids and Structures, 2015, 57: 66-80.

[3] Shih W C L, Wang C, Coles D, et al. Experiments on flow past rough circular cylinders at large Reynolds numbers. Journal of Wind Engineering and Industrial Aerodynamics, 1993, 49: 351-368.

[4] Hwang J Y, Yang K S, Sun S H. Reduction of flow-induced forces on a circular cylinder using a detached splitter plate. Physics of Fluids, 2003, 15: 2433-2436.

[5] Zhu H J, Yao J. Numerical evaluation of passive control of VIV by small control rods. Applied Ocean Research, 2015, 51: 93-116.

[6] Dong S, Triantafyllou G S, Karniadakis G E. Elimination of vortex streets in bluff-body flows. Physical Review Letters, 2008, 100(20): 204501.

[7] Huang R F, Hsu C M, Chen Y T. Modulating flow and aerodynamic characteristics of a square cylinder in crossflow using a rear jet injection. Physics of Fluids, 2017, 29(1): 015103.

[8] Williams D R, Mansy H, Amato C. The response and symmetry properties of a cylinder wake subjected to localized surface excitation. Journal of Fluid Mechanics, 1992, 234: 71-96.

[9] Feng L H, Wang J J. Circular cylinder vortex-synchronization control with a synthetic jet positioned at the rear stagnation point. Journal of Fluid Mechanics, 2010, 662: 232-259.

[10] Feng L H, Wang J J. Modification of a circular cylinder wake with synthetic jet: Vortex shedding modes and mechanism. European Journal of Mechanics B/Fluids, 2014, 43: 14-32.

[11] Govardhan R, Williamson C H K. Modes of vortex formation and frequency response of a freely vibrating cylinder. Journal of Fluid Mechanics, 2000, 420: 85-130.

[12] Shukla S, Govardhan R N, Arakeri J H. Flow over a cylinder with a hinged-splitter plate. Journal of Fluids and Structures, 2009, 25: 713-720.

[13] Akilli H, Sahin B, Tumen F. Suppression of vortex shedding of circular cylinder in shallow water by a splitter plate. Flow Measurement and Instrumentation, 2005, 16(4): 211-219.

[14] 王海青, 郭海燕, 刘晓春, 等. 海洋立管涡激振动抑振方法试验研究. 中国海洋大学学报(自然科学版), 2009, 39: 479-482.

[15] Assi G R S, Bearman P W, Kitney N. Low drag solutions for suppressing vortex-induced vibration of circular cylinders. Journal of Fluids and Structures, 2009, 25: 666-675.

[16] Assi G R S, Bearman P W, Kitney N. Suppression of wake-induced vibration of tandem cylinders with free-to-rotate control plates. Journal of Fluids and Structures, 2010, 26: 1045-1057.

[17] Gu F, Wang J S, Qiao X Q, et al. Pressure distribution, fluctuating forces and vortex shedding behavior of circular cylinder with rotatable splitter plates. Journal of Fluids and Structures, 2012, 28: 263-278.

[18] Huera-Huarte F J. On splitter plate coverage for suppression of vortex-induced vibrations of flexible cylinders. Applied Ocean Research, 2014, 48: 244-249.

[19] Stappenbelt B. Splitter-Plate wake stabilisation and low aspect ratio cylinder flow-induced vibration mitigation. International Journal of Offshore and Polar Engineering, 2010: 1053-5381.

[20] Liang S P, Wang J S, Hu Z. VIV and galloping response of a circular cylinder with rigid detached splitter plates. Ocean Engineering, 2018, 162: 176-186.

[21] Assi G R S, Bearman P W, Tongarelli M A. Tognarelli. On the stability of a free-to-rotate short-tail fairing and a splitter plate as suppressors of vortex-induced vibration. Ocean Engineering, 2014, 92: 234-244.

[22] Roshko A. On the development of turbulent wakes from vortex street. National Advisory Committee for Aeronautics, 1953: 2913.

[23] Apelt C J, West G S, Szewczyk A A. Effects of wake splitter plates on flow past a circular cylinder in range $10^4 < Re < 5\times10^4$. Journal of Fluid Mechanics, 1973, 61: 187-198.

[24] Apelt C J, West G S. Effects of wake splitter plates on bluff-body flow in range $10^4 < Re < 5\times10^4$. Journal of Fluid Mechanics, 1975, 71: 145-160.

[25] Sudhakary Y, Vengadesans S. Vortex shedding characteristics of a circular cylinder with an oscillating wake splitter plate. Computers and Fluids, 2012, 53: 40-52.

[26] Williamson C H K. Three-dimensional vortex dynamics in bluff body wakes. Experimental Thermal and Fluid Science, 1996, 12(2): 150-168.

[27] Jiang H, Cheng L, Draper S, el al. Three-dimensional direct numerical simulation of wake transitions of a circular cylinder. Journal of Fluid Mechanics, 2016, 801: 353-391.

[28] Wu J, Shu C, Zhao N. Numerical investigation of vortex-induced vibration of a circular cylinder with a hinged flat plate. Physics of Fluids, 2014, 26(6): 063601.

[29] Borazjani I, Sotiropoulos F. Vortex-induced vibrations of two cylinders in tandem arrangement in the proximity-wake interference region. Journal of Fluid Mechanics, 2009, 621: 321-364.

[30] Bao Y, Zhou D, Tu J. Flow interference between a stationary cylinder and an elastically mounted cylinder arranged in proximity. Journal of Fluids and Structures, 2011, 27(8): 1425-1446.

[31] Singh S P, Mittal S. Vortex-induced oscillations at low Reynolds numbers: hysteresis and vortex-shedding modes. Journal of Fluids and Structures, 2005, 20(8): 1085-1104.

[32] Mannini C, Marra A M, Bartoli G. VIV-galloping instability of rectangular cylinders: Review and new experiments. Journal of Wind Engineering and Industrial Aerodynamics, 2014, 132: 109-124.

[33] Sahu T R, Furquan M, Jaiswal Y, et al. Flow-induced vibration of a circular cylinder with rigid splitter plate. Journal of Fluids and Structures, 2019, 89: 244-256.

[34] Xu W, Ji C, Sun H. Flow-induced vibration of two elastically mounted tandem cylinders in cross-flow at subcritical Reynolds numbers. Ocean Engineering, 2019, 173: 375-387.

[35] Song L, Fu S, Cao J, et al. An investigation into the hydrodynamics of a flexible riser undergoing vortex-induced vibration. Journal of Fluids and Structures, 2016, 63: 325-350.

[36] Zhu H J, Zhao H L, Zhou T M. Direct numerical simulation of flow over a slotted cylinder at low Reynolds number. Applied Ocean Research, 2019, 87: 9-25.

[37] Bhatt R, Alam M M. Vibrations of a square cylinder submerged in a wake. Journal of Fluid Mechanics, 2018, 853: 301-332.

[38] Kwon K, Choi H. Control of laminar vortex shedding behind a circular cylinder using splitter plates. Physics of Fluids, 1996, 8(2): 479-486.

[39] Liu K, Deng J, Mei M. Experimental study on the confined flow over a circular cylinder with a splitter plate. Flow Measurement and Instrumentation, 2016, 51: 95-104.

[40] Roshko A. On the wake and drag of bluff bodies. Journal of the Aeronautical Sciences, 1955, 22(2): 124-132.

[41] Serson D, Meneghini J R, Carmo B S, et al. Wake transition in the flow around a circular cylinder with a splitter plate. Journal of Fluid Mechanics, 2014, 755: 582-602.

[42] Lu L, Guo X L, Tang G Q, Liu M M, et al. Numerical investigation of flow induced rotary oscillation of circular cylinder with rigid splitter plate. Physics of Fluids, 2016, 28: 093604.

[43] Abdi R, Rezazadeh N, Abdi M. Investigation of passive oscillations of flexible splitter plates attached to a circular cylinder. Journal of Fluids and Structures, 2019, 84: 302-317.

[44] Balint T S, Lucey A D. Instability of a cantilevered flexible plate in viscous channel flow. Journal of Fluids and Structures, 2005, 20: 893-912.

[45] Cimbala J. M, Chen K T. Supercritical Reynolds number experiments on a freely rotatable cylinder/splitter plate body. Physics of Fluids, 1994, 6(7): 2440-2445.

[46] Hua R N, Zhu L, Lu X Y. Locomotion of a flapping flexible plate. Physics of Fluids, 2013, 25(12): 121901.

[47] Law Y Z, Jaiman R K. Wake stabilization mechanism of low-drag suppression devices for vortex-induced vibration. Journal of Fluids and Structures, 2017, 70: 428-449.

[48] Lee J, You D. Study of vortex-shedding-induced vibration of a flexible splitter plate behind a cylinder. Physics of Fluids, 2013, 25(11): 110811.

[49] Liang S, Wang J, Xu B, et al. Vortex-induced vibration and structure instability for a circular cylinder with flexible splitter plates. Journal of Wind Engineering and Industrial Aerodynamics, 2018, 174: 200-209.

[50] Shukla S, Govardhan R N, Arakeri J H. Dynamics of a flexible splitter plate in the wake of a circular cylinder. Journal of Fluids and Structures, 2013, 41: 127-134.

[51] Wang H, Zhai Q, Zhang J. Numerical study of flow-induced vibration of a flexible plate behind a circular cylinder. Ocean Engineering, 2018, 163: 419-430.

[52] Yayla S, Teksin S. Flow measurement around a cylindrical body by attaching flexible plate: A PIV approach. Flow Measurement and Instrumentation, 2018, 62: 56-65.

[53] Feng L H, Cui G P, Liu L Y. Two-dimensionalization of a three-dimensional bluff body wake. Physics of Fluids, 2019, 31: 017104.

[54] Assi G R S, Bearman P W. Transverse galloping of circular cylinders fitted with solid and slotted splitter plates. Journal of Fluids and Structures, 2015, 54: 263-280.

[55] Bao Y, Huang C, Zhou D, et al. Two-degree-of-freedom flow-induced vibrations on isolated and tandem cylinders with varying natural frequency ratios. Journal of Fluids and Structures, 2012, 35: 50-75.

[56] Gedikli E D, Dah J M. Mode excitation hysteresis of a flexible cylinder undergoing vortex-induced vibrations. Journal of Fluids and Structures, 2017, 69: 308-322.

[57] Yu Y, Xie F, Yan H, et al. Suppression of vortex-induced vibrations by fairings: A numerical study. Journal of Fluids and Structures, 2015, 54: 679-700.

[58] Zhu H J, Liao Z H, Gao Y, et al. Numerical evaluation of the suppression effect of a free-to-rotate triangular fairing on the vortex-induced vibration of a circular cylinder. Applied Mathematical Modelling, 2017, 52: 709-730.

[59] Wang R, Bao Y, Zhou D, et al. Flow instabilities in the wake of a circular cylinder with parallel dual splitter plates attached. Journal of Fluid Mechanics, 2019, 874: 299-338.

[60] Xie F, Yu Y, Constantinide Y, et al. U-shaped fairings suppress vortex-induced vibrations for cylinders in crossflow. Journal of Fluid Mechanics, 2015, 782: 300-332.

[61] Mysa R C, Kaboudian A, Jaiman R K. On the origin of wake-induced vibration in two tandem circular cylinders at low Reynolds number. Journal of Fluids and Structures, 2016, 61: 76-98.

[62] Behara S, Ravikanth B, Chandra V. Vortex-induced vibrations of three staggered circular cylinders at low Reynolds numbers. Physics of Fluids, 2017, 29: 083606.

[63] Zhao M. Flow induced vibration of two rigidly coupled circular cylinders in tandem and side-by-side arrangements at a low Reynolds number of 150. Physics of Fluids, 2013, 25: 123601.

[64] Rustad A M, Larsen C M, Triantafyllou M S, et al. Modelling and control of colliding top tensioned risers in deep waters. The

7th IFAC Conference on Manoeuvering and Control of Marine Crafts, Lisbon, Portugal, 2006.

[65] Rustad A M, Larsen C M, Sørensen A J. Deep water riser collision avoidance by top tension control. The 26th International Conference on Offshore Mechanics and Arctic Engineering, OMAE 2007-29172, San Diego, CA, 2007.

第 5 章　串列布置双柱体的振动响应

实际工程中柱体结构常以群柱的形式布置，双柱是群柱的基本单元，存在串列、并列和交错 3 种布置形式。本章针对串列布置的双柱体，分析双圆柱及不同形状的双柱振动响应，阐述其与单柱振动不同的响应特性及尾流结构。

5.1　串列双圆柱的流致振动响应

串列双圆柱的振动响应是群柱振动分析的基础。实际工程中多圆柱结构较为常见，如换热管、核反应堆的冷却系统、海上工程结构、烟囱和传输电缆等，这些结构在气流或水流中激发出振动响应，易发生疲劳损伤、断裂或坍塌。双柱不同于单柱，上游柱体的存在改变了下游柱体的来流条件，而下游柱体的存在影响了上游柱体的尾涡发展，两者存在相互影响。明晰双柱流致振动的影响因素与流固耦合作用机理，有利于加深对多体流致振动交互作用的认识，为群柱的耦合响应分析奠定基础。

5.1.1　串列双圆柱流致振动响应的数值模型

本节模拟分析了 Re=150 时刚性连接(同步振动)的双圆柱流致振动。其中，两个圆柱中心间距 L 取为 1.5D、3.75D 和 6D，直径比 d/D 为 0.5(D 为下游大圆柱的直径，d 为上游小圆柱的直径)[1]，约化速度 U_r 的变化范围为 3～12。

如图 5.1 所示，计算域为一矩形，流域入口设为速度入口边界，出口设为自由出流边界，下游圆柱中心距入口 20D，距出口 40D，距两侧对称边界 20D。入口边界定义为均匀来流，流向(x 方向)速度分量 $u=u_{in}$=1.5m/s，横向(y 方向)速度分量 v=0；自由出流边界定义为$\partial u/\partial x=0$、$\partial v/\partial x=0$；对称边界定义为$\partial u/\partial y=0$、$v=0$；圆柱表面无滑移，即 $u=0$、$v=0$。

圆柱质量比取为 2，阻尼比设为 0，以尽可能激发较大的振动响应。圆柱在流向和横向均可自激振动(双自由度)。

如图 5.2 所示，串列双柱周围各包裹有一层四边形网格的随动区域，宽度为 0.25D，随动区内径向网格增长率为 1.05，近壁面第一层网格的高度为 0.011D，随动区域外为三角形网格填充的动网格。通过计算二维层流的 N-S 方程得到流场信息，使用四阶龙格库塔法计算每一个时间步长的结构运动响应。计算的无量纲时间步长取为 0.01，每组计算均在监测的升阻力系数达到稳定波动并经历了足够多的变化周期后才停止，以便获得准确的统计结果。

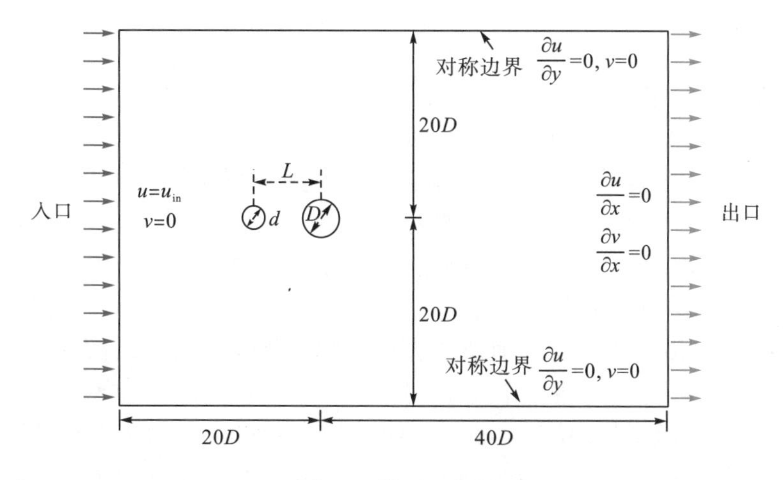

图 5.1　模型示意图

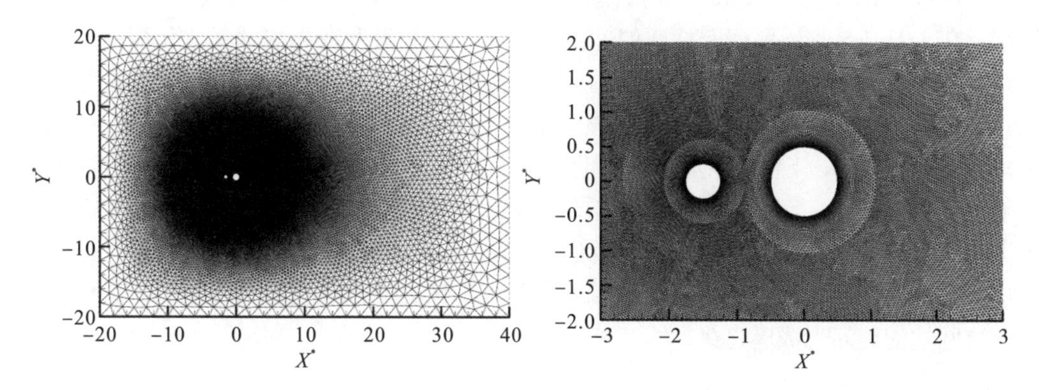

图 5.2　计算网格

如图 5.3 所示，在一定约化速度范围内，单个圆柱的横向振动响应计算结果与前人的文献报道[2-4]基本吻合。在低雷诺数和低质量比条件下，圆柱的横向振幅曲线呈现出 3 个分支：初始分支、下分支和去同步化分支。

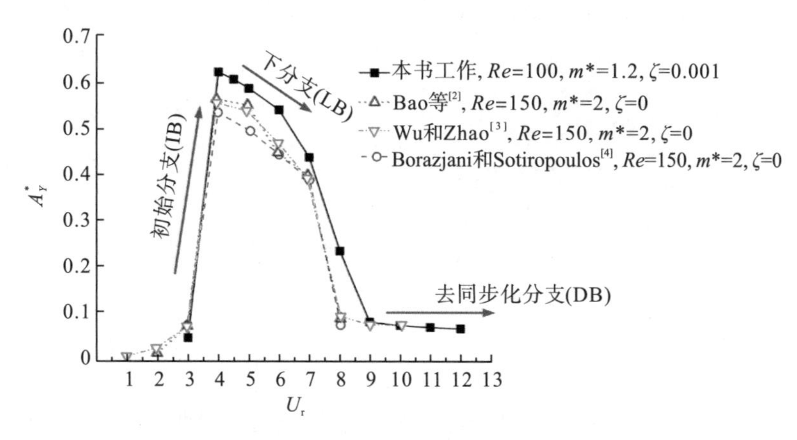

图 5.3　裸柱验证

5.1.2 流动模式分区

不同间距比下，上游圆柱后方形成的尾涡大小、旋涡间距等不一样，且在两柱之间的间隙流也不尽相同，上游圆柱的剪切层或尾涡向后迁移撞击在下游圆柱表面时的状态也随之发生变化。Zdravkovich[5, 6]基于不同圆柱间距比 L/D(其中 L 是圆柱中心间距，D 是圆柱直径)定义等径双圆柱的 3 种流动模式：①拓展体模式，当 $1.0<L/D<1.8$ 时，两个圆柱非常接近，以致上游圆柱分离的自由剪切层越过了下游圆柱，并在下游圆柱后方卷曲形成旋涡，旋涡的形成与脱落看起来像单个柱体一样；②再附着模式，当 $1.8\leqslant L/D\leqslant 3.8$ 时，从上游圆柱脱落的剪切层重新附着在下游圆柱体的表面，并且仅在下游圆柱体的尾部观察到涡旋的脱落；③共同脱落模式，当 $L/D>3.8$ 时，两个圆柱间均存在完整的旋涡脱落过程。

在模拟计算的组次中，旋涡脱落模式随间距比 L/D 和约化速度的变化而变化。如图 5.4 所示，在 L/D=1.5 时，串列双柱间的间距很小，双柱间只存在拓展体模式和再附着模式，再附着模式出现在约化速度为 5 和 6 时，对应的振动幅度也明显大于其他约化速度时的振幅，在本次计算的约化速度范围内，该间距下的尾流旋涡均呈现 2S 脱落模式。Sumner[7]提出拓展体模式下，下游圆柱位于上游圆柱的旋涡形成区域内，上游圆柱分离的剪切层包围或包裹下游圆柱，而不在其表面上重新附着。间距比增大为 3.75 时，上游圆柱的剪切层无法包围下游圆柱，而是以重新附着的形式与下游圆柱接触。在间距比为 6 时，在小约化速度(U_r=3、U_r=4)时出现共同脱落模式，表明此时上游圆柱的旋涡间距小，下游圆柱位于上游圆柱的旋涡形成区之外。

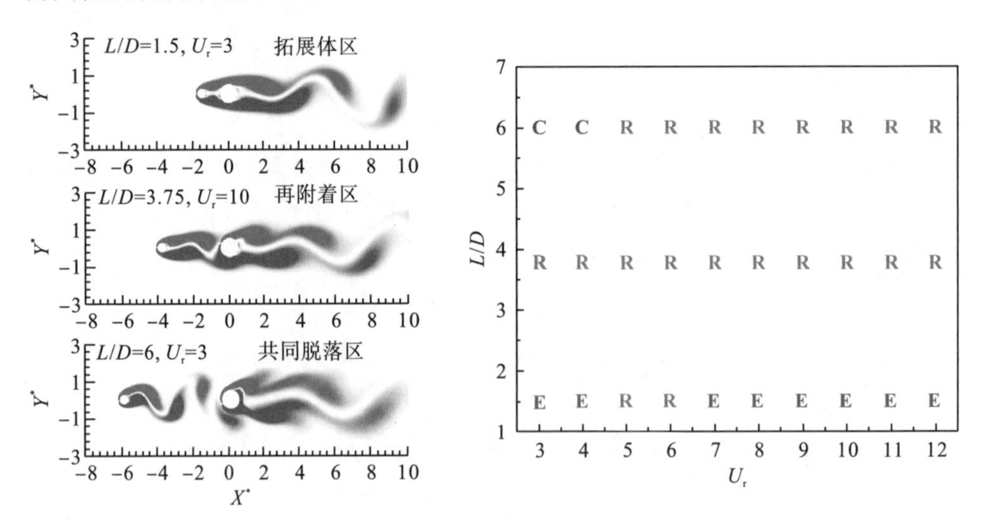

图 5.4 流动模式分区

5.1.3 旋涡演变

为进一步探究不同间距流动模式下层流旋涡的发展迁移过程，选取了具有代表性的约化速度时一个振动周期内串列双柱的旋涡演变过程进行了分析。间距比 L/D=1.5，约化速度为 4 和 11 时，两个圆柱以很小的幅度振动，间隙间的流速较小，只在下游大圆柱的尾流区观察到了旋涡脱落，且旋涡脱落呈现规则的周期性，如图 5.5 所示。

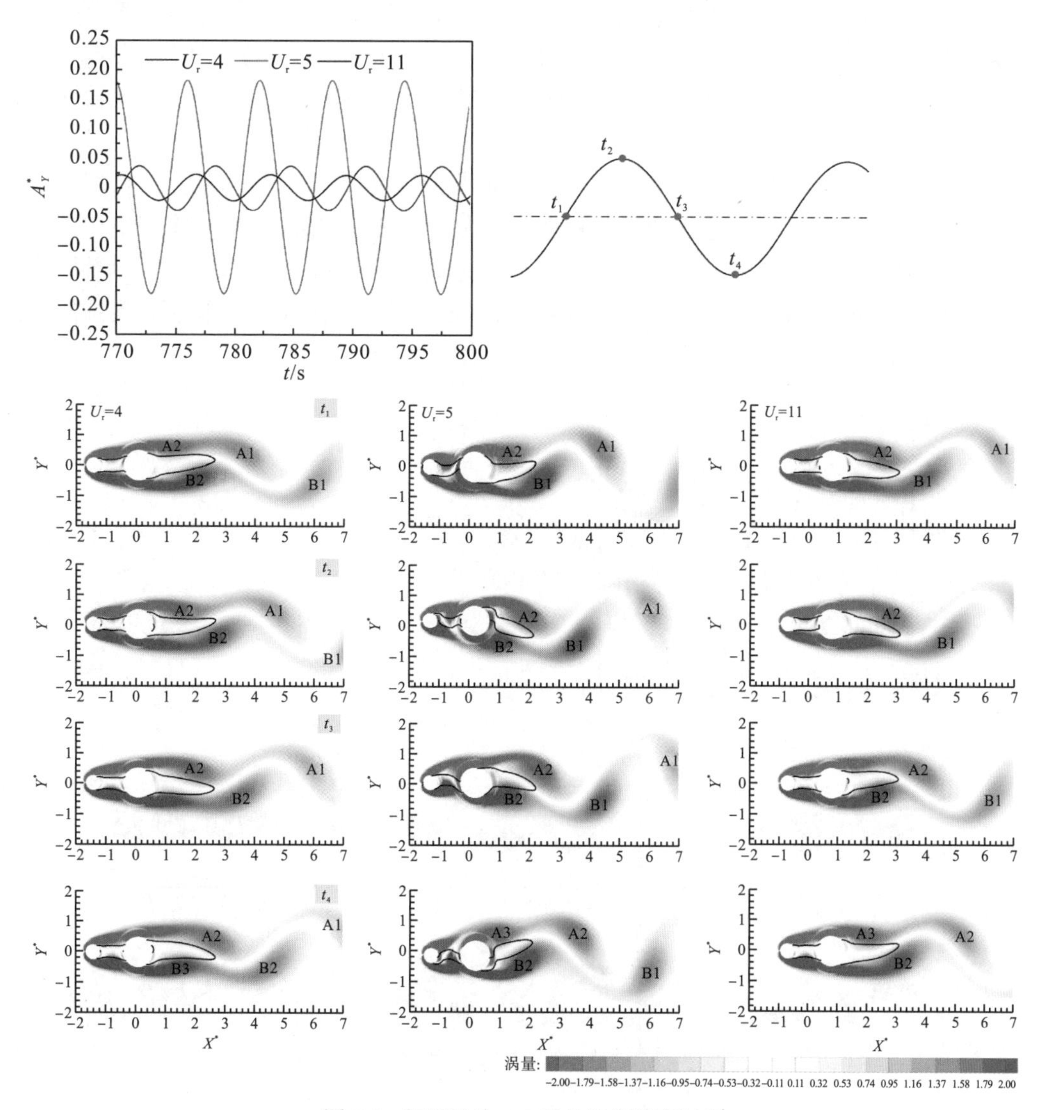

图 5.5　间距比为 1.5 时的旋涡演变过程

约化速度为 5 时，随着振幅的增大，上游圆柱的剪切层在间隙内出现更剧烈的波动，交替地重新附着在下游圆柱的迎流面上，这个再附着过程与下游圆柱的旋涡脱落同步。在 t_1 时刻，圆柱从平衡位置向上运动，此时流体相对圆柱向斜下方流动，上游圆柱的剪切层也向斜下方偏移，并附着在下游圆柱的前表面。在 t_3 时刻，圆柱向左下方运动，另一侧的剪切层附着在下游圆柱的前表面。

对于 L/D=3.75，串列圆柱周围的流场结构和旋涡表现出更加复杂的演变过程。因为间距比的增大，两个圆柱在横流方向的振动幅度比 L/D=1.5 时更大，在 U_r=4 和 U_r=5 时，剪切层在圆柱间隙中卷曲，一部分再附着于下游圆柱的前表面，另一部分顺流而下，沿着下游圆柱表面，融合于下游圆柱尾部的涡流中，导致下游圆柱后方的尾涡结构不再是单列模式，而是形成了两列并行的涡街。下游圆柱体在横向从最大位移回到平衡位置时，反向旋转涡流(标记为红色)拍击下游圆柱的左下角并向下游移动，导致尾流发展受到抑制。在下游圆柱的下部产生一个低压区，从而导致向下的加速运动，这与 Tu 等[8]的发现一致。在下游圆柱处于负向最大位移处，顺时针旋转涡旋(蓝色标记)从其顶部扩散，导致在下游圆柱上侧形成低压区，从而使其向右上方移动。

当间距比增大为 3.75 时，剪切层在双柱间隙中得以发展，如图 5.6 所示。在振幅较大时，从平衡位置向振幅极大值运动的过程中，上游圆柱尾部的旋涡 B1 撞击在下游圆柱前表面，顺流迁移至下游圆柱下表面，随后与下游圆柱尾部的旋涡融合。因此，下游圆柱的涡街是两个圆柱脱落旋涡融合而成的。当 U_r=4 和 U_r=5 时，圆柱处于共振区，增强的圆柱振动形成了双排涡，且相邻两个旋涡之间的间距增大。

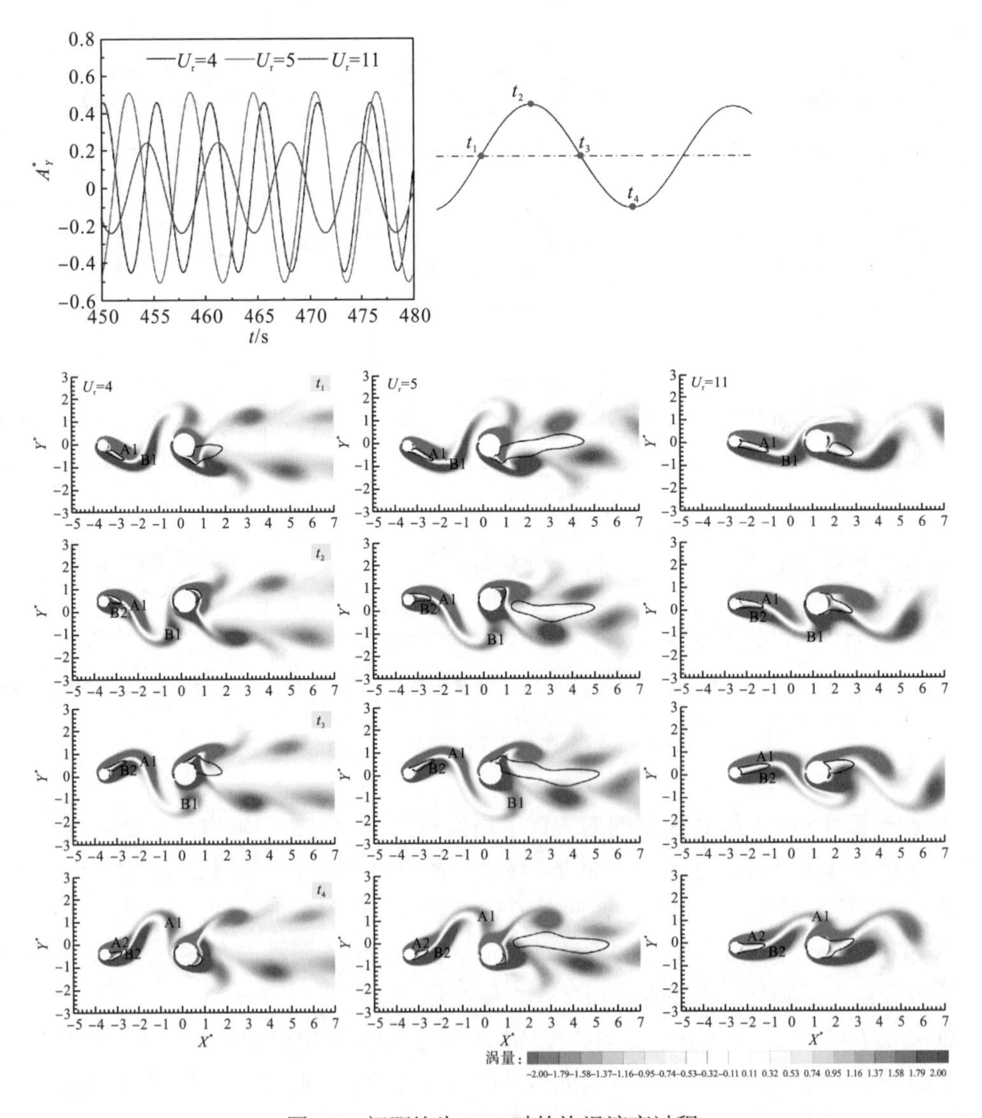

图 5.6　间距比为 3.75 时的旋涡演变过程

如图 5.7 所示，在 L/D=6 时，两个圆柱间的间距已经足够大，超过了前人研究报道的临界间距值[7]，U_r=4 时，两个圆柱之间出现了一个完整的旋涡脱落过程，呈现出共同脱落模式。两个圆柱以相同的频率进行旋涡脱落，下游圆柱的旋涡脱落是由上游圆柱的尾流触发的[9]。

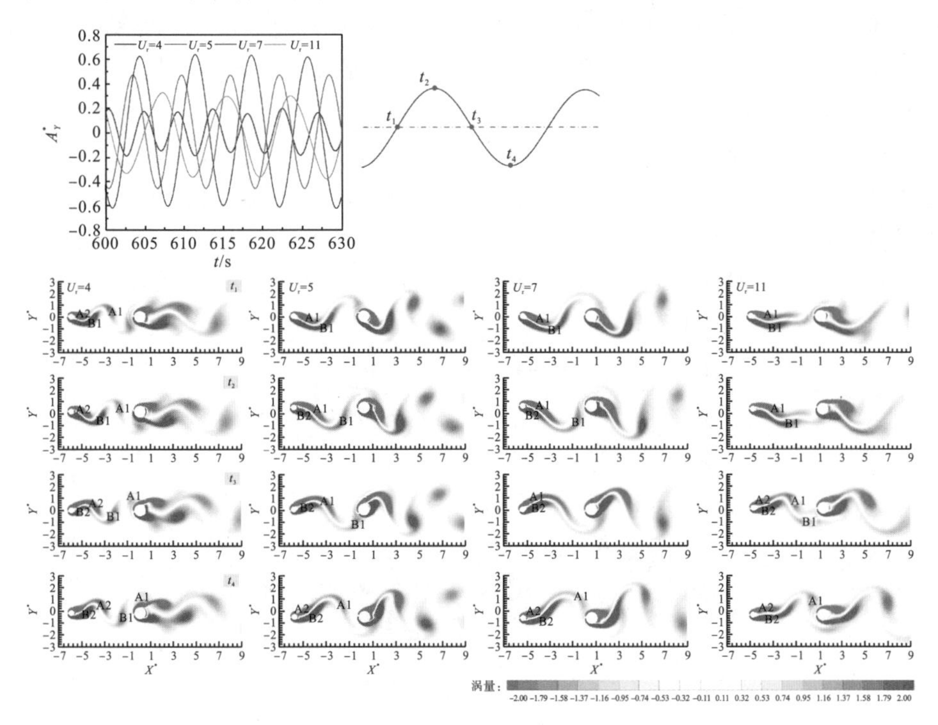

图 5.7　间距比为 6 时的旋涡演变过程

图 5.8 给出了 3 个间距不同约化速度下的时均化流场云图。可见，在振幅较大时，存在回流区紧贴下游圆柱背流面的情况，时均化 x 方向的速度极值位置分布在圆柱的上下两侧，而在 U_r=11 时，速度极值区中心与圆柱中心的距离延长，意味着下游圆柱旋涡脱落的位置向后偏移，旋涡脱落对圆柱产生的流体作用力减弱。

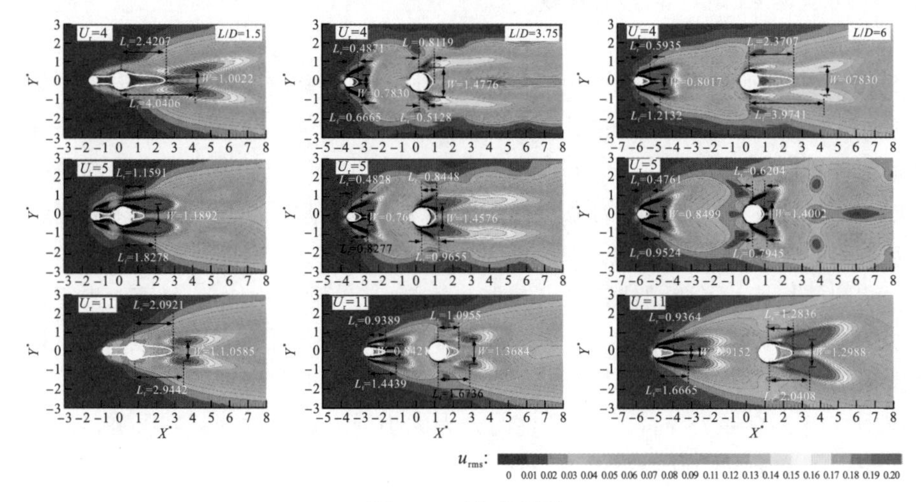

图 5.8　时均化流场

5.1.4 斯特劳哈尔数

对下游圆柱的升力系数做快速傅里叶变换，得到不同约化速度下的旋涡脱落频率，从而得到无量纲的斯特劳哈尔数 $Sr=fD/u_{in}$(其中 f 为旋涡脱落频率，D 为特征尺寸，u_{in} 为来流速度)，如图 5.9 所示。图中横线为单圆柱的斯特劳哈尔数。可见，下游圆柱的升力频率受上游圆柱尾涡的影响强烈，特别是当两个圆柱彼此靠近时(L/D=1.5)，在整个计算的约化速度范围内，斯特劳哈尔数近似稳定在 0.16 附近，说明紧密相连的上游圆柱会降低下游圆柱的旋涡频率。间距比为 3.75 和 6 时，低约化速度下表现出高频的旋涡脱落，且在 L/D=6 时出现共同脱落模式，随着振动响应的减弱，Sr 的值也随之减小。

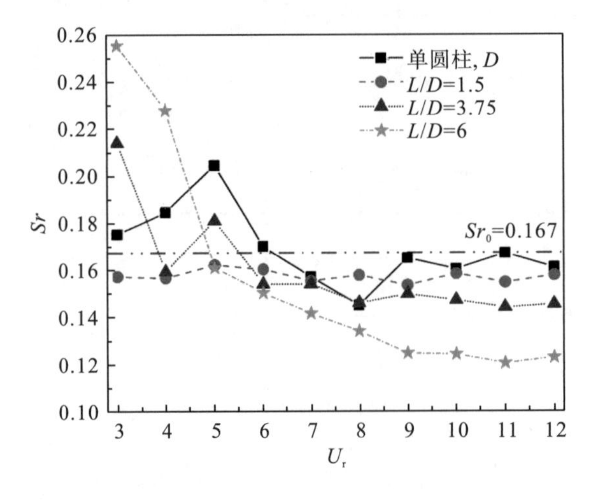

图 5.9 斯特劳哈尔数曲线

5.1.5 串列双圆柱的水动力系数

图 5.10、图 5.11 分别为 3 个间距下圆柱的平均阻力系数以及均方根升力系数。可以看出，在所有间距下，上游圆柱的阻力极大值都小于单圆柱，说明下游圆柱的存在会反作用于上游圆柱。相较于大间距，当 L/D=1.5 时，下游圆柱几乎全部淹没在上游圆柱的尾涡中，其平均阻力系数和均方根升力系数都远远小于单圆柱以及大间距时的相应值，这一点在压力系数曲线中也得到了证实。

与上游圆柱相比，下游圆柱表现出减阻的效果(与单圆柱相比)，尾流中大直径圆柱的存在会增加上游圆柱的背流面压力，进而减少了上游圆柱的阻力。间距较大时，这样的尾流屏蔽效果仍然存在。但是升力系数出现显著不同，因为上游圆柱的剪切层再附着和尾涡的冲击作用，当 L/D=3.75 时，下游圆柱的升力大小受上游圆柱的强烈影响，升力系数的峰值甚至超过了单圆柱的升力系数。

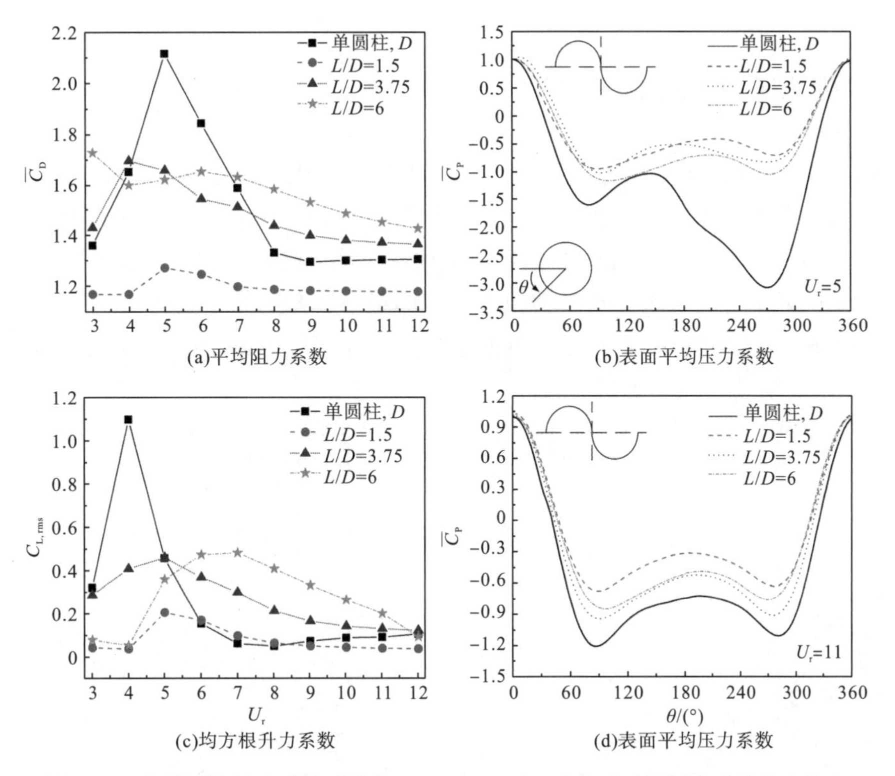

(a)平均阻力系数　(b)表面平均压力系数

(c)均方根升力系数　(d)表面平均压力系数

图 5.10　上游圆柱的水动力系数与 U_r=5 和 U_r=11 时表面平均压力系数分布情况

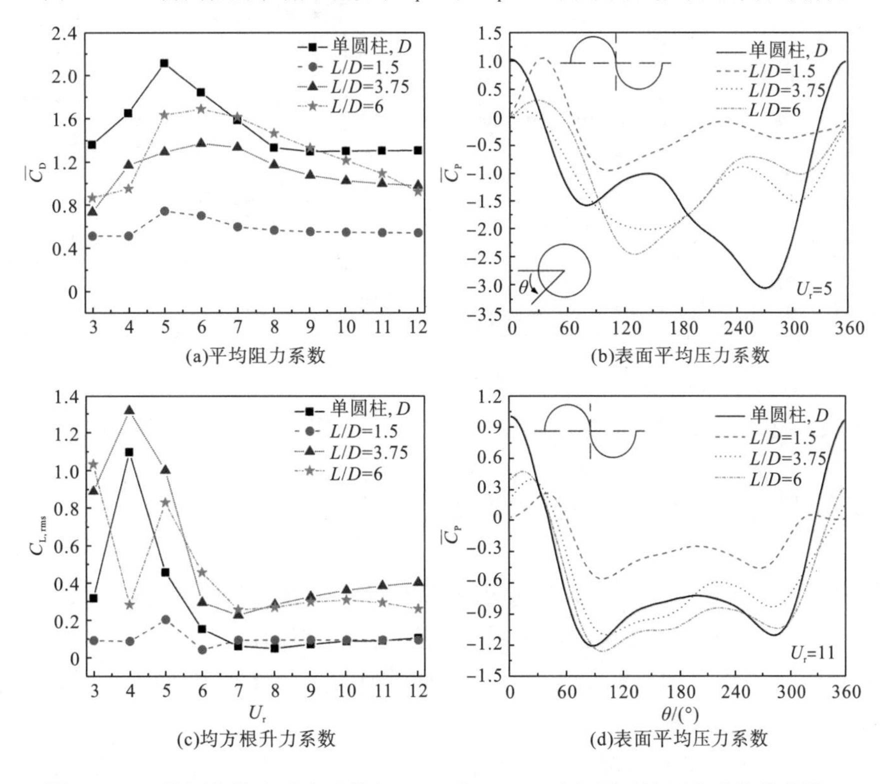

(a)平均阻力系数　(b)表面平均压力系数

(c)均方根升力系数　(d)表面平均压力系数

图 5.11　下游圆柱的水动力系数与 U_r=5 和 U_r=11 时表面平均压力系数分布情况

5.1.6 串列双圆柱的振幅和频率

与小间距比相比，大间距布置的双圆柱表现出更强烈的振动响应。如图 5.12 所示，在 L/D=1.5 时，圆柱在横向和流向振幅都得到了抑制，横向振幅峰值降低为单圆柱的三分之一，而在 L/D=6 时，受间隙流的影响，圆柱响应峰值向更大的约化速度移动。对于流向振动，在 L/D=6 时表现出了和其他组次不同的趋势，在约化速度大于 8 时，流向振幅稳定在 0.08 附近，这可能是由于这个约化速度范围内，横向振动频率偏离了 $2Sr$，其大小在频率为 1 附近波动，如图 5.13 所示。

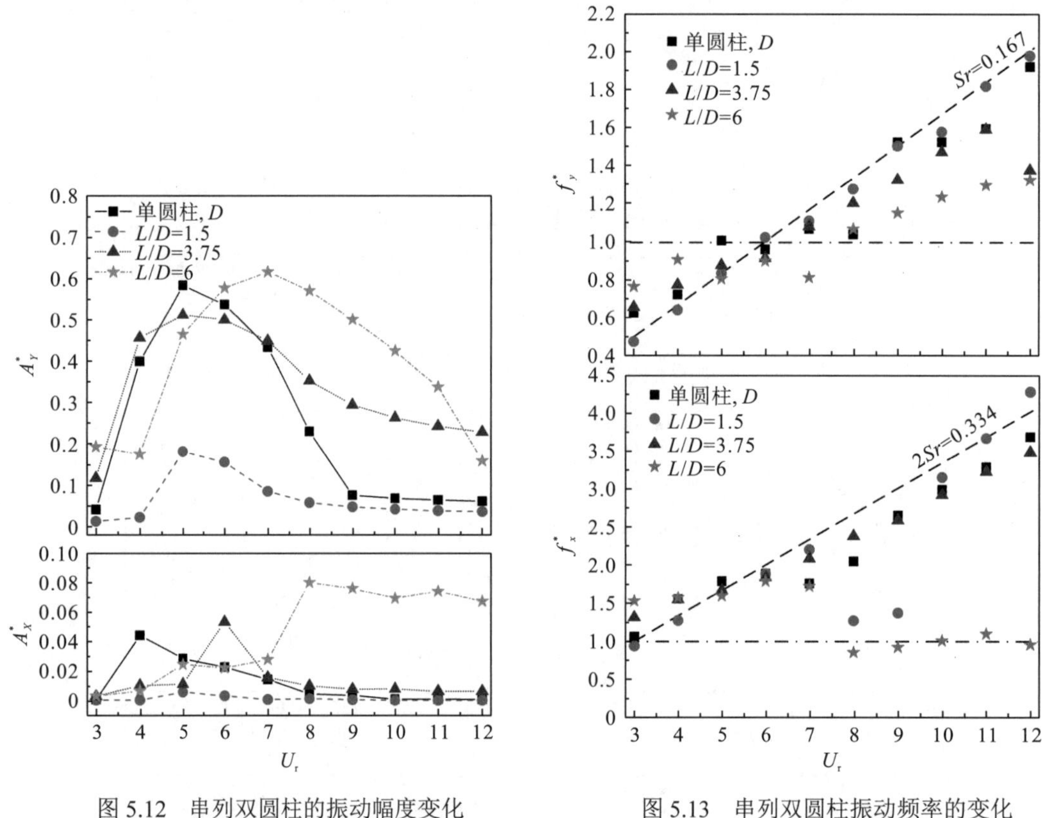

图 5.12 串列双圆柱的振动幅度变化

图 5.13 串列双圆柱振动频率的变化

5.1.7 串列双圆柱的做功和主导情况

本书的串列大小双圆柱是同步振动的，尽管两个圆柱在任意一个周期内的运动情况完全相同，但在不同间距下，上游圆柱和下游圆柱所受到的流体作用力不一样，双柱间存在复杂的流动干涉。对于串列双柱整体而言，上游圆柱和下游圆柱对运动既可能起促进作用，也可能起抑制作用。

由于圆柱在流向上的振动较弱，这里重点关注横向上圆柱受力与运动的相互关系。我们定义 W 为升力 F_L 在一个瞬时所做的功，$\sum W=\sum F_L d\left(Y/D\right)$，定义 W_1 为上游圆柱的

升力 F_{L1} 在振动过程中的做功，W_2 为下游圆柱的升力 F_{L2} 在振动过程中的做功，W 为正值代表升力对运动起促进作用，为负值代表升力抑制了圆柱运动。为了更直观地观察到两个圆柱在同步运动过程中各自做功的贡献率，我们定义 $W\%$为圆柱做功的权重。

由于升力系数与旋涡脱落有关，所以振幅响应与升力系数曲线之间的相位反映了振动响应与旋涡脱落之间的关系。如图 5.14 所示，在 U_r=4 时，从 t_1～t_2 时刻，圆柱从平衡位置向最大位移处运动，负压区域位于下游圆柱上表面，产生向上的升力，下游圆柱升力 F_{L2} 与振动方向相同，对圆柱做正功，而上游圆柱的升力值小于下游圆柱，且在这个时间段内达到了升力的极大正值，所以两个圆柱所受的升力都给圆柱的运动注入了能量，圆柱加速向上移动。考虑到两个升力的大小，即使在同时做正功的情况下，下游圆柱的升力在

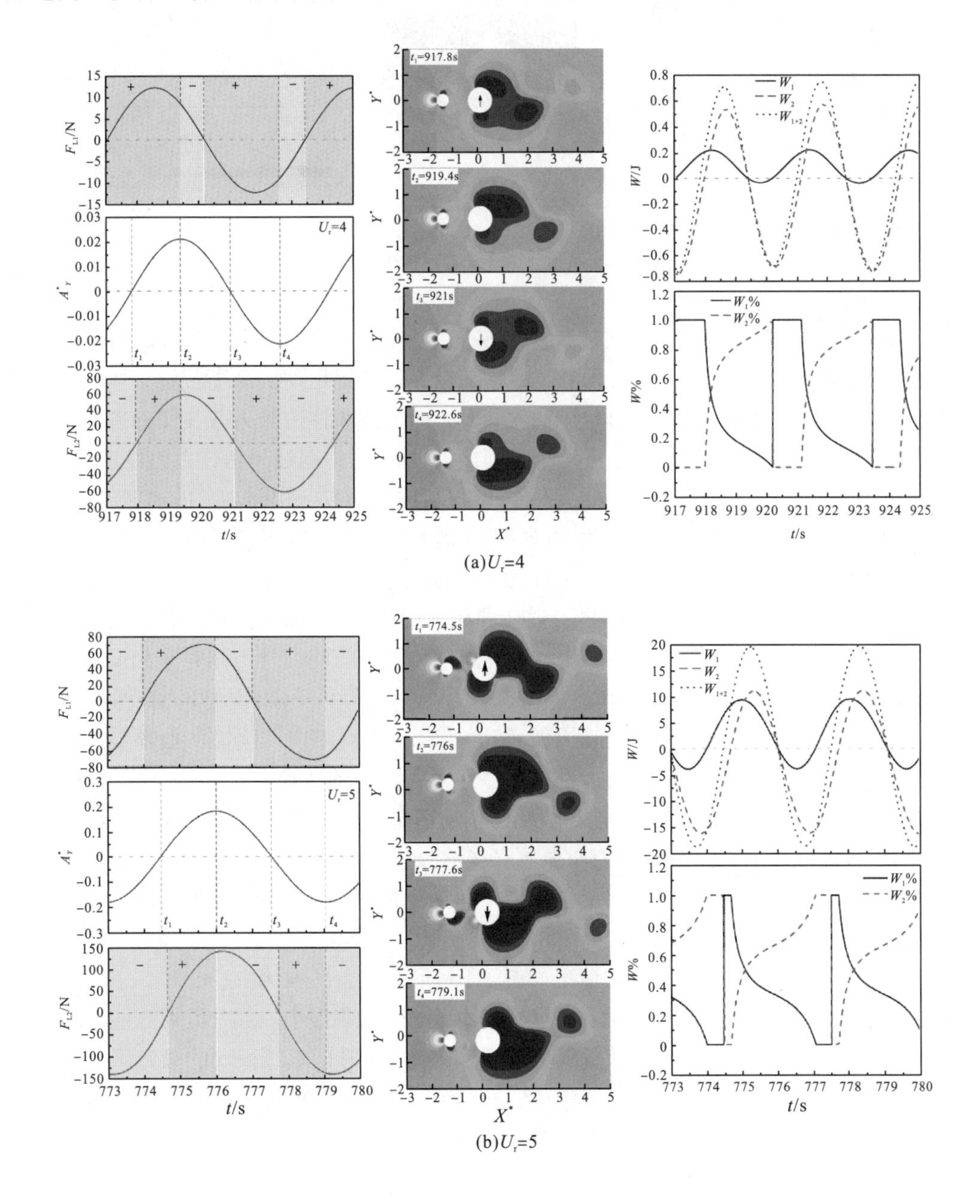

(a) U_r=4

(b) U_r=5

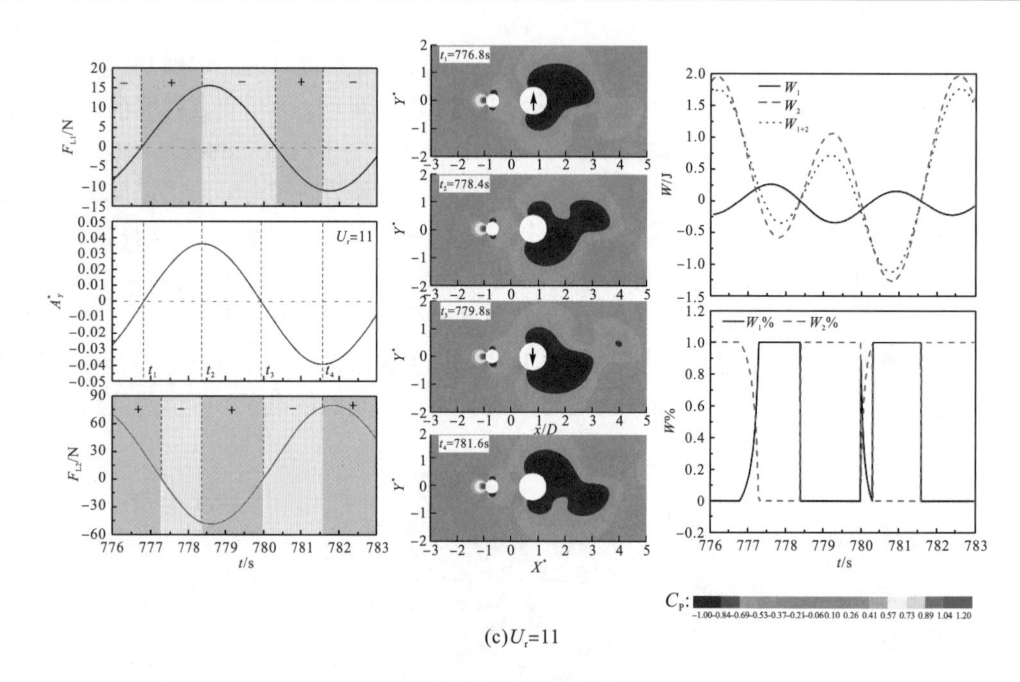

(c) U_r=11

图 5.14 间距比为 1.5 时双柱做功情况

这个区间所占的权重仍大于上游圆柱所占的权重。在 t_2～t_3 时刻内，之前形成的较大的负压区随旋涡向后发展，从振幅曲线来看，圆柱从极大值位置运动到平衡位置，下游圆柱升力仍然为正，因此下游圆柱的升力对运动做负功，而上游圆柱的升力改变了方向，意味着上游圆柱的升力促进圆柱运动；在下一个时间段 t_3～t_4，圆柱越过平衡位置继续向下运动，负压区在下游圆柱的下表面聚集，F_{L1} 和 F_{L2} 都与圆柱运动方向相同，圆柱加速向下运动。在 U_r=5 时，圆柱在一个运动周期内受力与 U_r=4 时相似，但此时剪切层和压力的波动更为剧烈，产生较大的升力和振动幅度，因此做功的极值也随之增大。

在 U_r=11 时，下游圆柱升力不再与振幅同相，而是出现了接近 180° 的相位差，与上游圆柱相比，上游圆柱与振幅近似同相，下游圆柱和上游圆柱的升力则完全相反。在第一个时间段(t_1～t_2)内，圆柱向上运动，上游圆柱升力为正值，下游圆柱升力在时间区间内越过 y=0 的水平线，对圆柱先做正功再做负功。在 t_2～t_4 时刻内，圆柱从振幅最高点向下移动至最低点，两个圆柱在此区间内都发生了正负功之间的转换。

图 5.15 显示了间距比为 3.75 时双圆柱的做功情况。图中所示为 3 个代表性约化速度(U_r=4、5、11)时，上游圆柱的升力与振幅存在约 90° 的相位差，导致上游圆柱的升力方向大部分时间内与圆柱运动方向相反，在一个运动周期内 W_1 几乎一直为负值，代表上游圆柱对圆柱运动起抑制作用。

在间距比为 6 时，双圆柱做功情况如图 5.16 所示。当 U_r=4 和 U_r=5 时，上游圆柱的升力远小于下游圆柱，因此上游圆柱受力对整体运动的影响很小，所以串列圆柱运动由下游圆柱主导。对比 3 个间距，可以发现，当间距比为 1.5 时，双柱振动的锁定区最窄，而当间距比进一步增大时(L/D=3.75、6)，柱间开始出现不对称间隙流及旋涡的碰撞现象，这是导致双柱所受升力和阻力更大的主要原因。

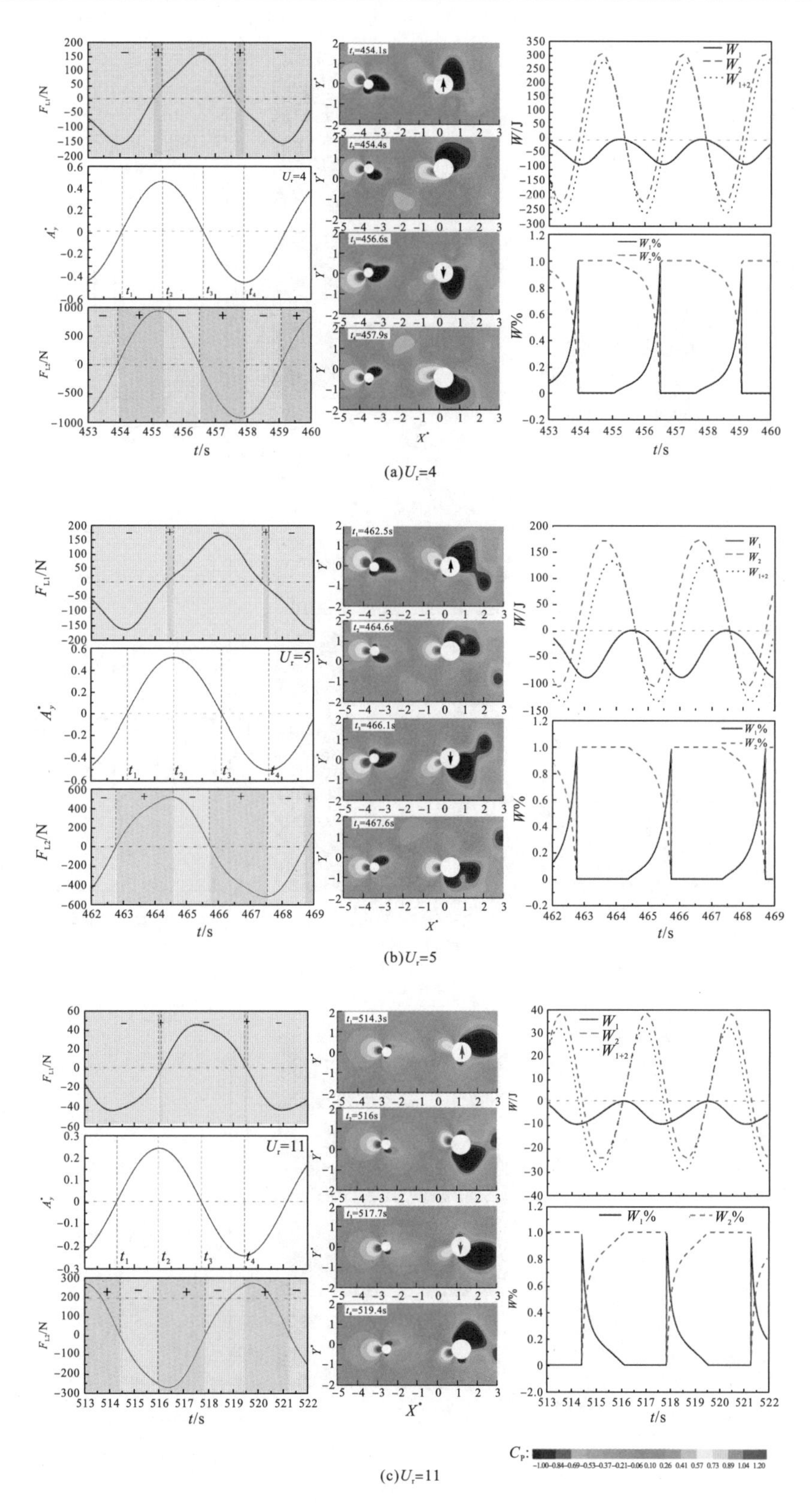

图 5.15　间距比为 3.75 时双柱做功情况

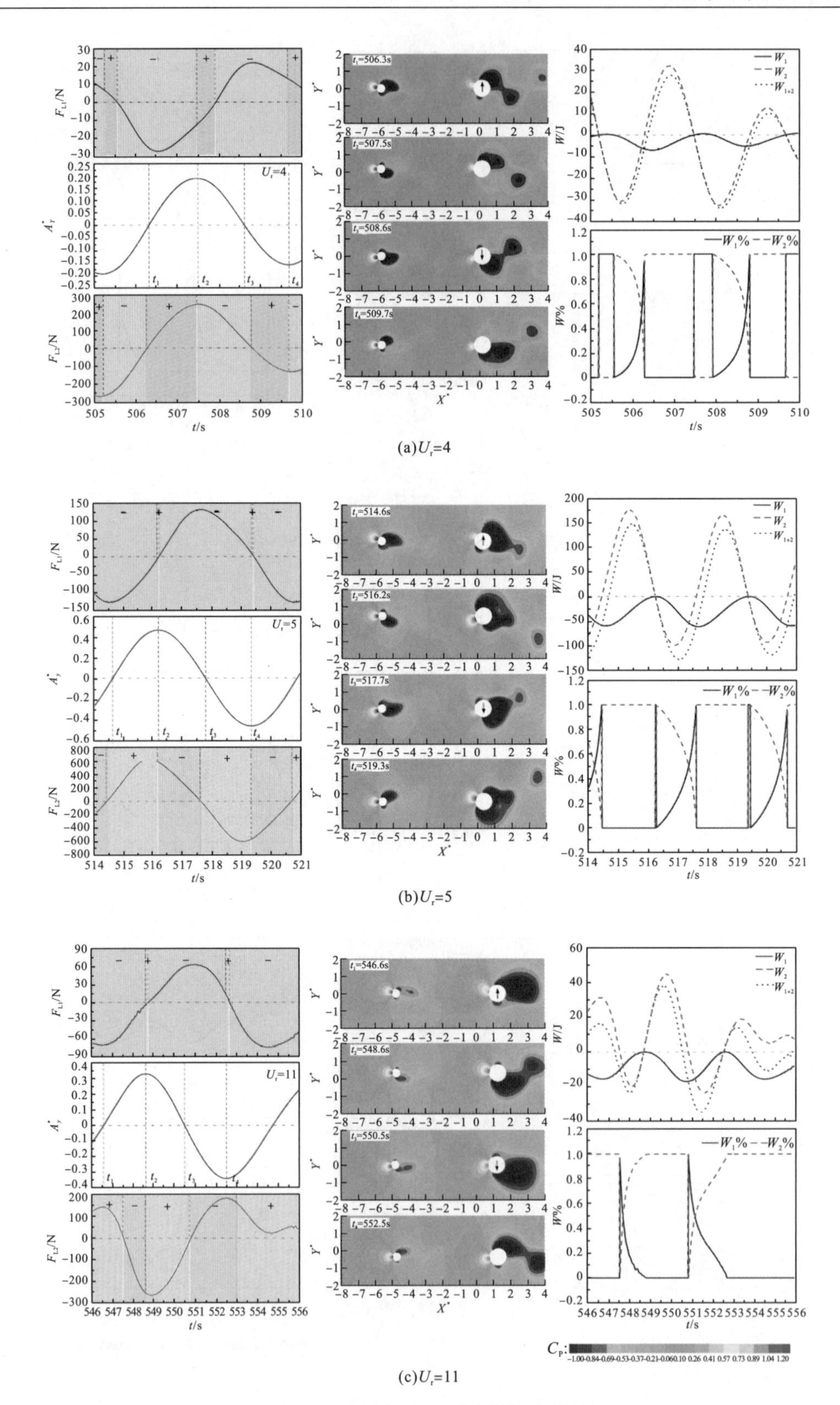

(a) U_r=4

(b) U_r=5

(c) U_r=11

图 5.16 间距比为 6 时双柱做功情况

5.2　不同形状串列柱体的流致振动响应

在实际工程应用中，柱状结构经常成组排列，如海洋立管、平台桩腿等。当流体流经多个柱体时其蕴含的流动特征比单个柱体复杂，包括尾流干涉、剪切层再附着、旋涡冲击以及旋涡与结构物之间的相互影响等。前人研究表明，在一定的间距范围内，当柱体浸入另一个柱体的尾迹时，响应幅值会显著增大[10-16]，这种下游柱体与上游尾流之间的非定常涡-结构相互作用所引起的振动称为尾流诱导振动。因此，研究多个柱体周围流体的流动特性及其尾流诱导振动响应具有重要的现实意义。

5.2.1　不同形状串列双柱的数值模型

图 5.17(a)描述了两种不同形状串列柱体的尾流诱导振动计算域示意图。下游圆柱为弹簧支撑，可以双自由度振动，上游柱体则保持静止。计算选取的质量比(m^*)和阻尼比(ζ)分别是 1.0 和 0.01。在雷诺数和圆柱直径不变的情况下，通过改变圆柱体的固有频率，分析在约化速度 2～20 范围内的振动响应，约化速度 $U_r=u_{in}/f_nD$，其中 f_n 为圆柱体的固有频率。分析了 3 种尾流诱导振动的上游柱体[图 5.17(b)]：正方形截面，边长为 1D；矩形截面，长 1D、宽 0.1D；等边三角形截面，边长为 1D。3 个组次分别记为 S-C、P-C 和 T-C[17]。通过比较 G/D=2、G/D=4 和 G/D=6 三种间距比，研究柱体间距对串列柱体尾流诱导振动和流动特征的影响。

如图 5.17(a)所示，计算域是一个矩形区域，其横向长度为 40D，阻塞率为 2.5%，纵向长度取决于两个柱体之间的间距，下游圆柱距离出口 44D。在 G/D=4 时，入口距离圆柱中心为 22.5D；在 G/D=2 时为 20.5D，在 G/D=6 时为 24.5D。在结构表面施加无滑移边界条件，其中 u 和 v 分别为 x 和 y 方向上的速度分量，上游边界为均匀来流 $u=u_{in}$、$v=0$，下游边界的速度梯度为零，上、下两侧为对称边界，$\partial u/\partial y=0$ 和 $v=0$。

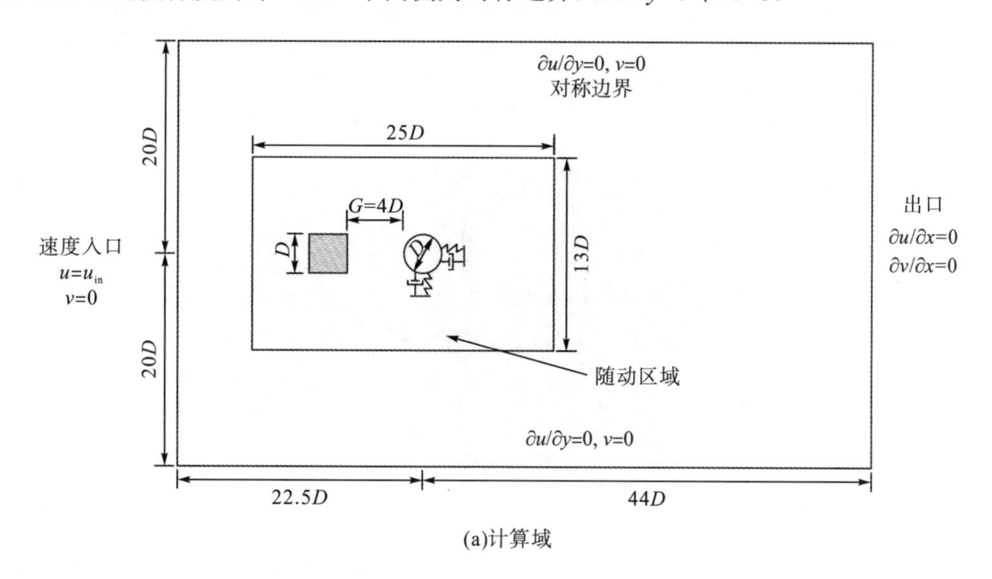

(a)计算域

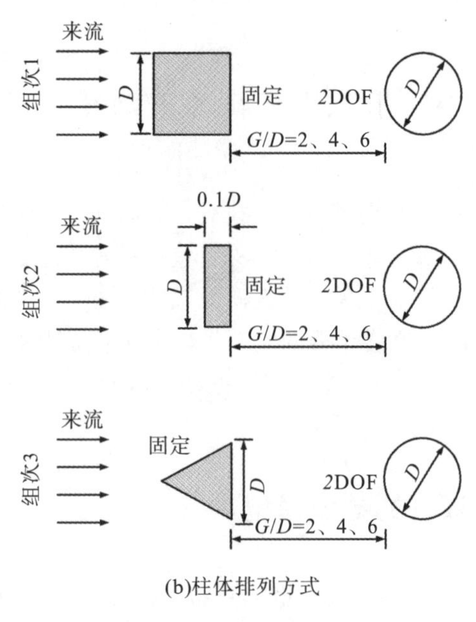

(b)柱体排列方式

图 5.17　几何模型示意图

注：2DOF 为双自由度，two degrees of freedom。

1. 网格无关性验证

为了及时进行网格更新，获取圆柱周围的详细流场，采用 $25D\times13D$ 的矩形区域包裹两个串列柱体，如图 5.18(a)所示。其中，除以四边形单元划分的边界层外，其余区域均采用三角形单元对区域进行网格划分，如图 5.18(b)和(c)所示。两个柱体结构面附近的第一层网格高度满足 $y^{+}<0.8$，网格增长率小于 1.02。矩形区域外的计算域由四边形网格划分，网格增长率为 1.06，以节省计算成本。

首先对单个圆柱体进行网格无关性验证，见表 5.1。网格分辨率从 M1 逐渐增加到 M4。可见不同网格之间的差异在 M4 时下降到低于 1%。因此，选取 M3 的网格分辨率进行单个圆柱体的涡激振动模拟，并以此为参照组次。在表 5.2 中，固定方柱后的圆柱尾流诱导振动也有类似的变化。M2 和 M3 之间的差异小于 1%，说明网格分辨率的进一步提高对结

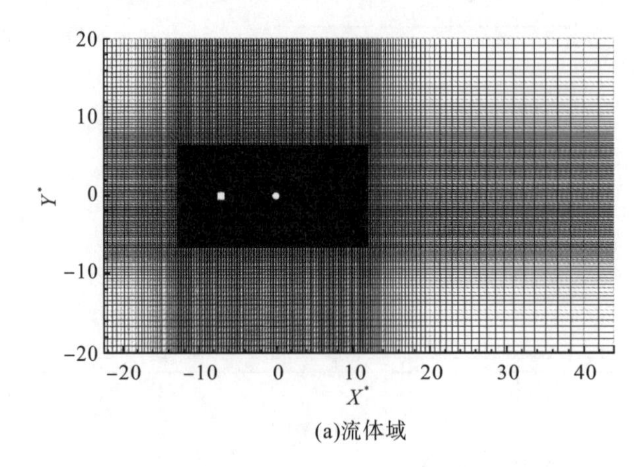

(a)流体域

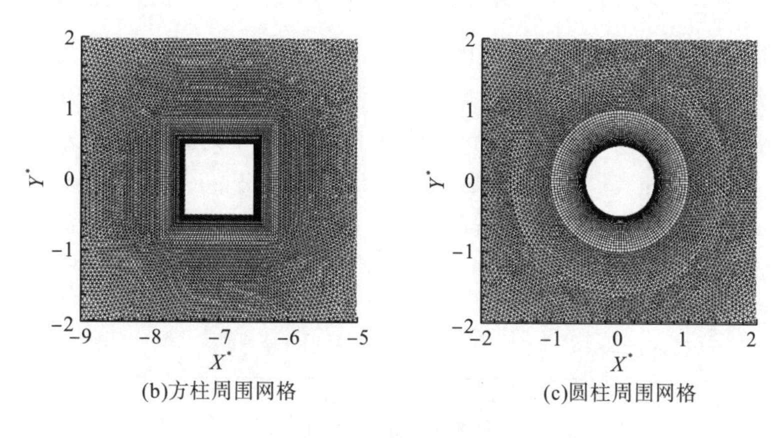

图 5.18 网格示意图

表 5.1 单个圆柱体振动的网格独立性验证(Re=100、U_r=5)

网格	节点	网格数	$\bar{C}_D$	$C_{L,rms}$	A_x^*	A_y^*
M1	8164	10417	0.52578	1.9949	0.02664	0.53580
M2	24368	34508	0.56077 (6.24%)	2.1097 (5.44%)	0.02825 (5.71%)	0.56323 (4.87%)
M3	47200	70710	0.56972 (1.57%)	2.1480 (1.78%)	0.02873 (1.65%)	0.57409 (1.89%)
M4	76768	119040	0.57488 (0.91%)	2.1690 (0.98%)	0.02901 (0.97%)	0.57979 (0.99%)

表 5.2 固定方柱后圆柱的网格独立性验证(Re=100、U_r=5)

网格	节点	网格数	柱体	$\bar{C}_D$	$C_{L,rms}$
M1	38648	58026	方柱	1.4949	0.2950
			圆柱	1.3218	1.2446
M2	70264	110942	方柱	1.5279 (2.16%)	0.3018 (2.24%)
			圆柱	1.3436 (1.62%)	1.2767 (2.51%)
M3	109918	180066	方柱	1.5331 (0.34%)	0.3041 (0.76%)
			圆柱	1.3508 (0.54%)	1.2767 (0%)

果的影响可以忽略。因此，两个串列柱体的尾流诱导振动仿真选择 M2 网格。其中，$\bar{C}_D$ 为平均阻力系数，$C_{L,rms}$ 为均方根升力系数以及振动振幅 A_x^* 和 A_y^*，其中 $A_x^* = A_x / D$、$A_y^* = A_y / D$，A_x 和 A_y 分别为流向和横向上的时均化振幅。

2. 模型验证

将单个圆柱在低雷诺数下的涡激振动响应与前人的结果进行对比，如图 5.19 所示。结果与 Zhao[13]和 Wang 等[18]的一致，可以清楚地看到响应曲线呈现出 3 个明显的分支：初始分支(U_r≤4)、下分支(4<U_r≤8)和去同步化分支(U_r>8)，而 Williamson 等[19, 20]在中高雷诺数中观察到的上分支，并未出现在低雷诺数中。在 U_r=4、8 时，出现了些许差异，这与涡激振动分支的转变对应，主要是由于质量比和雷诺数的差异。U_r=4 时，Zhao[13]和 Wang 等[18]得到的单个圆柱的归一化频率接近 1，而本书中为 0.71，即 U_r=4 处的响应幅值要小于 Zhao[13]和 Wang 等[18]的响应幅值。在 U_r=8 时，Zhao[13]得出的频率仍在 1 左右，振幅最大，Wang 等[18]得到的频率偏离了固有频率，因此振幅最小，而在本书中，U_r=8 处的响应开始离开同步区，其振幅处于两者之间。总的来说，二维数值模型可以在低雷诺数下提供较准确的预测。

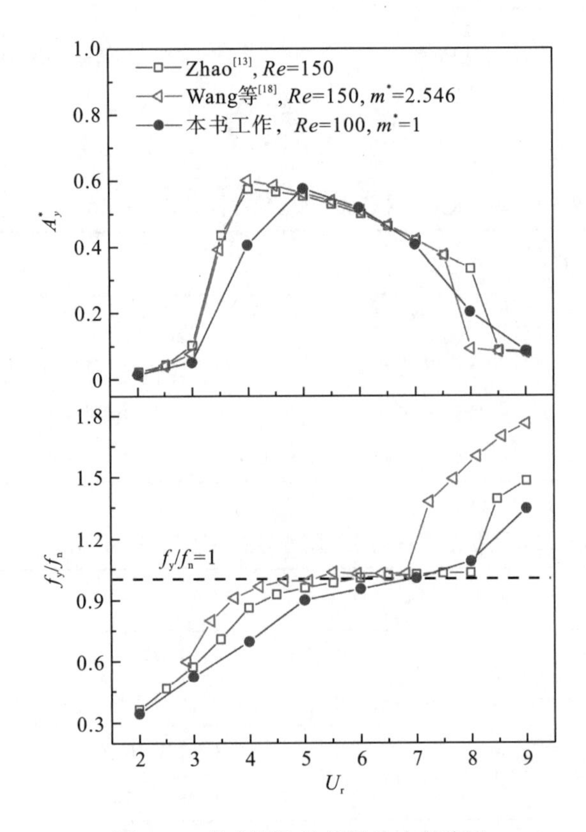

图 5.19 单个圆柱体的振动响应验证

5.2.2 尾流模式

图 5.20 对比了在 G/D=2 时不同形状的串列柱体与上游柱体的尾迹演化，分离的剪切层从上游柱体再次附着到下游圆柱表面，属于再附着模态[7]。不同于两个固定的柱体绕流，其再附着模式发生在更小的间距下(G=2D)，反映了振动对尾流结构的影响。此外，下游圆柱的运动导致上游柱体剪切层的分裂并与下游圆柱分离的剪切层合并。因此，上游柱体的旋涡形成被抑制，3 种组次下，横向振动响应与升力系数的相位差约为 180°，说明此约化速度下振动响应为涡激振动下分支(U_r=12)，而在 P-C 和 T-C 组次下，流向振动响应与阻力系数几乎处于同一相位。

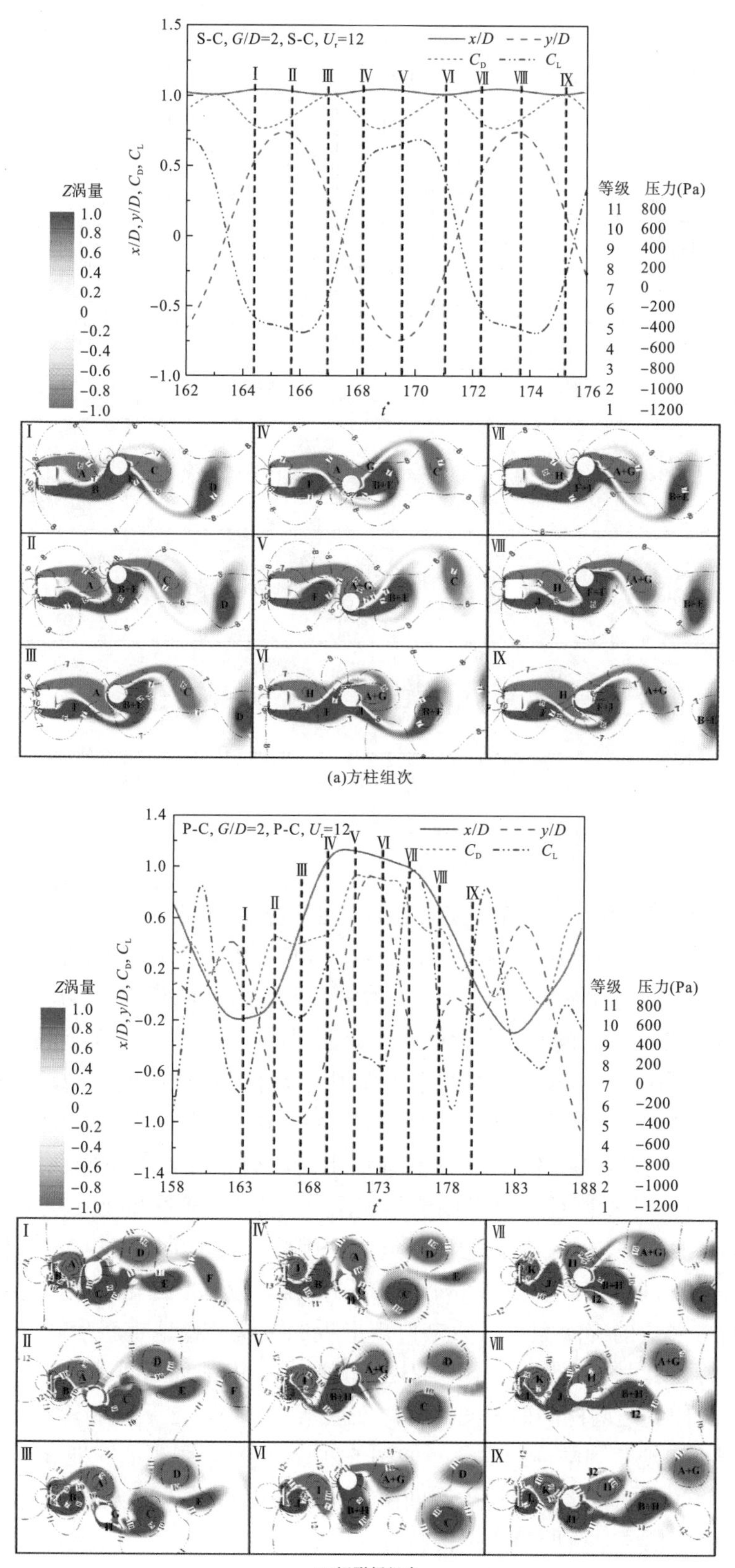

(a)方柱组次

(b)矩形板组次

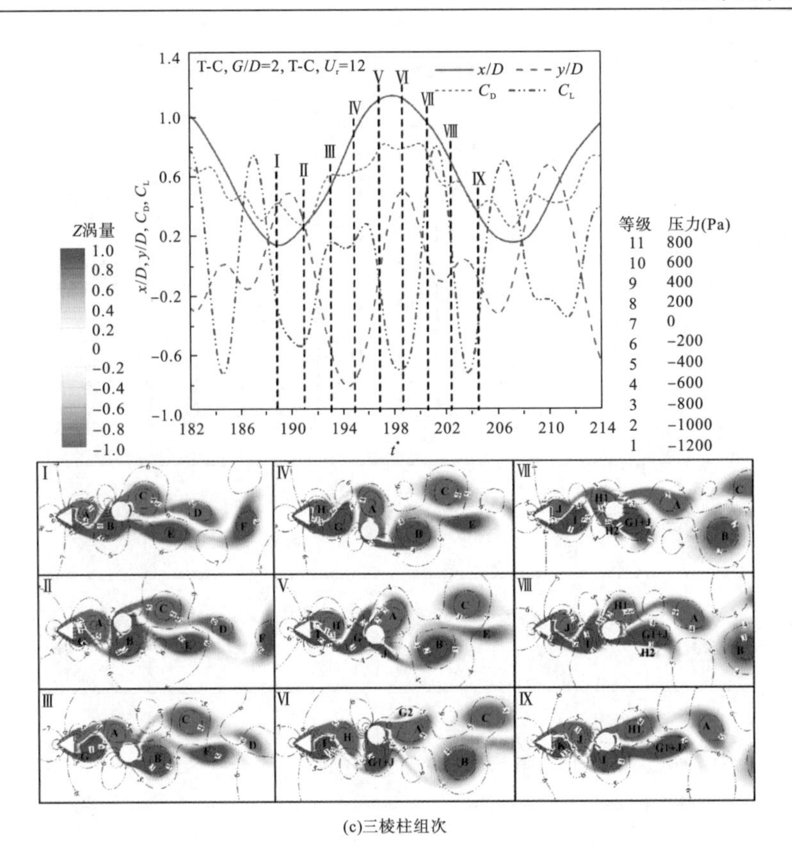

(c)三棱柱组次

图 5.20 在 G/D=2、U_r=12 处尾流的演变模式

此外，与 S-C 组次相比，P-C 和 T-C 组次下的振幅响应表现出更多的振荡特征，这体现了尾迹干扰作用。如图 5.20(a)所示，在 t^*=164.4(Ⅰ)时，从上游方柱后方分离的剪切层(B)重新附着于下游圆柱的前表面，由于下游圆柱向上运动，此剪切层迅速与下游圆柱脱离的剪切层(E)发生合并；同时，上游柱体上表面形成旋涡(A)，然而旋涡(A)并没有完全脱落，而是在下游圆柱向下运动的过程中重新附着于下游圆柱的前表面，且被分割成两部分(Ⅳ和Ⅴ)：其中一小部分留在圆柱体的底部，并很快消散，大部分与圆柱体分离的上部剪切层(G)合并；之后，旋涡(B+E)在圆柱向上运动时从圆柱的下侧面脱落，其次旋涡(A+G)脱落。因此，下游圆柱可以形成卡门旋涡，上游方柱产生的剪切层交替地重新附着于圆柱体的前表面，并与卡门旋涡的脱落同步，因此，其振动幅值相对稳定。

从图 5.20(b)可以看出，由于旋涡中心的局部压力较低，在矩形板后方形成的涡旋大小要比方柱后方形成的旋涡大。虽然来自矩形板的旋涡交替地重新附着于圆柱体的前表面，但间距间的旋涡大小、强度、不对称性及其脱落行为都呈现间歇性变化。旋涡有时在脱离剪切层(Ⅰ)前到达圆柱的前表面，有时在脱落(Ⅴ和Ⅶ)之后重新附着于圆柱的表面，在 T-C 的情况下也观察到同样的现象，如图 5.20(c)所示。强烈的流向(IL)运动导致串列柱体之间的间距随时间变化，从而导致间距涡模式在两种形式间切换，由于流型不稳定，P-C 和 T-C 的响应幅值具有明显的振荡特性。

图 5.21 对比了数值结果中观察到的 3 种典型尾流模式。在 G/D=2 时，与上游柱体分

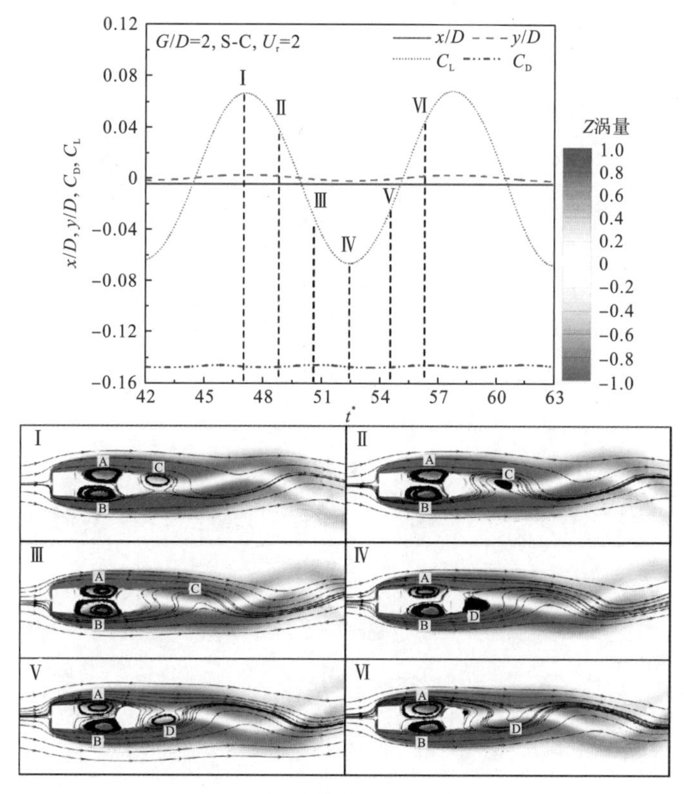

(a)交替再附着模式 G/D=2

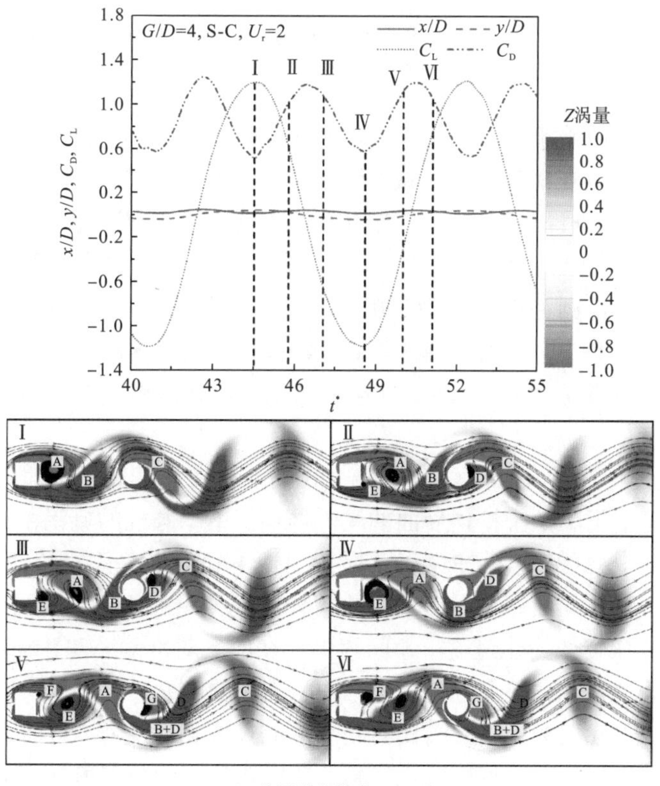

(b)共同脱落模式G/D=4

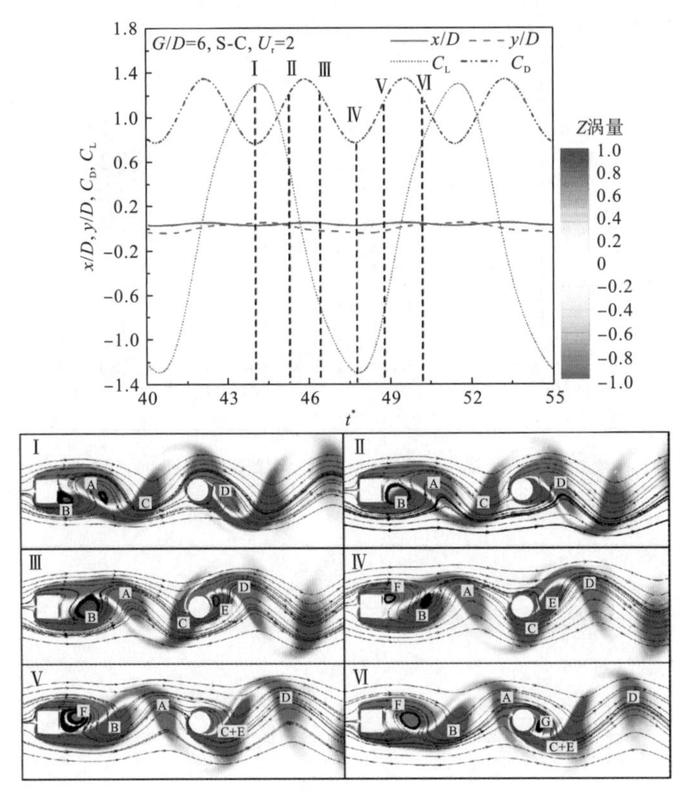

(c)连续再附着模式G/D=6

图 5.21　3 种典型的流动模式(U_r=2)

离的剪切层不断重新附着于下游圆柱表面，并在间距中形成一对准静态涡，Alam 等[21]在高雷诺数为 65000 时也观察到这一现象，称为连续再附着模式；当间距比增大到 4 时，方柱的剪切层交替卷曲形成旋涡，旋涡在自由脱落前交替撞击到下游圆柱。这种流动模式被称为交替再附着模式；在 G/D=6 时，下游圆柱位于上游柱体的旋涡脱落区之外，因此无论是上游柱体还是下游圆柱都可以发生旋涡脱落，此行为称为共同脱落模式，在这种模式下，下游的圆柱体周期性地受到上游柱体的旋涡撞击。当旋涡流经下游圆柱体时，它们与下游圆柱脱落的旋涡发生合并，因此，在结构形状和约化速度不变的情况下，尾流对间距比更加敏感。

图 5.22 总结了串列柱体在约化速度 2～20 范围内 3 种间距比下的尾流模式。为了便于比较，图中还给出了单个圆柱体后面的尾流结构，单个圆柱的旋涡由 2S(一对旋涡在每个周期内交替脱落)模式演变为 2P(每个周期内脱落一对旋涡)模式，然后转变回 2S 模式。而在串列组次中，由于尾流干涉效应使得脱落模式变得更加复杂，间距为 2D 时，连续再附着过程主要发生在较低约化速度下，间距中存在的一对准静态涡，局部压力相对较低，对下游圆柱产生吸力，因此，下游圆柱的平均阻力系数为负。此外，来自下游圆柱的剪切层与单个圆柱相比显著拉长，下游圆柱的旋涡形成长度相应变长，从而有效抑制了横向振动。当约化速度增加到一个临界值时，尾流干涉模式从连续再附着转变为交替再附着，导

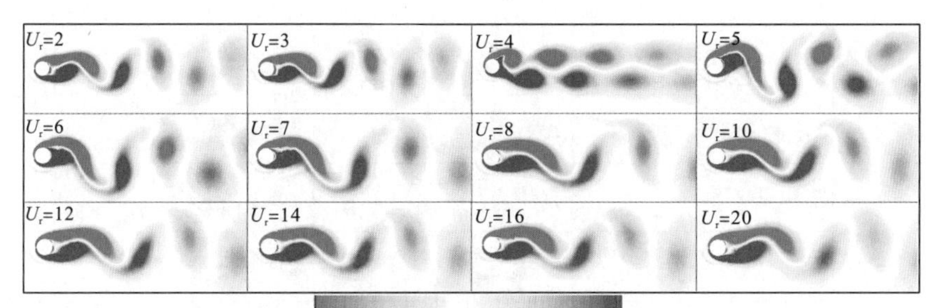

(a)单个圆柱体

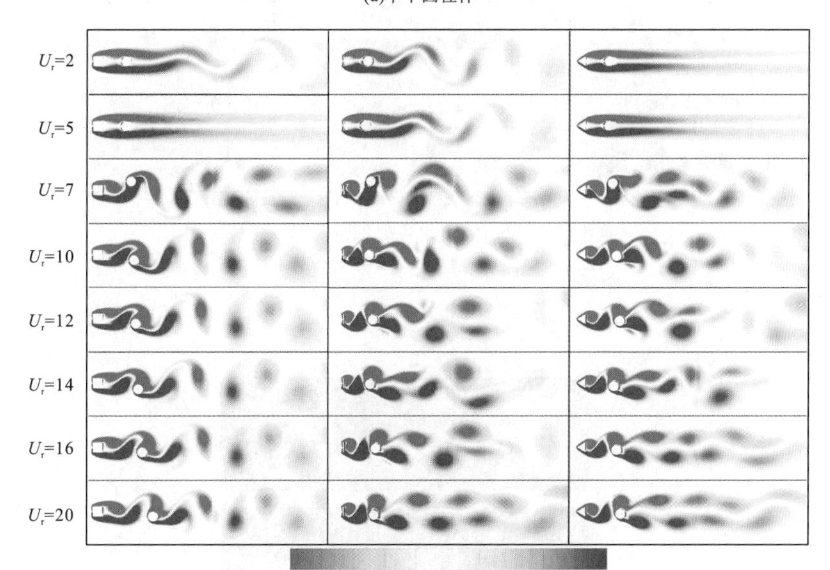

(b)G/D=2

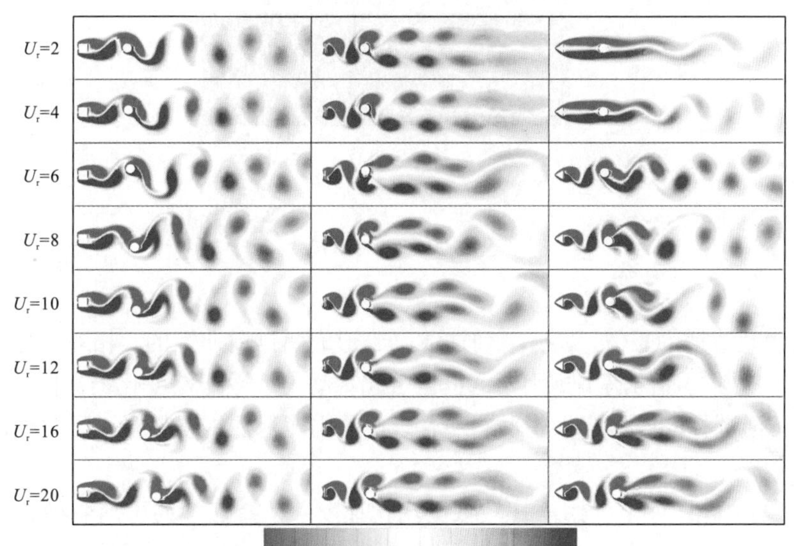

(c)G/D=4

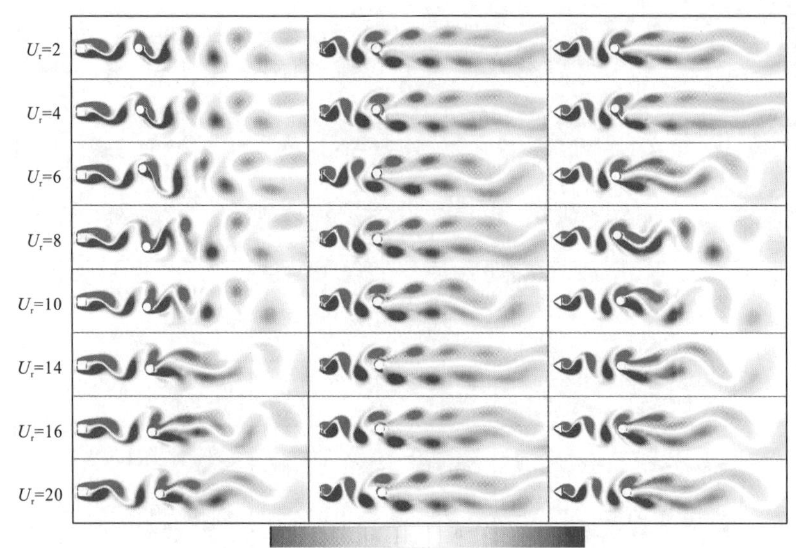

(d)G/D=6

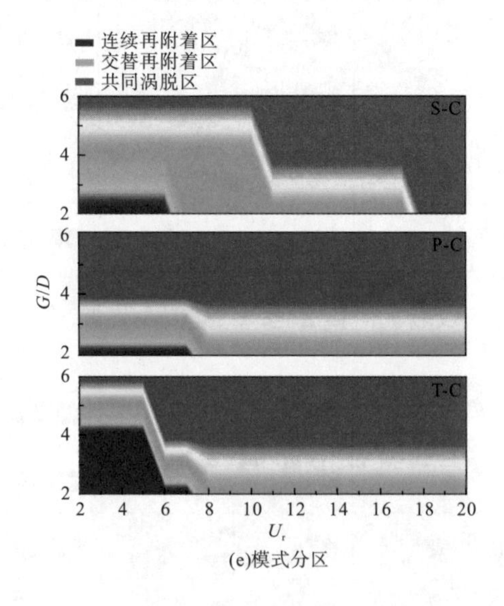

(e)模式分区

图 5.22 尾流模式

致阻力系数由负值增为正值，S-C 串列柱体尾迹形成两排周期性的、相对规律的旋涡，而 P-C 和 T-C 组次圆柱后的涡不规则，这也是引起水动力系数振荡变化的原因。另外，后两种情况下，下游圆柱的脱落旋涡消散得更快，反映出尾涡的能量较弱，因此横向振幅相对较小。

在 G/D=4 时，只有 T-C 组次在较低的约化速度下保持连续的再附着模态，而 S-C 组次在相同的约化速度范围内转变为交替再附着模态，P-C 组次在相同的约化速度范围内转变为共同脱落模式。主要原因是三角形截面为边界层的发展和剪切层的延伸提供了有利的条件，当约化速度大于 10 时，所有组次都转变为共同脱落模式，由于旋涡的撞击作用，从下游柱体上脱落的旋涡比交替再附着产生的旋涡尺寸大，但能量较小。

在 G/D=6 时，所有约化速度范围内都观察到共同脱落现象。上游柱体脱落的旋涡对下游圆柱体有一定的冲击作用，但流动尾迹随约化速度的增大而发生变化。在较低的约化速度下(U_r≤6)，出现 2S 脱落模式；在 U_r=8～12 范围内，三角形柱体后的尾涡结构不稳定，分布不规则，在 S-C 组次下游形成 2P 模式；当约化速度增大到 14 时，S-C 组次的尾涡分布也变得不规则，相比之下，P-C 组次中尾涡并未发生明显的改变。

5.2.3　水动力系数

图 5.23 对比了下游圆柱在 3 种典型约化速度下的阻力和升力系数的时程变化，当柱体置于圆柱前时，水动力系数的幅值和波动频率都有明显的变化。在绝大多数情况下，对下游圆柱体施加的阻力小于对单个圆柱施加的阻力，表明上游柱体起到遮蔽作用，使得前驻点的压力显著降低。从而减小了圆柱前后的压差，使得阻力降低。相比之下，在大多数情况下，当圆柱体放置在上游柱体后方时，升力明显增大。

如图 5.23(a)所示，在 U_r=4 时，位于固定柱体下游 2D 处圆柱的时均阻力系数为负值。负阻力系数说明圆柱后表面的压强大于前表面，导致在两个柱体间产生吸力，且与尾流干涉效应相关(图 5.22)。相反，在 G/D=2、U_r=8 时，串列柱体之间的压力分布有显著变化，阻力系数切换到正值，这与旋涡脱落模式的转变有关。此外，在 U_r=8 和 U_r=16 时，三角形柱体后的圆柱和矩形平板后的圆柱阻力发生不稳定波动，说明尾流干涉作用增强。升力系数的变化也表现出了相同的波动特性，特别是在矩形板下游，表现出多频参与，如图 5.23(b)所示。与单个圆柱相比，升力频率变化明显，进一步反映了尾迹相互作用的影响。

当 G/D=4 时，圆柱在方柱或矩形板后的负阻力系数消失，如图 5.23(a)所示。表明即使在较低的约化速度下，随着间距比的增大，上游柱体的遮蔽效应也会减弱，在 U_r=4 处，三角形柱体后圆柱的阻力系数仍为负值。表明遮蔽效应对上游柱体的形状很敏感。但与 G/D=2 时相比，绝对值明显降低，说明了遮蔽效应的减弱，在此间距比(G/D=4)下，可以观察到水动力系数不稳定的波动特性。在 G/D=6 时，3 个组次的负阻力完全消失，说明吸力效应消失。因此，间距比是决定尾流和水动力的关键参数之一，并且大部分的阻力比施加在单柱上的阻力要小。从图 5.23 所示的阻力和升力系数的频谱图中可以看出，当圆柱被放置在固定柱体的尾流后时，更多的频率参与了响应，在 P-C 和 T-C 两种情况下，水动力系数的频率竞争更为激烈，这是由于尾迹干涉较强所致。

图 5.24 总结了升、阻力系数随约化速度变化的情况。单个圆柱的阻力和升力系数先经历一次急剧增加，然后随着约化速度的增大逐渐下降。相比之下，当圆柱体放置在一个固定的柱体后方时(G/D=2)，曲线呈现不同的趋势。在低约化速度下，3 个形状组次的阻力系数基本保持不变，其中矩形板后的圆柱承受的负阻力最大，说明吸力作用最强。当约化速度增大到一个临界值时，对于 P-C 为 U_r=6、S-C 和 T-C 为 U_r=7，阻力系数从负值跃升为最大的正值，这和再附着模式的转变有关(图 5.22)，此后，阻力系数逐渐降低。S-C 组次的阻力系数在 U_r=14 时达到相对稳定值，P-C 和 T-C 组次的阻力系数在 U_r=18 时达到

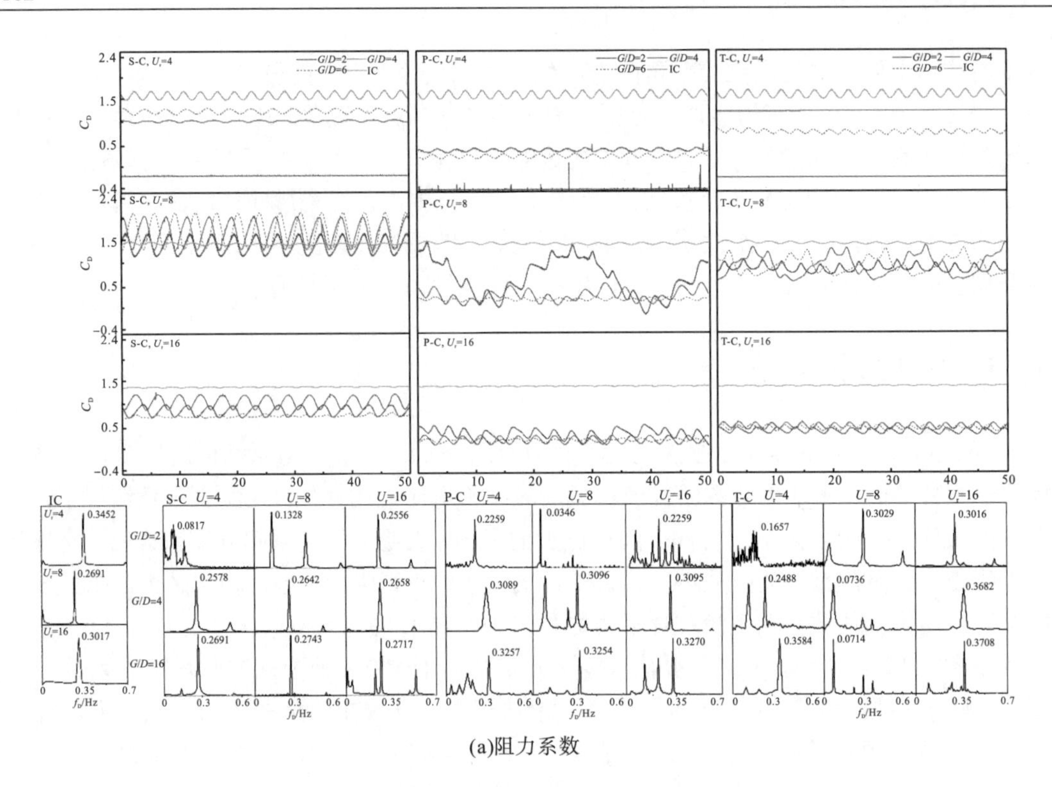

(a)阻力系数

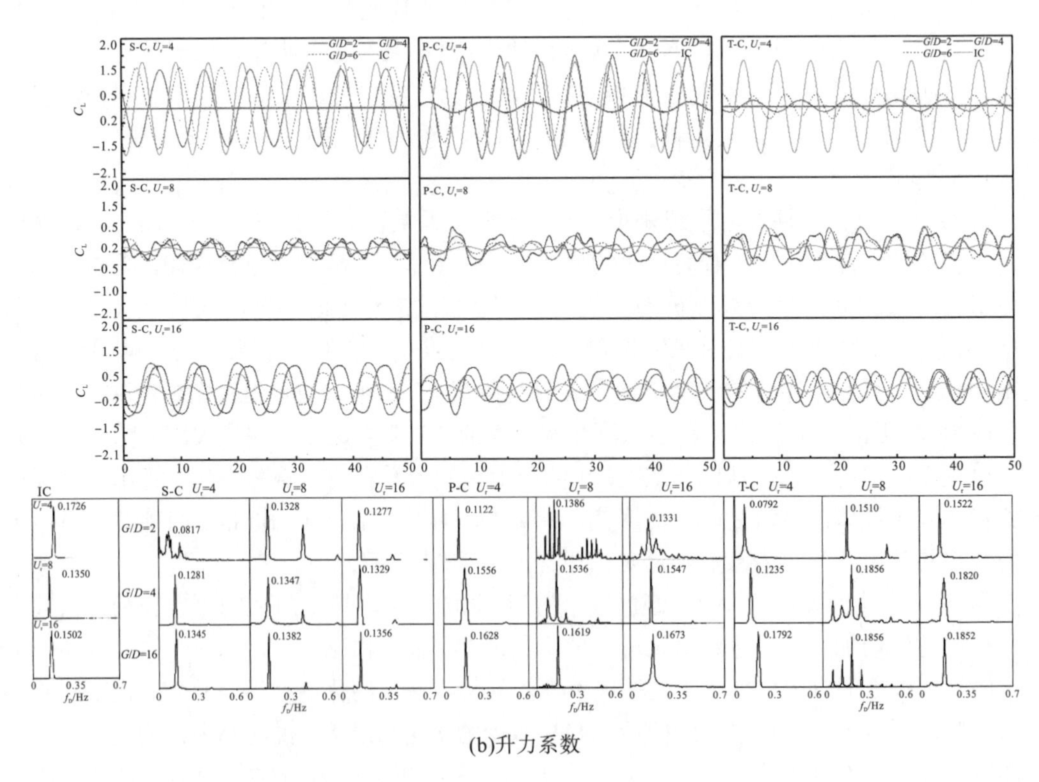

(b)升力系数

图 5.23 升、阻力系数时程曲线及对应频谱图

相对稳定值，这与图 5.23 中稳定的周期性波动吻合。升力系数与阻力系数变化相似(G/D=2)，当约化速度小于临界值时，施加在圆柱表面的升力明显减小(G/D=2)，表明在低约化速度条件下，遮蔽效应对升力的降低起着积极的作用。然而，当约化速度超过某一临界值时，升力系数迅速增大，且大于单个圆柱的升力系数，引起强烈的振动响应，但其增长速率在 $U_r \geqslant 16$ 时明显下降，表明升力系数逐渐趋于稳定值。

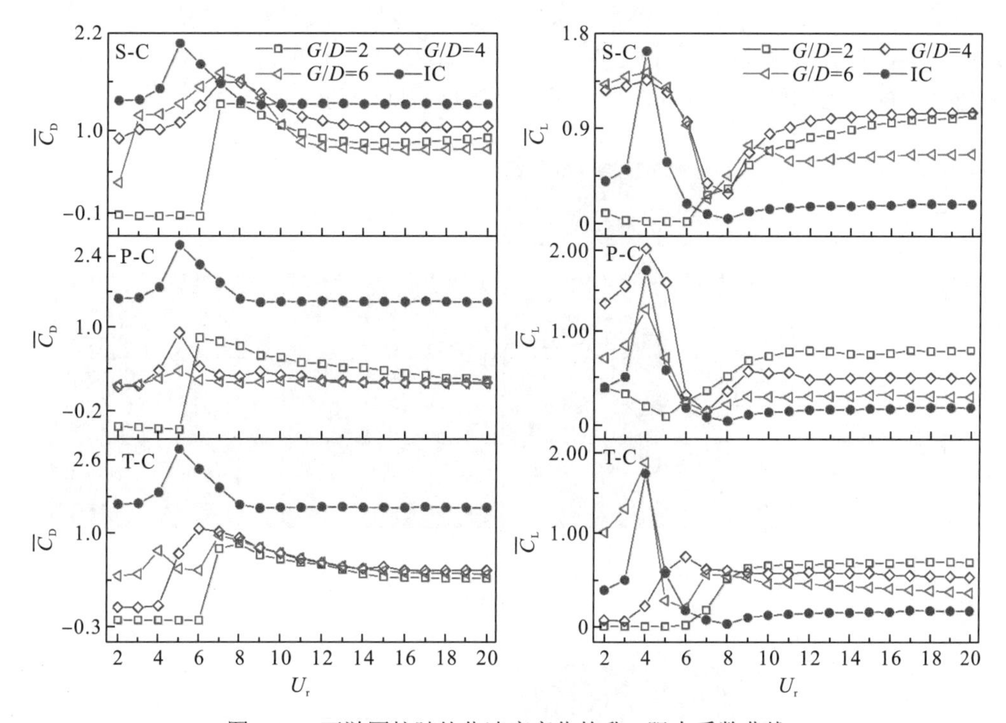

图 5.24　下游圆柱随约化速度变化的升、阻力系数曲线

在 G/D=4、6 时，阻力系数也出现上升和下降，如图 5.24 所示。然而，不同于 G/D=2 组次中所展现出的稳定初始分支，除了 T-C 组次在 G/D=4 之外，随着约化速度的增大，阻力系数逐步增长至峰值。这意味着遮蔽效应随着间距的增大而减弱。因此，阻力系数的变化趋势与单个圆柱相似。此外，下游圆柱体在 G/D=4、6 时的升力系数与 $U_r \leqslant 7$ 时的单个圆柱有相似的趋势。尽管如此，阻力系数峰值仍小于单个圆柱体的阻力系数，当 $U_r > 7$ 时，作用在下游圆柱体的升力系数大于单个柱体的升力系数，表明尾流干涉效应在 G/D=4 和 G/D=6 组次中仍然扮演着重要角色。此外，随着约化速度从 16 进一步增大，阻力系数和升力系数变得相对稳定。在 3 种不同形状的组次中，矩形板后的圆柱所受到的阻力系数最小，在 G/D=4、6 时分别为单个柱体的 30%和 23%。相反，在 G/D=4、6 时，方柱后的最大升力系数分别是单个圆柱体的 3.6 倍和 2.4 倍。

图 5.25 对比了下游圆柱在接近平衡位置时圆柱周围的压力分布。可以清楚地看到，最高压力出现在单个圆柱体前表面，对应前驻点，由于圆柱的振动响应，这一时刻的前驻点略低于中心线，同时负压区出现在后表面，产成压差，导致阻力的产生。而在串列组次中，下游圆柱的前后压差明显减少，导致阻力的降低(图 5.24)，尤其是在约化速度为 4

和 G/D=2 时，圆柱表面周围的压力变化非常小，但其后方的压力较前方压力小，导致负阻力。当间距比增大时，压力差增大，除 U_r=4、G/D=4 三棱柱后的圆柱外，由于遮蔽效应的影响，前后驻点都偏离了中心线，在 G/D=6 时，即使是三棱柱后的圆柱也有明显的压差。与 U_r=4 时的压力分布不同，U_r=10 时圆柱前后表面的压差相对明显，即使在 G/D=2 时也是如此，它主要与尾流的演变有关。因此，除间距比外，约化速度是影响压力分布和水动力系数的另一个重要因素。在 3 种布置形式中，方柱后的圆柱压差最大，说明阻力系数最大。其次是 T-C 组次，最小值出现在 P-C 组次。可以看出，在初始间距相同时，串列柱体之间的瞬时间隙是不同的，体现了下游圆柱流向运动的差异性。

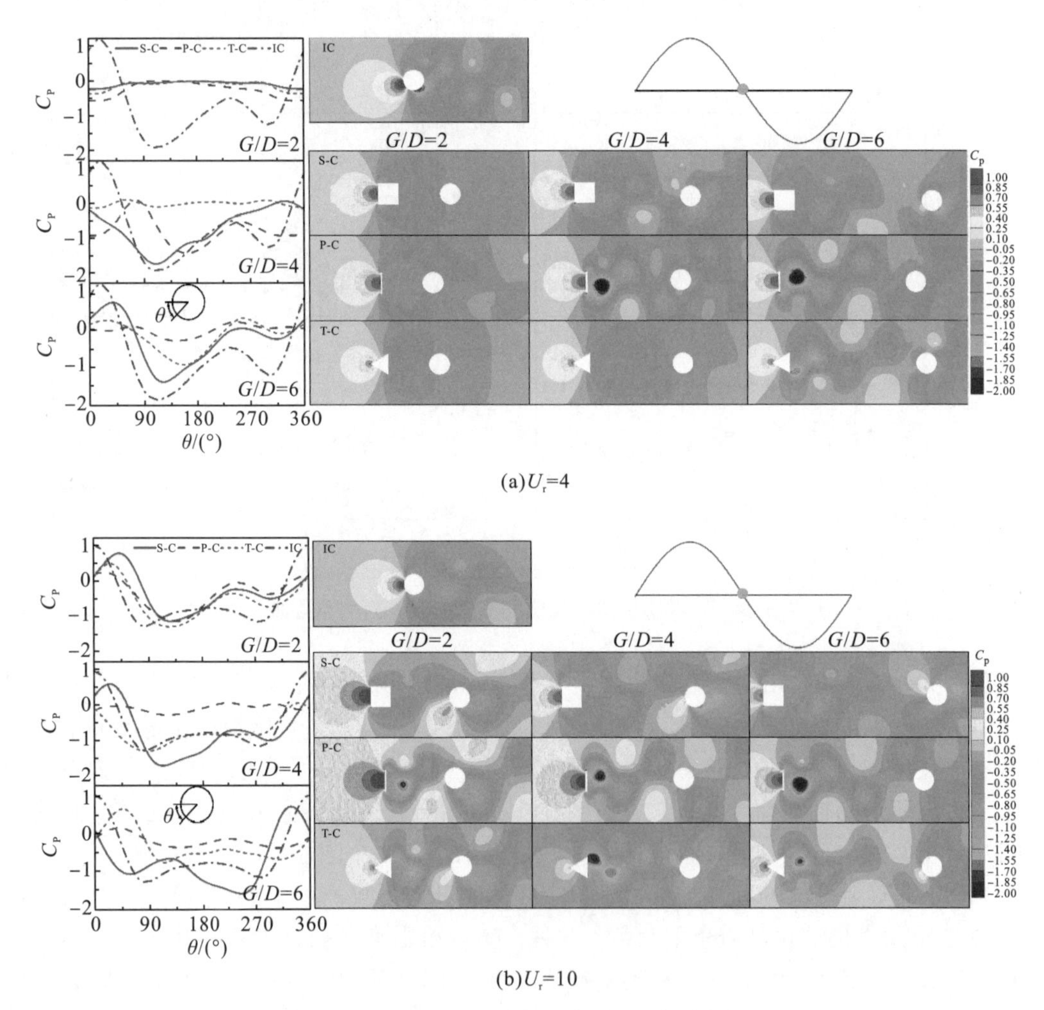

(a) U_r=4

(b) U_r=10

图 5.25 下游圆柱体周围压力分布及压力系数曲线

5.2.4 串列双柱的振动响应

如图 5.26 所示，圆柱体在来流的作用下被推往下游，并达到一个新的平衡位置。圆柱体在新的位置附近振动，导致间距随时间不断变化。因此，尾迹不同于两个静止的串列柱体，约化速度越高，偏离初始位置的距离（$\bar{X}/D$）就越大。在 G/D=2、U_r≤6 时，下游圆柱被上游柱体遮挡，使圆柱的平衡位置不向下游移动，相反，由于吸力的作用，圆柱稍微向上游移动，直到约化速度大于临界值。总地来说，3 种形状组次中，方柱后的圆柱流向的偏移量最大，其次是三棱柱后的圆柱体，最后是矩形板后的圆柱体，这是施加在圆柱体表面的阻力不同所造成的(图 5.24)。

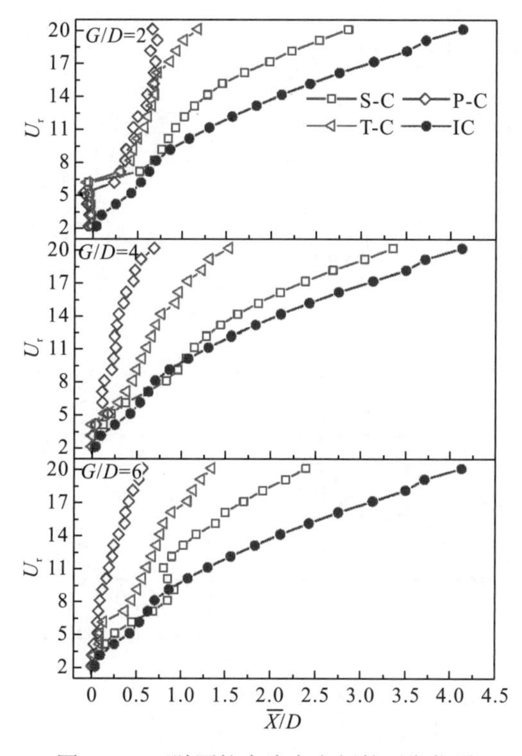

图 5.26　下游圆柱在流向上新的平衡位置

图 5.27 给出了下游圆柱的振幅与约化速度之间的关系。将圆柱置于静止柱体后，间距比为 2 时有效抑制了涡激振动初始分支(U_r≤5)。但当约化速度超过临界值时，横向振幅比单个圆柱的振幅大，临界值对于 P-C 组次为 U_r=6，对于 S-C 和 T-C 为 U_r=7，这与水动力系数有关。此外，横向振幅的幅值也大于单个圆柱的幅值，方柱后的圆柱最大幅值是单柱幅值的 1.9 倍，接着是矩形板后的圆柱体，最后是三角形后的圆柱体。当约化速度进一步增大时，横向幅值逐渐减小，这主要是由于升力上升速率减小所致。结果表明，流向振动在 T-C 组次的 U_r=8～15 和 P-C 组次的 U_r=6～19 的范围内有所增强，其中阻力系数有显著的振荡。

在 G/D=4 和 6 时，涡激振动初始分支消失。相反，在初始分支中，横向振幅基本遵循单个圆柱体的趋势，然而下游柱体的振幅仍然大于单个圆柱，尤其是 S-C 组次。在涡激振动下分支中，随着约化速度的增大，横向振幅明显降低，横向振幅在较高的约化速度(U_r≥16)下趋于稳定，与升力系数的趋势相对应。说明振动进入了去同步化分支或过渡区域。但与单个圆柱相比，下游圆柱的振动更剧烈，具有发电潜力，即使在 U_r=20 时，G/D=4

时 S-C 组次圆柱的振幅也接近单个圆柱的最大振幅。与 G/D=4 时相比，G/D=6 时，去同步化分支的横向振幅相对较小。此外，初始分支和下分支之间的跨度变得更窄，这在流向振动响应中也可以观察到，表示锁定区域的缩短，如图 5.27 所示。

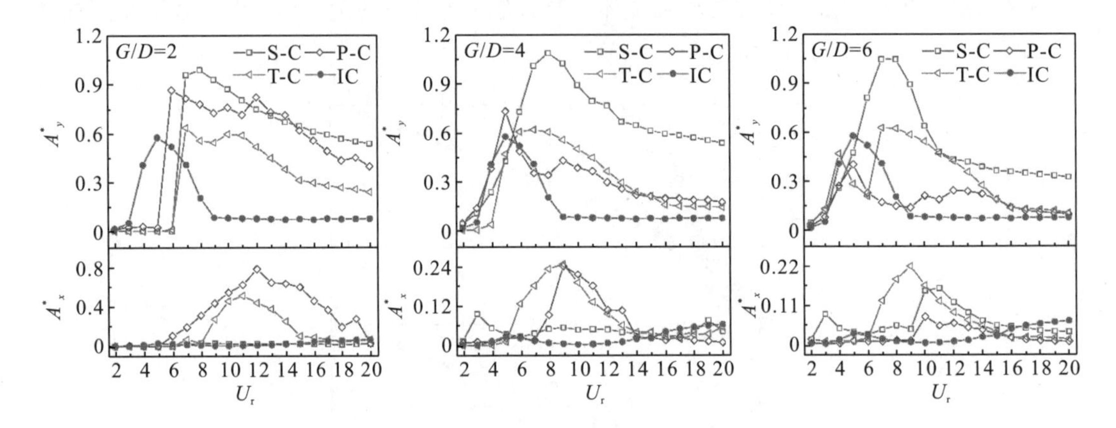

图 5.27 下游圆柱随约化速度的振动响应曲线

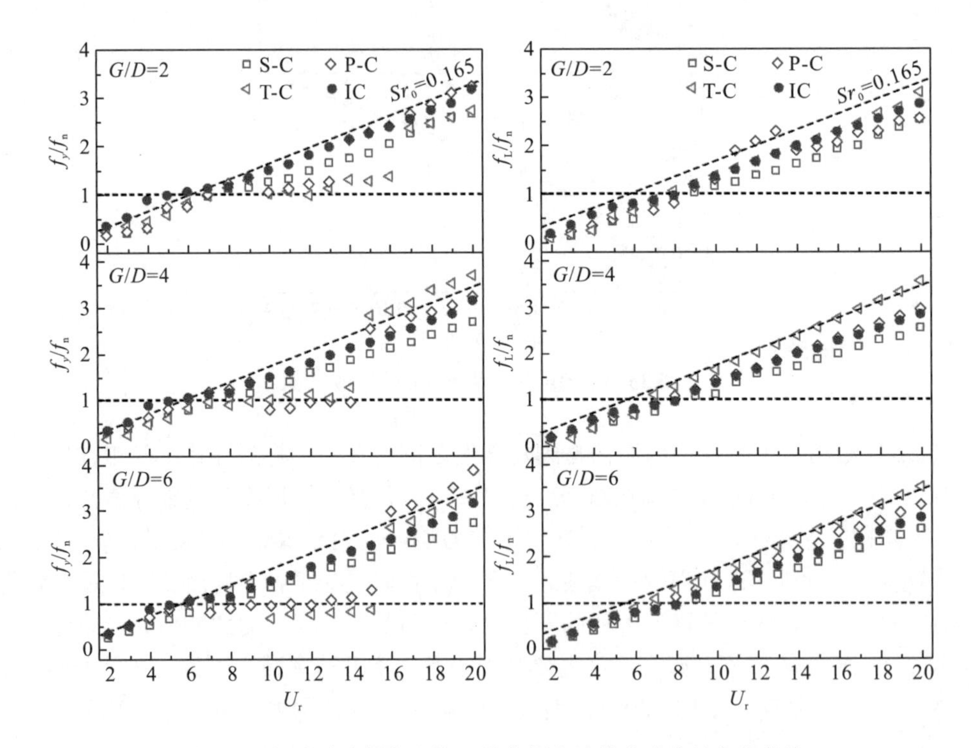

图 5.28 振动响应频率和旋涡脱落频率随约化速度的变化曲线

图 5.28 给出了振动响应频率 (f_Y) 和旋涡脱落频率 (f_L) 与约化速度的关系，其中振动频率和旋涡脱落频率分别通过横向振幅和升力系数的快速傅里叶变换得到。相应的频谱图如图 5.23 和图 5.29 所示。在图 5.28 中，水平虚线表示归一化频率为 1，斜虚线表示斯特劳哈尔数为 0.165，为静止圆柱在 Re=100 时的旋涡脱落频率。当单个柱体自由振动时，其

旋涡脱落仍遵循 Sr=0.165，但在高约化速度下有轻微偏差。当圆柱被放置在一个固定柱体的尾流中时，其脱落频率与单个圆柱的相比没有明显的变化，表明上游柱体的出现对旋涡脱落频率影响不大。与此相反，在特定的约化速度范围内，振动频率被锁定在固有频率上，与单个圆柱体相比，在静止柱体下游放置圆柱体时，锁定区域扩大。然而，两个圆柱体之间的距离越大，锁定区域越短，这解释了响应振幅的变化，当响应离开锁定区域时，振动频率与旋涡脱落频率一致。如图 5.29 所示，多个频率参与了振动响应，尤其是 T-C 和 P-C 组次，与水动力系数的观测结果相似，这种多频振动主要是由尾流相互作用引起的。

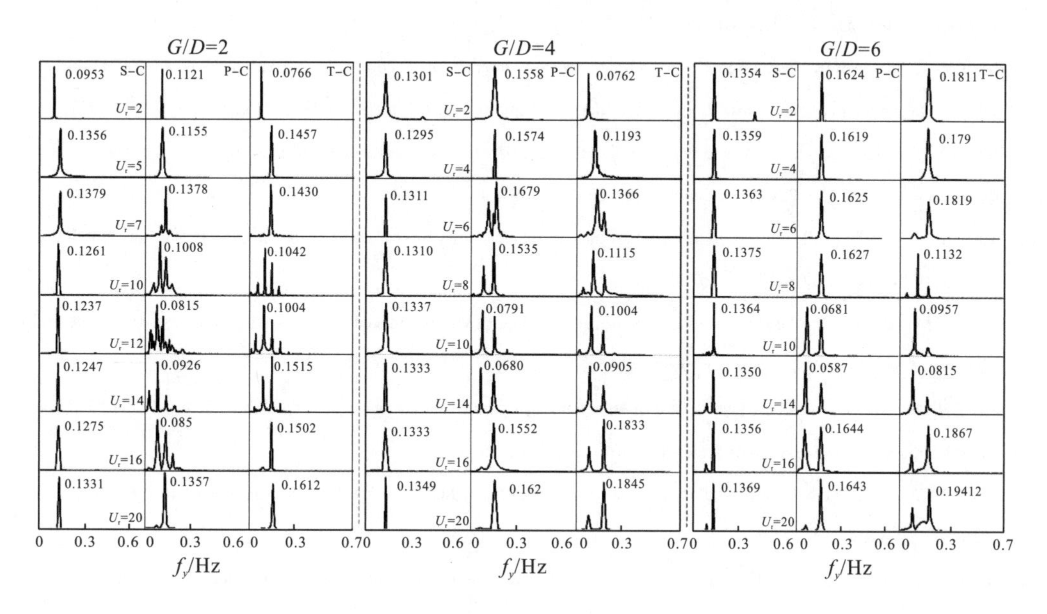

图 5.29　下游圆柱在不同间距比下的频谱

参 考 文 献

[1] Zhu H J, Tan X N, Gao Y, et al. Two-degree-of-freedom flow-induced vibration of two rigidly coupled tandem cylinders of unequal diameters. Ocean Engineering, 2020, 216: 108142.

[2] Bao Y, Zhou D, Tu J H. Flow interference between a stationary cylinder and an elastically mounted cylinder arranged in proximity. Journal of Fluids and Structures, 2011, 27(8): 1425-1446.

[3] Wu C J,Shu S, Zhao N. Numerical investigation of vortex-induced vibration of a circular cylinder with a hinged flat plate. Physics of Fluids, 2014, 26(6): 063601.

[4] Borazjani I, Sotiropoulos F. Vortex-induced vibrations of two cylinders in tandem arrangement in the proximity-wake interference region. Journal of Fluid Mechanics, 2009, 621: 321-364.

[5] Zdravkovich M M. Review-Review of flow interference between two circular cylinders in various arrangements. Journal of Fluids Engineering, 1977, 99(4): 618-633.

[6] Zdravkovich M M. The effect of interference between circular cylinders in cross flow. Journal of Fluids and Structure, 1987, 1(2): 239-261.

[7] Sumner D. Two circular cylinders in cross-flow: A review. Journal of Fluids and Structures, 2010, 26(6): 849-899.

[8] Tu J H, Zhou D, Bao Y, et al. Flow-induced vibrations of two circular cylinders in tandem with shear flow at low Reynolds number. Journal of Fluids and Structures, 2015, 59: 224-251.

[9] Alam M M, Zhou Y. Phase lag between vortex sheddings from two tandem bluff bodies. Journal of Fluid and Structures, 2007, 23(2): 339-347.

[10] Bhatt R, Alam M M. Vibrations of a square cylinder submerged in a wake. Journal of Fluids Mechanics, 2018, 853: 301-332.

[11] Guan M Z, Jaiman R K. Flow-induced vibration of two side-by-side square cylinders with combined translational motions. Journal of Fluids and Structures, 2017, 69: 265-292.

[12] Guan M Z Jaiman R K, Narendran K, et al. Fluid-structure interaction of combined and independent configurations of two side-by-side square cylinders at low Reynolds number. International Journal of Heat and Fluid Flow, 2018, 72: 214-232.

[13] Zhao M. Flow induced vibration of two rigidly coupled circular cylinders in tandem and side- by-side arrangements at a low Reynolds number of 150. Physics of Fluids, 2013, 25(12): 123601.

[14] Allen D W, Henning D L. Vortex-induced vibration current tank tests of two equal-diameter cylinders in tandem. Journal of Fluids and Structures, 2003, 17(6): 767-781.

[15] Springer M, Jaiman R K, Cosgrove S, et al. Numerical modeling of vortex-induced vibrations of two flexible risers.International Conference on Offshore Mechanics and Arctic Engineering,2009,43451:749-756.

[16] Bao Y, Huang C, Zhou D, et al. Two-degree-of-freedom flow-induced vibrations on isolated and tandem cylinders with varying natural frequency ratios. Journal of Fluids and Structures, 2012, 35: 50-75.

[17] Zhu H J, Zhang C, Liu W L. Wake-induced vibration of a circular cylinder at a low Reynolds number of 100. Physics of Fluids, 2019, 31(7): 073606.

[18] Wang E H, Xu W H, Gao X F, et al. The effect of cubic stiffness nonlinearity on the vortex-induced vibration of a circular cylinder at low Reynolds numbers. Ocean Engineering, 2019, 173: 12-27.

[19] Williamson C H K, Govardhan R. Vortex-induced vibrations. Annual Review of Fluid Mechanics, 2004, 36: 413-455.

[20] Jauvtis N, Williamson C H K. Vortex-induced vibration of a cylinder with two degrees of freedom. Journal of Fluids and Structures, 2003, 17(7), 1035-1042.

[21] Alam M M, Moriya M, Takai K, et al. Fluctuating fluid forces acting on two circular cylinders in a tandem arrangement at a subcritical Reynolds number. Journal of Wind Engineering and Industrial Aerodynamics, 2003, 91: 139-154.